"十四五"职业教育国家规划教材

浙江省普通高校"十三五"新形态教材

全国农业职业院校优秀教材

园林工程计量与计价（第三版）

主编 周海萍 夏卿

副主编 金斯科 金建红 应苗苗 陈功楷

参编 柴芬友 夏丽芝 李宇 徐培迪 刘淑贤 罗丁

中国电力出版社
CHINA ELECTRIC POWER PRESS

内 容 提 要

本书为“十三五”“十四五”职业教育国家规划教材，同时也被评为浙江省普通高校“十三五”新形态教材。

本书以国家计价规范、计算规范为指导，结合地区性的计价规则、取费依据、预算定额进行编写，涵盖了计价的基础理论、定额计价与清单计价、软件实训等方面内容，并配有查阅需要的依据汇总，做到依据全面，时效最新。

本书分为7章，根据职业教育学生的特点进行知识体系和编制体例的构建，以活页的形式将知识点分解为若干任务单，包括任务情境、任务目标、任务要求、任务实施、知识测试与能力训练、知识点整理、任务总结等几个部分。注重基本术语和造价核心内容的凝练以及与相关职业证书的衔接，关键知识点配微视频，习题与知识点一一对应，实现翻转课程与传统课程的有机结合，贴近教学实际和职业工作实际。另配丰富的电子资源，包括课程指导文档、电子试卷库、电子实训材料、典型地区性最新计价文件电子文档等，供强化学习。

本书可作为高等职业院校工程造价、园林工程技术、园林技术、园艺等专业的教材，也可作为园林建设单位、设计单位、施工单位、监理单位等机构相关工程技术与管理人员的学习参考用书。

图书在版编目（CIP）数据

园林工程计量与计价/周海萍，夏卿主编．—3版．—北京：中国电力出版社，2022.2（2024.2重印）
ISBN 978-7-5198-6526-9

Ⅰ．①园…　Ⅱ．①周…②夏…　Ⅲ．①园林－工程施工－计量－高等职业教育－教材②园林－工程施工－工程造价－高等职业教育－教材　Ⅳ．①TU986.3

中国版本图书馆CIP数据核字（2022）第030223号

出版发行：中国电力出版社
地　　址：北京市东城区北京站西街19号（邮政编码100005）
网　　址：http://www.cepp.sgcc.com.cn
责任编辑：熊荣华（010－63412543）
责任校对：黄　蓓　常燕昆　王小鹏
装帧设计：张俊霞
责任印制：吴　迪

印　　刷：北京九天鸿程印刷有限责任公司
版　　次：2016年9月第一版　2019年11月第二版　2022年2月第三版
印　　次：2024年2月北京第十四次印刷
开　　本：787毫米×1092毫米　16开本
印　　张：28
字　　数：728千字
定　　价：90.00元

前言

为了深入贯彻落实全国职业教育大会和全国教材工作会议精神，落实党的教育方针，落实立德树人根本任务，打造培根铸魂、启智增慧，适应时代要求的精品教材，同时也是落实党的二十大提出的“推进职普融通、产教融合、科教融汇，优化职业教育类型定位”的要求，编写团队进行了第三版的修订工作。

本次修订对教材的内容和形式都进行了较大更新，采用了活页、任务导向形式，将原来的主教材和习题册合并为一本活页式教材。并将附录单独成册，方便查阅使用。将知识点分解为若干任务单，以任务单为引导，设置了30多个任务，并在每个任务单中相应的位置插入二维码，链接对应的PPT电子教学文档资源、授课视频、答疑视频、试卷库，拓展了数字资源。将原教材的主体内容作为知识清单，放在每个任务单的后面，供学习翻阅。任务设置环环相扣，层层递进，步步引导，可操作，可评价，为课前活动和课堂教学有效互动提供了较好的载体。同时，考虑到不同地区及不同时期计价体系背景下的学习者的学习需求，使教学内容对接行业及地区要求，新增了地区最新的计价体系的任务学习清单，并动态链接了最新及典型地区的计价体系的电子资源，培养学生持续学习的能力。

此外，本书为工程造价专业国家教学资源库的“园林工程计价”课程的配套教材，课程为浙江省级公开视频课“园林工程计量与计价”在建课程（登录 www. zjooc. cn，搜索“园林工程计量与计价”，可进入当学期公共班级学习），配套有丰富教学资源和视频资源。配合精品视频课平台，嵌入了视频、拓展文本、作业、试卷等拓展资源，实现课程、教材的一体化，线下与线上的有效互动。

在本书的编写中参阅和借鉴了众多专家、学者的科研成果，谨向他们表示最真诚的谢意。

限于编者水平，书中难免存在错漏与不足之处，敬请广大读者提出宝贵意见。

编者

2022年11月

本书数字资源使用指引：

微信扫描本书正文内的二维码，解锁各任务清单中的“微课视频”“任务指引”“更多习题实时测”。

微课视频

深度解析学科难点

（详见书中各任务清单二维码）

更多习题实时测

模拟练习，现学现会

（详见书中各任务清单二维码）

任务指引PPT

跟着任务学习，快速掌握核心技能

（详见书中各任务清单二维码）

精讲视频课

扫码解锁

（本部分为收费资源）

第一版前言

园林工程计量与计价是由园林设计、园林工程、园林植物等课程相互融合渗透而形成的一门综合性课程，为培养学生工程应用技能而设的课程，是基于园林工程建设全过程造价控制的背景，全面培养学生编制园林工程建设各阶段造价文件的能力。

在园林工程造价类课程的教学中发现虽然学生兴趣浓厚，但由于学习条件有限、课程理论性较强、知识点较多等方面的问题而导致学习效果不佳的现象。很多园林工程造价类课程的教材中工程案例背景过于复杂或过于零散；工程计量与计价的依据不适用于当地或不全面；知识点内容不能很好地与造价员考试或造价师考试相互衔接；缺少习题来强化知识点的巩固。这些问题都导致了学生学习过程中的认识混乱和效果不佳。

本书把握了清单计价与定额计价的两条主线。本书第 0 章从宏观角度介绍了课程的目的、基本建设的内容以及造价的相关定义；第 1 章为园林工程定额的相关基础知识；第 2 章介绍了园林工程计价费用的构成及确定；第 3 章介绍了绿化、园路、假山工程的定额计价方法；第 4 章从招标人角度出发，介绍了绿化、园路、假山工程的清单编制方法；第 5 章介绍了承发包人不同角度下的工程清单计价方法；第 6 章为园林工程结算与竣工决算；第 7 章为常用计价软件的介绍与实训。

在“互联网＋”的时代下，视频公开课、微课等应运而生，本书对教学中的重点、难点、疑点内容配有相应的微视频，可通过手机扫码的形式，获取课程的知识点视频，为翻转课程的教学提供了有效的路径。同时，横向排版的设计使课程与习题一一对应，实现即做即测，此外还配有本教材的习题册，供强化学习。

园林工程造价是一门需要严格遵循规范、充分了解市场信息的学科，本书以最新发布的《建设工程工程量清单计价规范》（GB 50500—2013）、《园林绿化工程工程量计算规范》（GB 50858—2013）、《建设安装工程费用项目组成》（建标〔2013〕44 号）为指导，以《浙江省建设工程 2010 取费定额》、《浙江省建设工程计价规则》（2010 版）、《浙江省建设工程工程量清单计价指引》、《浙江省园林绿化及仿古建筑工程预算定额》（2010 版）为依据，尽可能做到计量计价的依据全面、时效最新，并将其汇编至附录部分，便于习题查阅，与习题册配套使用效果更佳。但由于篇幅有限，仍有不尽之处。

在本书的编写中参阅和借鉴了众多专家学者的科研成果，谨向他们表示最真诚的谢意。

由于编者水平所限，书中难免存在疏漏与不足之处，敬请广大读者提出宝贵意见。

编　者

2016 年 7 月

第二版前言

园林工程计量与计价是由园林设计、园林工程、园林植物等课程相互融合、渗透而形成的一门综合性课程，为培养学生工程应用技能而设，是基于园林工程建设全过程造价控制的背景，全面培养学生编制园林工程建设各阶段造价文件的能力。

本书以《建设工程工程量清单计价规范》（GB 50500—2013）等为依据，做到计量计价的依据全面，时效最新；将相关规范汇编至附录部分，做到有据可查。教材以知识手册及工作操作手册的形式来梳理知识点，右侧为对应的习题，实现信息点与测试点的一测一练，简洁明了，新颖活泼，版式灵活。本次修订更新了教学配套微课视频，优化了二维码的设置，读者可通过手机扫描各章节二维码，获取针对重点、难点、疑点内容的知识点讲解视频。书中二维码大都设置在章或节的起始位置，一个二维码链接了该章或节的全部微课视频，减少了读者扫码频次，提升扫码阅览的体验感，为翻转课程的教学提供了有效的路径和充分的便利。同时，横向排版的设计中，将课程相应的习题采取一一对应，实现即做即测，此外另配有习题册，供强化学习。

本书为工程造价专业国家教学资源库“园林工程计价”课程的配套教材。该课程为浙江省级公开视频课“园林工程计量与计价”在建课程，具有丰富的配套教学资源和视频资源。通过精品视频课平台，嵌入了视频、拓展文本、作业、试卷等拓展资源，实现课程教材的一体化，线下与线上的有效互动。

在本书的编写过程中参阅和借鉴了众多专家学者的科研成果，谨向他们表示最真诚的谢意！

限于编者水平，书中难免存在错漏与不足，敬请广大读者提出宝贵意见。

编者

2019 年 9 月

目录

第0章 课 程 导 入

知识目标

- 了解课程的研究对象与任务。
- 掌握基本建设的概念、内容、划分、程序。
- 了解工程造价的含义和特点。
- 掌握园林工程计价的概念、特征、内容和相关职业资格。

技能目标

- 组织归纳能力、自主学习能力、团队沟通能力。
- 能够自己查找资料，培养整理总结的能力。

思政目标

- 通过知识内容的学习，了解造价工作者所需要掌握的知识能力，提前做好职业规划。
- 通过材料的学习，掌握正确的学习方法，坚定学好造价的决心。

思行致远

造价工程师的职业素养

随着建设市场的全面开放，国内的工程行业已与国际接轨。工程造价通过招投标进行竞争定价，必须认真考虑以最小的投入，取得最大的利润或投资效益。因此，对企业来说，要提高竞争力，必须要有一支素质高、经验丰富的工程造价队伍。

我国目前具有执业资格的造价工程师仍处于紧缺状态。进入造价工程师行业的唯一途径，是参加人力资源和社会保障部与住房和城乡建设部联合组织实施的全国注册造价工程师执业资格考试，考试合格在相关企业注册执业。

造价工程师要求既懂工程技术，又懂工程经济和管理，并具有实践经验。为建设项目提供全过程的造价确定、控制和管理，达到人力、物力和建设资金最有效的利用；控制既定的工程造价限额，并取得最大投资效益。造价工程师还应该具备什么样的素质呢？

第一，造价工程师应具备良好的职业道德和品行。

(1) 造价工程师应该有高度的政治觉悟和思想水平。在执业过程中应做到不为世俗偏见所左右，不为金钱物质所动摇，不为邪恶势力所吓倒，坚持客观实际的原则，维护雇主、委托人或公众的利益，不得因循私情或牟取私利而泄露在执业中掌握的技术和经济秘密。

(2) 造价工程师应该有强烈的事业心和责任感，谦虚谨慎、实事求是、坚持原则、团结互助、真诚待人，诚实、公平。一定要保持清醒的头脑，认真遵守和严格执行法律法规，在工程造价咨询活动中做到廉洁自律，不以权谋私，公正、准确地运用计价依据、标准规定，确保咨询成果的质量。

第二，造价工程师应具备扎实的知识水平和业务技能。

(1) 必须熟悉并严格执行与工程造价有关的国家、行业和地方政府颁发的法律、法规和办法。另外我国各行业、地方政府还都有相关的法规和办法，如我国各省、自治区、直辖市的概预算及其费用规定都各不相同，这就要求造价工程师认真学习，熟练掌握，严格按规定执行。

(2) 工程造价专业涉及的知识面较广，综合性很强。包括看图算量、掌握工序、分解算量、定额组价、合同管理、项目管理、独立组织招投标、措施清单编制等技能，并应具备一定的国际工程管理知识与技能，能够参与国际工程的管理。

(3) 熟练应用各类工程造价软件，如工程预（决）算软件、定额管理软件、工程量计算软件等；能通过信息化手段及时、广泛地采集、发布材料价格，获取已完工程数据、标准等。

第三，造价工程师应坚持学习，并具备创新精神。

除了常规的学校学习、继续教育、国内外业务交流等学习形式外，还要了解和掌握其他一些国家的工程造价技术法规、管理体系及发展方向。积极参与国际性或区域性工程造价组织的学术活动，及时了解和掌握国内外新技术、新材料、新工艺的发展动向。

党的二十大报告寄语广大青年：要有理想、敢担当、能吃苦、肯奋斗，当代中国青年生逢其时，施展才干的舞台无比广阔和，实现梦想的前景无比光明。青年造价工作者要提供职业素养和技能水平，创新务实，时刻以维护国家和社会公共利益为根本目的，为全国建设社会主义现代化国家而团结奋斗。

任务清单 0.1　学习造价基本概念

1. 任务情境

当前我国大多数工程建设项目都以招投标的方式确定施工单位，在招投标及施工过程中，为了对工程投资进行有效控制，都需要对工程造价进行计算及管理。从事工程建设工作的施工员、造价员、项目管理人员等，都会在工程实施中参与工程招标、投标、签证、工程中间付款、工程结算中的一项或几项工作，完成这些工作都需要具备工程计价及管理的基础知识和技能。此外，我国对建筑行业实行执业资格制度，从事建筑行业的工作，必须具有相关的执业资格证书，比如施工员、造价员、监理员、建造师、造价师、监理工程师等，工程计价与管理的知识也是上述执业资格考试的重要内容。

2. 任务目标

了解课程的研究对象与任务，掌握基本建设的概念、内容、划分、程序，了解工程造价的含义和特点，掌握园林工程计价的概念、特征、内容和相关资格。

《园林工程计量与计价》课程导入微课，包括 11 个视频，约 194MB

任务指引 PPT

3. 任务要求

结合视频和学习资料，梳理分析学习内容，完成基本建设、工程造价、园林工程计价相关知识点的学习，并整理重要的关键词。

4. 任务实施

步骤 1：观看本课程导入微课视频 绪论 ，根据下图的目录，在目录页标注以下知识要点。

目　录

1）根据目录页，画出基础定额的内容。

2）根据目录页，画出生产性定额的内容，并指出哪些是计价性定额的内容。

3）根据目录页，分别画出介绍定额计价和清单计价的内容。

4）整理各章节用到的计价依据，并在目录页中标记出来。

步骤 2：观看本课程导入微课视频 0.1 并结合知识清单 0.1 课程研究对象与任务 ，回答确定工程造价的目的有哪些。

步骤 3：观看本课程导入微课视频 0.2～0.5 并结合知识清单 0.2 基本建设，回答以下问题：

1）园林工程绿化施工属于基本建设中的哪一项？

2）园林工程设计属于基本建设中的哪一项？

3）图文绘制园林工程基本建设程序，并列出其参加的主体。

步骤 4：观看本课程导入微课视频 0.6 并结合知识清单 0.3 工程造价，分析工程投资费用和工程承发包价格有什么区别。

步骤 5：观看本课程导入微课视频 0.7～0.10 并结合知识清单 0.4 园林工程计价，回答以下问题：

1）查阅资料，回答为什么要将造价员转为助理造价工程师。

2）查阅资料，了解现在工程造价方面有哪些资格证书、考试内容及考试资格要求。

3）工程计价的基本方法有两种，而现行的为哪种？

4）工程量清单计价中的“四统一”指的是哪四个统一？

5. 知识测试与能力训练（注：4 个选项的为单选题，5 个选项的为多选题）

第 0 章
更多习题实时测

（1）建设工程项目是指为完成依法立项的（　　）等各类工程而进行的、有起止日期的、达到规定要求的一组相互关联的受控活动组成的特定过程。

A. 新建　　B. 扩建　　C. 改建
D. 营运　　E. 维修

（2）以下不属于其他基本建设内容的是（　　）。

A. 设备及工具、器具的购置　　B. 可行性研究
C. 交工验收前按设计规定标准进行的负荷联合试车　　D. 建设工程筹建

（3）作为建设工程项目的组成部分，具有独立的设计文件，竣工后可以独立发挥生产能力或效益的一组配套齐全的工程项目是（　　）。

A. 分部工程　　B. 单项工程　　C. 分项工程　　D. 单位工程

（4）以下属于建设项目的是（　　）。

A. 某一办公楼的土建工程　　B. 某一化工厂　　C. 某一大型体育馆
D. 教学楼的安装工程　　E. 某教学楼装修工程

（5）工程项目建设程序是指工程项目从策划开始，经过评估、决策、（　　）的整个建设过程中，各项工作必须遵循的先后工作次序。

A. 设计　　B. 施工　　C. 竣工验收
D. 投入生产或交付使用　　E. 运营

（6）建设项目投资控制贯穿于项目建设全过程，但各阶段程度不同，应以（　　）为控制重点。

A. 决策阶段　　B. 竣工决算阶段　　C. 招投标阶段　　D. 设计阶段
E. 施工阶段

（7）工程造价第一种含义是从（　　）角度定义的。

A. 建筑工程承包商　　B. 建筑安装承包商
C. 设备供应商　　D. 投资者

(8) 建设工程造价是指有计划地建设某项工程，预期开支或实际开支的全部固定资产投资和流动资产投资的费用，这一含义是从（　　）角度定义的。

A. 投资者　　B. 业主　　C. 承包商　　D. 供应商

E. 设计市场供给主体

6. 知识点整理

(1) 估算

(2) 概算

(3) 结算

(4) 决算

(5) 工程造价

(6) 园林工程计价

(7) 工料单价法

(8) 综合单价法

7. 任务总结

通过完成上述任务，你学到了哪些知识和技能？在哪些地方还存在疑惑？

8. 实施人员

9. 任务点评

【箴言匠语】生产不会计算，诸事都会白干。

知识清单 0.1　课程研究对象与任务

（1）对象：从研究园林产品的生产成果与生产消耗之间的定量关系着手，合理地确立完成单位园林产品的消耗数量标准，从而达到合理地确定园林工程造价的目的。

（2）任务：运用马克思的再生产理论、社会主义市场的经济规律和价值规律、供求规律，研究园林产品生产过程中园林产品的数量和资源消耗之间的关系，积极探索提高劳动生产率，减少物资消耗的途径，合理地确定和控制工程造价。通过这种研究，以求达到减少资源消耗，降低工程成本，提高投资效益、企业经济效益和社会效益的目的。

知识清单 0.2　基本建设

0.2.1　基本建设的概念

基本建设是指固定资产扩大再生产的新建、扩建、改建、迁建、恢复工程及与之相关的其他工作，如工厂、铁路、医院、学校等工程的建设和各种设备的购置。

基本建设是一个物质资料生产的动态过程，这个过程概括起来说，就是将一定的建筑材料、机器设备等通过购置、建造和安装等活动转化为固定资产、形成新的生产能力或具有使用效益的建设工作，以及与此相关的其他工作，如征用土地、勘察设计、筹建机构和生产职工的培训等，也都属于基本建设工作的组成部分。

0.2.2　基本建设的内容

（1）建筑工程：包括永久性和临时性的建筑物、构筑物以及基础设备的建造；照明、水卫、暖通等设备的安装；建筑场地的清理、平整、排水；竣工后的整理、绿化以及水利、铁道、公路、桥梁、电力线路、防空设施等的建设。

（2）设备安装工程：包括生产、电力、电信、起重、运输、传动、医疗、实验等各种机器设备的安装，与设备相连的工作台、梯子等的装设工程，附属于被安装设备的管线敷设和设备的绝缘、保温、油漆等，以及为测定安装质量对单个设备进行各种试运行的工作。

（3）设备购置：包括各种机械设备、电气设备和工具、器具的购置，即一切需要安装和不需要安装设备的购置。

（4）勘察与设计：包括地质勘探、地形测量及工程设计方面的工作。

（5）其他基本建设工作：除上述各项工作以外的基本建设工作及其他生产准备工作，如土地征用、建设场地原有建筑物的拆迁赔偿、筹建机构、生产职工培训等。

0.2.3　基本建设项目的划分

基本建设项目按照合理确定工程造价和基本建设管理的需要，划分为建设项目、单项工程、单位工程、分部工程、分项工程五个层次，见表 0-1 和表 0-2。工程计量和造价是由局部到整体的一个分部组合计算的过程，认识建设项目的划分，对研究工程计量和工程造价确定与控制具有重要作用。

表 0-1　　基本建设项目的划分

建设（总）项目	单项工程（工程项目）	单位工程（专业工程）	分部分项工程	
			分部工程	分项工程——最基本的预算单元
按照一个总体设计进行施工的各个工程项目的总和	独立设计文件，独立发挥效益	独立设计文件，独立施工，不能单独发挥作用	部位、工种、材料和施工机械不同	施工方法、材料、规格不同

表 0 - 2　　基本建设项目的举例

<table>
<tr><th rowspan="2">建设（总）项目</th><th rowspan="2">单项工程（工程项目）</th><th rowspan="2">单位工程（专业工程）</th><th colspan="2">分部分项工程</th></tr>
<tr><th>分部工程</th><th>分项工程——最基本的预算单元</th></tr>
<tr><td rowspan="4">一个学校的建设工程</td><td rowspan="4">一幢完整的教学楼（区）或一期工程</td><td>土建工程</td><td>土石方工程
桩与地基基础工程
砌筑工程
混凝土及钢筋混凝土工程
屋面及防水工程</td><td></td></tr>
<tr><td>园林绿化工程</td><td>绿化种植</td><td>起挖乔木（带土球）、栽植乔木（带土球）、起挖灌木（带土球）、栽植灌木（带土球）、苗木养护</td></tr>
<tr><td>园林建筑（硬质景观工程）</td><td>园路园桥假山
景观
仿古建筑</td><td></td></tr>
<tr><td colspan="3">采暖工程、通风工程、照明工程以及热力设备及安装工程、电气设备及安装工程等</td></tr>
<tr><td rowspan="2">一个独立的城市公园建设工程</td><td rowspan="2">公园 A 区或一期工程</td><td>园林绿化工程</td><td></td><td></td></tr>
<tr><td>园林建筑（硬质景观工程）</td><td></td><td></td></tr>
</table>

名词解释：

（1）建设项目：一般是指在一个总体设计范围内，由一个或几个工程项目组成，经济上实行独立核算，行政上实行独立管理，并且具有法人资格的建设单位。通常，一个企业、事业单位就是一个建设项目。在我国，通常把建设一个企业、事业单位或一个独立工程项目作为一个建设项目。凡属于一个总体设计中分期分批建设的主体工程、水电气供应工程、配套或综合利用工程，都应合并为一个建设项目。不能把不属于一个总体设计的几个工程归算为一个建设项目，也不能把同一个总体设计内的工程按地区或施工单位分为几个建设项目。

（2）单项工程：又称工程项目。它是建设项目的组成部分，是指具有独立的设计文件，竣工后可以独立发挥生产能力或使用效益的工程。如一所学校的教学楼、办公楼、图书馆等，一座工厂中的各个车间、办公楼等。

（3）单位工程：是单项工程的组成部分。它是指具有独立设计文件，可以独立组织施工，但建成后一般不能独立发挥生产能力和使用效益的工程。如办公楼是一个单项工程，该办公楼的土建工程、给排水工程、电气照明工程等均可属于一个单位工程。

（4）分部工程：是单位工程的组成部分。它是指在一个单位工程中，按工程部位及使用的材料和工程进一步划分的工程。

（5）分项工程：是分部工程的组成部分。它是指在一个分部工程中，按不同的施工方法、不同的材料和规格，对分部工程进一步划分，用较为简单的施工过程就能完成，以适当的计量单位就可以计算工程量及其单位的建筑或设备安装工程的产品。分项工程没有独立存在的意义，它只是为了便于计算建筑工程造价而分解出来的“假定产品”。

0.2.4　基本建设程序

基本建设程序是指建设项目从策划、评估、决策、设计、施工到竣工验收、投入生产或交付使用的整个建设过程中各项工作必须遵循的先后顺序，见表 0 - 3。

表 0-3　　　　基本建设项目程序及主要工程内容表

<table>
<tr><th colspan="2">阶　段</th><th colspan="3">内　容</th><th>造价、计价类型</th></tr>
<tr><td rowspan="2">决策阶段</td><td>1. 编制项目建议书</td><td colspan="3" rowspan="2">功能关系图、功能分析图、方案构思图、各类规划平面图、总平面图</td><td rowspan="2">投资估算</td></tr>
<tr><td>2. 进行可行性研究</td></tr>
<tr><td rowspan="5">设计阶段</td><td>3. 编制计划任务书</td><td colspan="3"></td><td></td></tr>
<tr><td rowspan="4">4. 编制设计文件</td><td>三阶段（适用于技术复杂且缺乏经验的大中型项目）</td><td>两阶段（小型项目，一般有的小型项目可直接进行施工图设计）</td><td></td><td></td></tr>
<tr><td>1）初步设计（编制初步设计概算）</td><td rowspan="2">1）初步设计及扩大初步设计</td><td rowspan="2">初步设计：总平面图设计、设备设计、建筑设计
扩大初步设计：与施工图比，提供了施工图阶段的大致技术参数及经济性指标等，没提供具体的施工图大样。扩大初步设计规划方案通过评审后增加了水、电、煤气、有线、通信、排水、环卫、卫生防疫等的配套设计，扩大初步设计做好后报规划委员会领取规划许可证
解决重大技术问题和满足有关实验、设备选制方面问题，提出设备订货明细表，确定准确的形状、尺寸、色彩和材料，完成平立剖面图、详图、园景透视图、表现整体的鸟瞰图</td><td rowspan="2">设计概算</td></tr>
<tr><td>2）技术设计（编制修正概算）</td></tr>
<tr><td>3）施工图设计</td><td>2）施工图设计</td><td>清楚、准确地表现各项设计内容尺寸、位置、形状、种类、数量、色彩以及构造和结构，完成施工平面图、地形设计图、种植平面图、园林建筑施工图</td><td>施工图预算</td></tr>
<tr><td rowspan="2">实施阶段</td><td>5. 建设准备</td><td colspan="3">征地、拆迁和场地平整，完成施工用水、电、道路等准备工作，组织设备、材料订货，准备招投标文件和必要的施工图纸。
组织施工招投标，择优选定施工单位</td><td>工程量清单
招标控制价
招标标底
投标报价
合同价</td></tr>
<tr><td>6. 建设实施</td><td colspan="3">整地，安装给水排水、供水管线，修建园林建筑，铺装广场、道路，大树移植，种植树木、草坪。
分阶段进行实际完成工程量的统计，办理工程进度款的支付</td><td>期中结算</td></tr>
<tr><td rowspan="2">竣工阶段</td><td>7. 竣工验收、交付使用</td><td colspan="3">根据合同、设计变更、技术核定单、现场签证、市场价格、取费标准等竣工资料</td><td>竣工结算</td></tr>
<tr><td>8. 工程项目后评价</td><td colspan="3"></td><td>竣工决算</td></tr>
</table>

名词解释：

（1）编制项目建议书：是建设起始阶段，业主根据区域发展和行业发展规划要求，结合各项自然资源、生产力状况和市场预测等，经过调查分析，说明拟建项目建设的必要性、条件的可行性、获利的可能性，而向国家和省、市、地区主管部门提出的立项建议书。

（2）进行可行性研究：有关部门根据国民经济发展规划以及批准的项目建议书，运用多种科学研究方法，通过对项目有关的工程、技术、经济、建设地点等各方面条件和情况进行调查、研究、分析，对建设项目各种可能的建设方案进行技术经济论证，并得出可行与否的结论。可行性研究报告经批准，建设项目才算正式“立项”。

（3）编制计划任务书：根据可行性研究的结果向主管机关呈报的立项报批文件，是确定建设项目规模、编制设计文件、列入国家基本建设计划的依据。

（4）建设准备：项目在开工建设之前要切实做好各项准备工作。

（5）建设实施：施工准备就绪，办理开工手续，取得当地建筑主管部门颁发的施工许可证，方可正式施工。

（6）竣工验收、交付使用：建设项目按批准的设计文件所规定的内容建完后，便可以组织竣工验收，这是对建设项目的全面性考核；验收合格后，施工单位应向建设单位办理竣工移交和竣工结算手续，并把项目交付建设单位使用。

（7）工程项目后评价：工程项目建设完成并投入生产或使用之后所进行的总结性评价。它能为将来新项目的决策提供指导与借鉴。

（8）投资估算：按规定的投资估算指标，类似工程的造价资料，现行的设备、材料价格并结合工程的实际情况进行的费用估算。它是对建设工程预期总造价进行的核定、计算、优化及相应文件的编制，所预计和核定的工程造价称为估算造价。

（9）设计概算：是在初步设计阶段，在投资估算的控制下，由设计单位根据初步或扩大初步设计图纸及说明、概算定额或概算指标、综合预算定额、取费标准、设计材料预算价格等资料编制和确定建设项目从筹建到竣工交付生产或使用所需全部费用的经济文件。通常作为园林工程项目的最高投资限额，一般采用定额计价法。

（10）施工图预算：

1）在设计阶段是施工单位在工程开工之前，根据已批准的施工图，在预定的施工方案（或施工组织设计）的前提下，按照现行统一的建筑工程预算定额、工程量计算规则及各种取费标准等，逐项计算汇总编制而成的工程费用文件；

2）在建设准备期是实行招投标的工程根据施工图、施工方案、计价（预算）定额的项目划分及工程量计算规则计算，并按编制期的人工、材料、机械台班价格、标准及计价办法计算编制而成的工程计价文件。

（11）工程量清单：是载明建设工程分部分项工程项目、措施项目、其他项目名称和相应数量及规费和税金项目等内容的明细清单。一般是指编制招标工程量清单，不是一个完全意义上的工程计价成果。

（12）招标控制价：是招标人根据国家或省级、行业建设主管部门颁发的有关计价依据和办法，以及招标文件和招标工程量清单，结合工程具体情况编制的招标工程的最高投标限价，即拦标价、预算控制价、最高报价值、最高限价。其实质即为标底，应在招标时公布。

（13）招标标底：是实行招投标的工程，由具有编制招标文件能力的招标人或其委托的具有相应资质的工程造价咨询机构，根据招标文件规定的计价方式，按施工图设计文件，并综合市场供求情况和其他相关因素计算的，作为评标时参考的对招标项目的期望交易价格。招标人可以自行决定是否编制标底。一个招标项目只能有一个标底，标底必须保密。

（14）投标报价：是实行招投标的工程，由投标人或其委托的具有相应资质的工程造价咨询机构编制的响应招标要求的要价文件。它是在估价的基础上，考虑承包人在该投标工程上的竞争地位、估价准确程度、风险偏好等因素，从承包人对于该工程的投标策略出发，最终确定的报价和承包总价。

（15）合同价：是在招投标工作中，经组织开标、评标、定标后，根据中标价格，由招标单位和承包单位在工程承包合同中按有关规定或协议条款约定的各种取费标准计算的，用以支付给承包方按照合同要求完成工程内容的价款总额。

（16）期中结算：是在合同工程施工过程中，发包人按照合同约定对付款周期内承包人完成的合同价款给予支付的进度款，是合同款中结算的主要形式。

（17）竣工结算：是一个单位工程或单项工程完工后，经组织验收合格，由施工单位根据承包合同条款和计价的规定，结合工程施工中设计变更等引起的工程建设费增加或减少的具体情况，编制经建设单位或其委托的监理单位签认的，用以表达该项工程最终实际造价的经济文件，是结算工程价款的依据。

（18）竣工决算：是建设工程全部竣工验收合格后由建设单位编制的反映实际造价的经济文件，是进行清产核资和后评价的依据。

知识清单 0.3　工程造价

0.3.1　工程造价的含义

建设工程造价是指工程价格，即为建成一项工程，预计或实际在土地市场、设备市场、技术劳务市场以及承包市场等交易活动中所形成的建设安装工程价格和建设工程总价格。它是在建筑市场通过招投标，由需求主体（投资者）和供给主体（承包商）共同认可的价格。其含义包括以下两部分：

含义一：从项目建设角度提出的建设项目工程造价，即工程造价就是工程投资费用。

建设工程造价是指有计划地建设某项工程，预期开支或实际开支的全部固定资产投资和流动资产投资的费用，即从投资者（业主）角度。

含义二：从工程交易或工程承包、设计范围角度提出的建筑安装工程造价，即工程承发包价格。

0.3.2　工程造价的特点

（1）工程造价的数额巨大。

（2）工程造价的差异鲜明：由于产品的差异，对每项工程有不同的具体要求。

（3）工程造价需动态调整：建设期长、不可控因素多、处于不确定状态，直至竣工决算后才能最终确定工程的实际造价。

（4）工程造价的层次突出：有建设项目总造价、单项工程造价、单位工程造价 3 个层次，甚至可增加分部工程造价和分项工程造价而成为 5 个层次。

（5）工程造价的构成复杂：成本因素复杂，前期相关费用占到一定份额，赢利构成复杂，资金成本较大。

知识清单 0.4　园林工程计价

0.4.1　园林工程计价的概念

园林工程计价是指计算园林工程项目造价（或价格），亦称为工程造价计价。

工程计价的主要特点就是将一个工程项目分解成若干分部、分项工程或按有关计价依据规定的若干基本子目，找到合适的计量单位，采用特定的估价方法进行计价，组合汇总，得到该工程项目的工程造价。

0.4.2　工程计价的特征

（1）计价单件性：园林产品个别性和差异性决定了每个工程项目都必须根据工程自身的特点按一定的规则单独计算工程造价。

（2）计价多次性：对不同阶段实行多次性计价是一个从粗到细、从浅到深、由概略到精确，逐步接近实际造价的过程，见表 0-4。

表 0-4　　工程建设阶段与计价类型

阶段	主要工作	工程造价	计价类型
决策立项阶段	项目建议书	投资估算造价	投资估算
	可行性研究报告		
工程设计阶段	初步设计（方案设计）	概算造价	设计概算
	扩大初步设计（技术设计）	修正总概算造价	
	施工图设计	预算造价	施工图预算
工程实施阶段	工程招投标	标底、投标价	工程量清单计价
	施工合同签订	合同价	承包合同价
	施工		工程结算

续表

阶段	主要工作	工程造价	计价类型
竣工阶段	竣工验收	结算造价	竣工结算
	交付使用	最终造价	竣工决算

(3) 计价组合性：由于工程项目层次性和计价本身特点要求决定了工程计价是从分部分项工程或基本子项—单位工程—单项工程—建设项目依次逐步组合的计价过程。

(4) 计价方法多样性：包括定额计价法（工料单价法）和工程量清单计价法（综合单价法）。

(5) 计价依据的复杂性：计价依据是指计算工程造价依据的基本资料的总称，包括各种类型的定额与指标、设计文件、工程量清单、计价规范、人工单价、材料价格、机械台班单价、施工方案、取费定额及有关部门颁发的文件和规定等。

0.4.3 工程计价的内容

工程计价的主要作用是把发包人的需求表达为建设项目的指标和数据，其核心内容是计算工程量（算量）、测算消耗量（测耗）、估计价格（估价），见表 0-5。

表 0-5　工程计价的核心内容

项目	内　　容	备　注
计算工程量	用规定的“语言”来分解并定量描述工程技术文件、环境条件和施工方案、发包人的其他需求及合同条件，给出各分项的度量统计数据	
测算消耗量	根据历史数据或个人经验计算出工程中对应的各分项或整个项目所需要耗费的人工、材料及施工机械等资源的数量	历史数据——各种工程定额
估计价格	根据计算的工程量、资源消耗量、现实或规定时间的资源的市场价格（单价）及其他依据计算出工程中对应分项或整个工程的工程造价	其中工程直接费估算是重点

0.4.4 工程计价资格

我国工程计价人员资格种类。我国的工程计价人员，最早称为建设工程概预算人员。1996 年开始，经全国统一执业资格考试合格并注册的造价人员称为“造价工程师”。2005 年起，其他从事建设工程概预算、通过考试获得资格证书的造价专业人员，统一命名为“造价员”。2016 年起国家取消了工程造价员资格证书，以助理造价师代替造价员，即二级造价工程师。

(1) 造价员（现二级造价工程师）。中国建设工程造价管理协会对全国造价员实行行业自律管理，并颁布有《全国造价员管理办法》，属于从业资格证书或职业水平证书，不是行政许可的性质。

凡遵守国家法律、法规，恪守职业道德，具备下列条件之一者，均可申请参加造价员资格考试：

1) 普通高等学校工程造价专业、工程或工程经济类专业在校生。

2) 工程造价专业、工程或工程经济类专业中专及以上学历。

3) 其他专业，中专及以上学历，从事工程造价活动满 1 年。

(2) 造价工程师（现一级造价工程师）。关于造价工程师的相关文件，有原人事部和原建设部共同颁发的《造价工程师资格制度》，以及原建设部颁布的《注册造价工程师管理办法》，是准入类的执业资格证书。

注册造价工程师执业范围包括：

1）建设项目建议书、可行性研究投资估算的编制和审核，项目经济评价，工程概、预、结算、竣工结（决）算的编制和审核。

2）工程量清单、标底（或者控制价）、投标报价的编制和审核，工程合同价款的签订及变更、调整、工程款支付与工程索赔费用的计算。

3）建设项目管理过程中设计方案的优化、限额设计等工程造价分析与控制，工程保险理赔的核查。

4）工程经济纠纷的鉴定。

工程造价咨询企业。关于工程造价咨询企业的相关文件有原建设部颁布的《工程造价咨询企业管理办法》。工程造价咨询企业是指接受委托，对建设项目投资、工程造价的确定与控制提供专业咨询服务的企业。工程造价咨询企业应当取得工程造价咨询企业资质，并在其资质等级许可的范围内从事工程造价咨询活动。工程造价咨询企业资质等级分为甲级、乙级。工程造价咨询企业可以对建设项目的组织实施进行全过程或若干阶段的管理和服务。

0.4.5　工程计价的基本方法

（1）定额计价方法（工料单价法）：是指项目单价采用分部分项工程的不完全价格（即包括人工费、材料费、施工机械台班使用费）的一种计价方法。常用的定额计价方法分为单价法和实物法，其区别见表 0-6。

表 0-6　　单价法与实物法的区别

<table>
<tr><th></th><th>单　价　法</th><th>实　物　法</th></tr>
<tr><td>定义</td><td>工料单价法是计量后直接套定额单价，单位工程施工图预算工程直接费＝Σ（工程量×预算定额单价）</td><td>单位工程预算直接工程费＝［Σ（工程量×人工预算定额用量×当时当地工日单价）＋Σ（工程量×材料预算定额用量×当时当地材料预算单价）＋Σ（工程量×施工机械台班预算定额用量×当时当地机械台班单价）］</td></tr>
<tr><td rowspan="5">工作程序</td><td colspan="2">熟悉施工图及施工组织设计</td></tr>
<tr><td colspan="2">计算工程量</td></tr>
<tr><td>工程量汇总</td><td>套预算定额人工、材料、机械台班消耗数量标准</td></tr>
<tr><td rowspan="2">套预算单价</td><td>汇总出单位工程人工、材料、机械台班消耗数量</td></tr>
<tr><td>套当时当地人工、材料、机械台班的实际单价</td></tr>
<tr><td rowspan="4">工作程序</td><td>计算直接费、进行工料分析</td><td>计算直接费</td></tr>
<tr><td colspan="2">计算各项费用汇总工程造价</td></tr>
<tr><td colspan="2">校核</td></tr>
<tr><td colspan="2">编制说明、填写封面</td></tr>
</table>

（2）工程量清单计价方法（综合单价法）：是指以国家颁布的《建设工程工程量清单计价规范》（GB 50500—2013）为依据，先根据“四统一”（即统一项目名称、计量单位、工程量计算规则、项目编码）原则编制出工程量清单。然后由各投标施工企业进行综合报价（包括人机材、企业管理费、利润、风险费用），最后在市场竞争过程中形成该项目的工程造价。

第1章　园林工程定额

知识目标

• 了解定额的构成、定额的起源和发展，能对定额进行分类和使用。
• 掌握人工消耗定额的概念、工人工作时间的组成；了解编制劳动定额的基本方法。
• 掌握材料消耗定额的概念、材料消耗定额的组成；了解编制材料消耗定额的基本方法。
• 掌握机械台班消耗定额的概念、机械工作时间的组成；了解编制机械台班消耗定额的基本方法。
• 掌握企业定额的概念、作用、编制原则和使用方法。
• 了解预算定额的相关概念、预算定额消耗量的确定方法、基础单价的确定方法。
• 了解概算定额、指标及投资估算指标的概念。

技能目标

• 能够整理本地区土建类的相关造价依据，并能根据当地发布的新的文件内容进行造价依据的更新。
• 能对定额的类型进行分类和使用，并能看懂当地的预算定额，并进行资料的查找。
• 能区别不同类型的定额的特点和应用领域。

思政目标

• 通过对定额的计算的学习，培养细致耐心的造价品质。
• 通过园林工程定额的学习，培养造价员的责任意识和担当精神。

思行致远

造价那么枯燥，为什么要学造价？

网上贴吧有个话题，讨论“学习造价的原因”。

虽然，造价的学习看起来有点枯燥，但相比建筑行业的其他岗位，也有其自身优点。施工辛苦，假期不多；设计比较忙碌；资料员提升空间有限。想要有一技之长，想要获得升职加薪，学习造价是一个不错的出路选择。

选择造价专业的原因，从横向对比中也可见一斑。

(1) 对比其他行业，建筑业这几年不算太旺，但是也还算可以，因为作为“衣食住行”之一的住房是生活必需品，建筑业的税收也是国家税收的重要来源。

(2) 关于工作环境差，对比施工员，造价跑现场的情况不多，也是在项目部办公室算算量及去现场看看施工进度。

(3) 设计院门槛高，造价相对来说就比较简单，市场需求大。

如何学好造价：

(1) 在校期间，好好学习专业课，多积累一些安装造价的项目经验；找实习，时间和实践都很重要，提前实践，能节约很多时间；多上网，搜些资料学习，最好进行系统的学习。

(2) 从事造价的入门技能：最基础的是识图，然后是算量、定额、清单，趁年轻要多拼搏，没有施工经验，就要多找机会去施工现场学习，要想跑得快，快速入门，必须要挤出时间系统地学习，掌握识图、定额、清单、钢筋算量、软件、合同招投标。

选择学造价的人大都是看中了这个职业的前景，造价是一个回报率很高的职业，只要你肯学、上进就一定会有回报。当你知识量越来越广的时候，收入越来越高，你只会感觉到成就感，你会沉浸在其中，当然就不会觉得枯燥了。而觉得枯燥，不过是因为不能够深入钻研，自身能力还远远不够。

当有一天在下班路上，你会观察道路上的地砖，研究这块砖是什么材质的材料，一平方米单价是多少？进入小区，看到小区苗木会研究它的冠幅、高度、胸径。路过工地会多看两眼现场进度和做的工艺材料，你会嘴角微笑，并且心里想着“这个我今天刚询过价”。其实生活就是这样，苦中作乐，工作虽苦，但也会有甜，毕竟生活不只有造价，还有诗和远方。

任务一　了解园林工程定额

任务清单 1.1　了解地区计价体系

1. 任务情境

要学习造价，先要了解造价方面的相关依据。不同地区其造价依据有很多不同，例如通过浙江省现行依据的学习，并结合最新的定额增订情况，对本地区的造价依据进行初步整理。

2. 任务目标

能够整理本地区土建类相关造价依据，并能根据当地发布的新的文件内容进行造价依据的更新。

3. 任务要求

通过现有的计价体系，整理出本地区最新的现行计价依据。

《园林工程定额概述》微课，包括 3 个视频，约 82MB

任务指引 PPT

4. 任务实施

步骤 1：观看《园林工程定额概述》微课视频 1.1，根据下列计价体系，找出附录中收录的浙江省建设工程计价体系中部分内容，并在图上进行标记。

浙江省建设工程计价体系

预算定额类

（1）浙江省建设工程计价规则。

（2）浙江省建筑安装材料基期价格。

（3）浙江省建设工程施工费用定额。

（4）浙江省施工机械台班费用定额。

（5）浙江省市政工程预算定额。

（6）浙江省安装工程预算定额。

（7）浙江省建筑工程预算定额。

（8）浙江省园林绿化及仿古建筑工程预算定额。

（9）2010 版各专业定额勘误。

（10）2010 版定额解释（一）～（五）。

概算定额类

（1）浙江省安装工程概算定额。

（2）浙江省建筑工程概算定额。

（3）浙江省工程建设其他费用定额。

（4）浙江省工程建设其他费用定额勘误。

清单规范类

（1）建设工程工程量清单计价规范（GB 50500）及 9 个专业工程计算规范。

（2）建设工程工程量计算规范（2013）浙江省补充规定（一）～（二）。

（3）浙江省建设工程工程量清单计价指引。

各地市相关计价依据

（1）关于杭州市建设工程应用预拌砂浆工程计价问题的相关解释。

（2）关于同意印发《温州市市域轨道交通工程计价办法（暂行）》的批复。

其他计价依据

（1）浙江省市政设施养护维修定额。

（2）市政工程设施养护维修估算指标（HGZ120—2011）。

（3）土建补充定额——《浙江省建筑工程加固预算定额》。

（4）浙江省建设工程劳务分包计价指南。

（5）全国统一建筑安装工程工期定额。

步骤 2：根据网络相关资料，找出浙江省 2010 版计价体系中园林专业定额勘误文件的名称，并标明文件号或发布时间，同时列出涉及绿化及景观工程相关部分的几条内容。

步骤 3：通过网络等渠道找出 2010 版园林专业定额解释文件的名称，并标明文件号，同时列出涉及绿化相关部分的几条内容。（要求：填写查找方法、文件号或发布时间）

步骤 4：通过网络等渠道找出 2010 版《浙江省工程建设施工费用定额》勘误文件的名称。（要求：填写查找方法、文件号或发布时间、主干内容）

步骤 5：通过网络等渠道找出《建设工程工程量清单计价规范》（2013）浙江省补充规定的名称。（要求：填写查找方法、文件号或发布时间，另找出其中涉及“绿化及景观”工程相关的补充规定）

步骤 6：不同地区有不同的计价体系，并且计价体系会根据实际情况进行修订，试根据本地区计价依据整理当地的计价体系。（浙江省可根据 2018 计价体系进行整理）

1）整理本地区的计价体系下的相关定额，如预算定额、概算定额、清单规范类，以及其他计价依据。（如纸张不够，可整理在课本后附的空白纸处）

2）整理当地的园林相关的定额解释文件、勘误文件等，并标明文件号或发布时间。

5. 任务总结

通过完成上述任务，你学到了哪些知识和技能？在哪些地方还存在疑惑？

6. 实施人员

7. 任务点评

任务清单 1.2　学习定额相关知识

1. 任务情境

园林工程定额的概念是什么？定额是如何起源和发展的？定额分为哪几类？其作用和特点是什么？掌握这些概念，为后续的学习打好基础。

2. 任务目标

了解定额的构成，定额的起源和发展，能对定额进行分类和使用。

3. 任务要求

结合视频和学习资料，对园林工程定额的概念，定额的起源和发展，定额的分类、特点和作用等相关知识点进行学习，并整理重要的关键词。

《园林工程定额概述》微课，包括 3 个视频，约 82MB

任务指引 PPT

4. 任务实施

步骤 1：观看《园林工程定额概述》微课视频 1.2 并结合知识清单 1.1.1 园林工程定额的概念，任选附录中的预算定额，列出其定额编码、定额名称，同时列出其人、材、机消耗量。

步骤 2：观看《园林工程定额概述》微课视频 1.3 并结合知识清单 1.1.2 定额的起源和发展，列出其他 8 个专业工程量计算规范的名称，并标明其规范号。

步骤 3：根据知识清单 1.1.3 定额的分类，完成以下问题。

1）根据本地区定额或浙江省 2010 造价体系，将预算定额中根据专业性质分类的定额列出。

2）查找当地或浙江省是否有装饰工程预算定额？在哪里给予体现（要求标明定额名及对应的版本号）？

3）查找当地或浙江省是否有公路工程预算定额？是由哪个部门制定的？

步骤 4：根据知识清单 1.1.4 整理建设工程的特点 和 1.1.5 建设工程定额的作用 ，整理建设工程定额的特点和作用。

5. 知识测试与能力训练（注：4 个选项的为单选题，5 个选项的为多选题）

第 1 章
更多习题实时测

（1）工程建设定额按其反映的生产要素内容分类，可分为（　　）。

A. 施工定额、预算定额、概算定额

B. 建筑工程定额、设备安装工程定额、建筑安装工程费用定额

C. 劳动消耗定额、机械消耗定额、材料消耗定额

D. 概算指标、投资估算指标、概算定额

（2）工程建设定额根据编制程序和用途分类，可分为（　　）。

A. 施工定额、预算定额、概算定额、概算指标、投资估算指标

B. 建筑工程定额、设备安装工程定额、建筑安装工程费用定额

C. 劳动消耗定额、机械消耗定额、材料消耗定额

D. 概算指标、投资估算指标、概算定额

（3）定额按编制单位和执行范围划分，可有（　　）。

A. 全国统一定额　B. 企业定额　C. 土建定额　D. 安装定额

E. 地方定额

（4）政府颁布的统一定额可以分为（　　）。

A. 企业定额　B. 全国统一定额　C. 地区统一定额　D. 行业统一定额

E. 补充定额

（5）工程建设定额中属于计价性定额的有（　　）。

A. 费用定额　B. 概算定额　C. 预算定额　D. 施工定额

E. 投资估算指标

（6）工程建设定额不具有（　　）。

A. 科学性　B. 统一性　C. 权威性　D. 法令性

（7）工程建设定额的特点包括（　　）。

A. 科学性　B. 系统性　C. 指导性　D. 永久性

E. 统一性

（8）我国工程造价管理改革的目标是（　　）。

A. 可不执行国家计价定额　B. 加强政府管理职能

C. 建立以市场形成的价格为主的价格机制　D. 制订统一的预算定额

6. 知识点整理

（1）园林工程定额

（2）地区性定额

（3）生产性定额

（4）计价性定额

7. 任务总结

通过完成上述任务，你学到了哪些知识和技能？在哪些地方还存在疑惑？

8. 实施人员

9. 任务点评

【箴言匠语】以百分之百的细致，创百分之百的优良。

知识清单 1.1　园林工程定额

1.1.1　园林工程定额的概念

（1）定即规定，额即额度或限度。广义上讲，定额就是在产品生产中规定人力、物力或资金消耗的标准额度和限度，即标准尺度。

（2）园林工程定额：在合理的劳动组织及节约地使用材料和机械的条件下，完成单位合格产品所必需消耗的资源数量标准。

[例 1-1]　选自附录《浙江省园林绿化及仿古建筑工程预算定额》。

园林绿化工程定额堆砌湖石假山（高 3m 以内）项目规定：

工作内容：包括放样，选石，调、制、运混凝土（砂浆），堆砌，塞垫嵌缝，清理，养护等工作。

消耗量：每吨湖石假山所需人工消耗 1.282 工日；湖石 1t，现浇混凝土 0.08m^3，1∶2.5 水泥砂浆 0.05m^3；5t 汽车式起重机 0.198 台班。

质量安全要求：国家施工验收规范和安全标准。

定额中规定的资源消耗量反映了定额水平，定额水平是一定时期社会生产力的综合反映。

1.1.2　定额的起源和发展

（1）起源：泰罗制——科学管理之父。

核心：科学的工时定额；工时定额与有差别的计件工资制度相结合。

20 世纪初，为了通过加强管理提高劳动生产率，泰罗将工人的工作时间划分为若干个组成部分，如划分为准备工作时间、基本工作时间、辅助工作时间等。然后用秒表来测定完成各项工作所需的劳动时间，以此为基础制定出工时消耗定额，作为衡量工人工作效率的标准。

在研究工人工作时间的同时，泰罗又把工人在劳动中的操作过程分解为若干操作步骤，去掉那些多余和无效的动作，制定出能节省工作时间的操作方法，以期达到提高工效的目的。可见，工时消耗定额是建立在先进合理的操作方法基础上的。

（2）我国劳动定额的发展：我国建筑工程定额从无到有、从不完善到逐步完善，经历了一个“分散—集中—分散—集中统一领导与分级管理相结合”的发展过程，见表 1-1。

表 1-1　　我国劳动定额的发展过程

时间	阶段	重要事件
国民经济恢复时期（1949—1952）	创立阶段	开展劳动定额工作试点，定额工作在我国开始试行。 1951 年，东北地区首先制定了统一的劳动定额 1952 年前后，华东、华北等地相继制定了劳动定额或工料消耗定额
第一个五年计划时期（1953—1957）	发展阶段	大规模社会主义经济建设的开始。 1955 年，劳动部和原建筑工程部联合编制了全国统一劳动定额，这是定额集中管理的起步
从“大跃进”到“文革”前时期（1958—1966）	受限阶段	这一时期的前两年否定商品生产，否定按劳分配，批判资产阶级法权，批判计件工作。停止实行计件工资和奖励制度，否定了劳动定额。 1957 年将劳动定额的编制和管理工作下放到省。 1959 年国务院有关部委联合会做出决定，将定额管理的权限收回中央。1962 年正式修订颁发了全国建筑安装工程统一劳动定额，才逐步恢复定额制度

续表

时间	阶段	重 要 事 件
“文革”时期（1967—1976）	受阻阶段	全盘否定了按劳分配原则，用平均主义代替了按劳分配
党的十一届三中全会以来	恢复和发展阶段	1979 年国家重新颁发了《建筑安装工程统一劳动定额》。规定：地方和企业可以针对统一劳动定额中的缺项，编制本地区、本企业的补充定额，并可在一定范围内结合地区的具体情况作适当调整。 1995 年，建设部颁发《全国建筑安装工程统一劳动定额》。自此我国工程定额又重新走上了科学化、制度化、规范化的发展轨道。 2006 年 11 月至 2007 年 12 月建设部组织全国 10 个省市的工程造价管理部门编制《建设工程劳动定额》，为推荐性行业标准，2009 年 3 月 1 日起施行，分为“建筑工程”“装饰工程”“安装工程”“市政工程”“园林绿化工程”五册

（3）计价定额的发展过程，见表 1-2。

表 1-2　　我国计价定额发展过程

时间	阶段	重 要 事 件
1949～1965 年	创立阶段	1956 年，国家建委颁发了《建筑工程预算定额》，为建筑工程预算、结算的编制和工程造价的确定提供了统一、法定的依据，规范了全国建筑工程产品价格的计算。 1963 年建工部又组织修编了《建筑工程预算定额》，作为编制地区统一的建筑工程预算定额的基础
1966～1976 年	受到冲击	按定额计价受到了冲击，取而代之的是按实报销，造成了建筑工程造价的失控
1977 年以后	恢复和发展	1978 年国家重新修编全国统一的建筑工程预算定额，1981 年对其进行了修订，将其作为各地编制地区统一建筑工程预算定额和行业统一定额的依据。 1995 年《全国统一建筑工程基础定额（土建）》（GJD 101—1995）及《全国统一建筑工程预算工程量计算规则》（GJDGZ 101—1995），各省在此基础上编制了新的地区建筑工程预算定额。 2002 年建设部组织编制和颁发《全国统一建筑装饰装修工程消耗量定额》（GYD 901—2002），为实行量价分离、工程实体消耗和施工措施消耗定额提供了依据。 2003 年建设部发布《建设工程工程量清单计价规范》，该规范对清单计价的适用范围、原则、依据、格式做出明确规定，对分部分项工程项目的编码、项目名称、计量单位、工程量计算规则实行四统一。经历了 2008 年《建设工程工程量清单计价规范》（GB 50500—2008）和现行 2013 年《建设工程工程量清单计价规范》（GB 50500—2013）及 9 个专业工程工程量计算规范

（4）园林相关定额的发展，见表 1-3。

表 1-3　园林相关定额的发展

类型	规范标准	说　明
国家	1988 年《仿古建筑及园林工程预算定额》（试行）（88 建标字第 451 号）	主要内容包括通用项目、营造法原、营造则例、园林绿化景观
	《建设工程劳动定额　园林绿化工程》（LD/T 75.1～3—2008）	本规范是施工企业编制作业计划，签发施工任务书、考核功效、实行按劳分配和经济核算的依据；是规范建筑劳动合同的签订和履行，指导施工企业劳务结算与支付管理的依据；是各地区、各部门编制预算定额、清单计价定额人工消耗量标准的依据；是各地建设行政主管部门发布实物工程量人工单价的基础
	《园林绿化工程工程量计算规范》（GB 50858—2013）	本规范是“工程量计算规范”之五，代码 05。 为规范园林绿化工程造价计量行为，统一园林绿化工程工程量计算规则、工程量清单的编制方法，制定本规范；本规范适用于园林绿化工程发承包及实施阶段计价活动中的工程计量和工程量清单编制；园林绿化工程计价必须按本规范规定的工程计算规则进行工程计量；园林绿化工程计量活动除应遵守本规范外，尚应符合国家现行有关标准的规定
地区	2012 年北京市建设工程计价依据《园林绿化工程预算定额》	绿化工程、庭院工程

1.1.3　定额的分类

建筑安装工程定额的种类很多，根据使用对象和组织施工的具体目的、要求的不同，定额的形式、内容和种类也不同。

（1）根据生产因素分类（基础定额），见图 1-1。

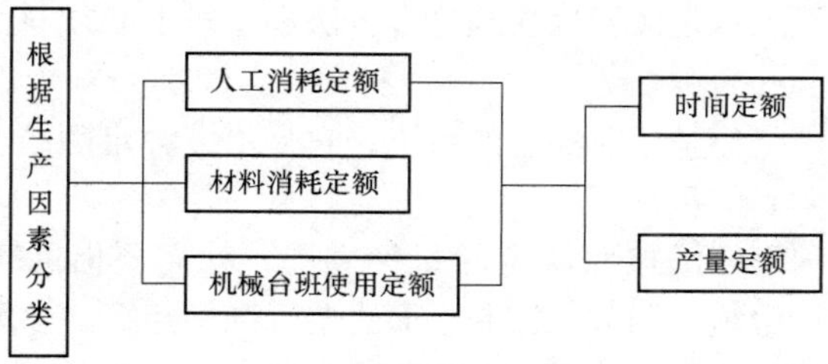

图 1-1　定额分类（一）

（2）根据编制程序和用途分类，见图 1-2。

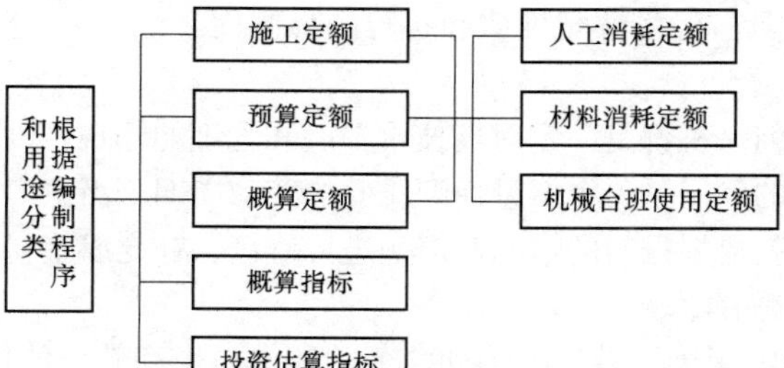

图 1-2　定额分类（二）

（3）根据制定单位和执行范围分类，见图 1-3。

（4）根据专业性质分类，见图 1-4。

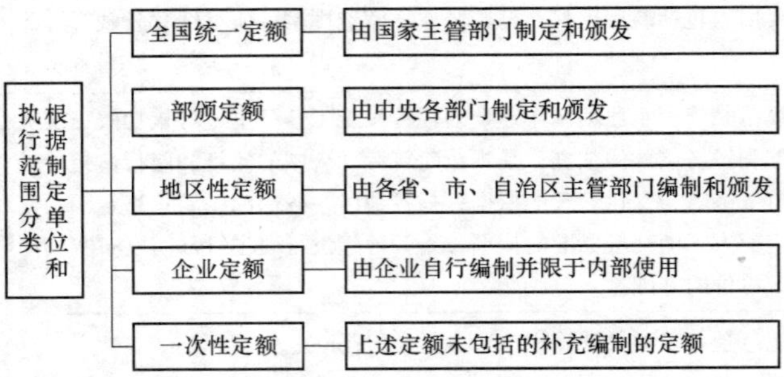

图 1-3　定额分类（三）

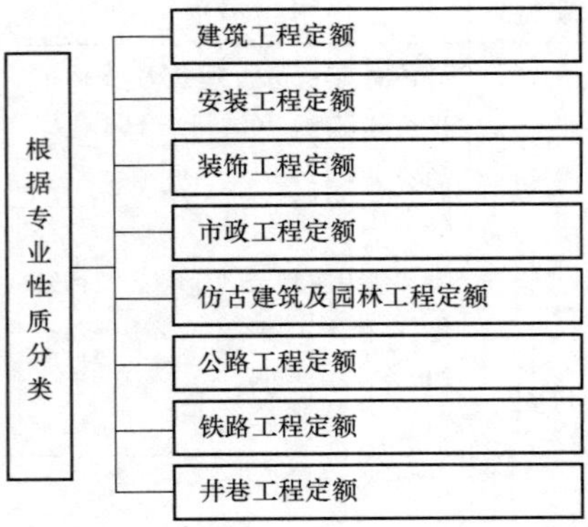

图 1-4　定额分类（四）

（5）根据定额性质分类，见图 1-5。

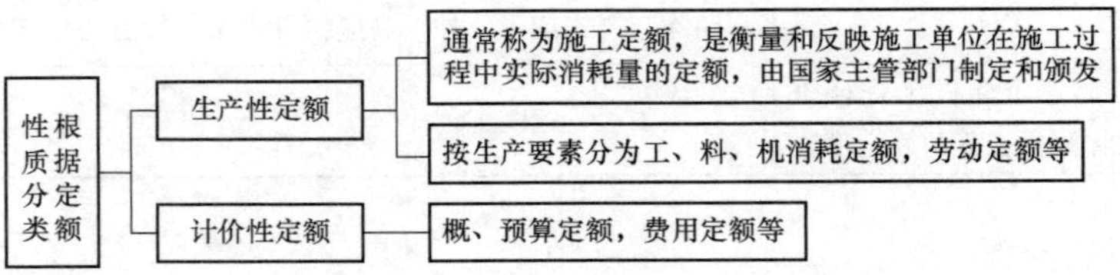

图 1-5　定额分类（五）

1.1.4　建设工程定额的特点

（1）科学性。一是指建设工程定额必须和生产力发展水平相适应，反映出工程建设中生产消费的客观规律；二是指建设工程定额管理在理论、方法和手段上必须科学化，以适应现代科学技术和信息社会发展的需要。

（2）系统性。建设工程定额是相对独立的系统。它是由多种定额结合而成的有机整体，其结构复杂，有鲜明的层次和明确的目标。

（3）统一性。为了使国民经济按照既定的目标发展，就需要借助于某些标准、定额、参数等，对工程建设进行规划、组织、调节、控制。而这些标准、定额、参数必须在一定范围内是一种统一的尺度，才能实现上述职能，才能利用它对项目的决策、设计方案、投标报价、成本控制进行比选和评价。

（4）权威性和强制性。主管部门通过一定程序审批颁发的工程建设定额具有很大的权威性，这种权威性在一些情况下具有经济法规性质和执行的强制性。

（5）稳定性和时效性。

建设工程定额中的任何一种都是一定时期技术发展和管理的体现，因而在一段时间内都表现出稳定的状态；社会生产力的发展是一个由量变到质变的变动周期，当生产力向前发展了，原有定额已不能适应生产需要时，就要根据新的情况对定额进行修订、补充或重新编制，因此具有时效性。

1.1.5　建设工程定额的作用

（1）在工程建设中，定额仍然具有节约社会劳动和提高生产效率的作用。

（2）建设工程定额有利于建筑市场公平竞争。

（3）建设工程定额是对市场行为的规范。

（4）建设工程定额有利于完善市场的信息系统。

任务二　认识基础定额

子任务 1　人工消耗定额的学习

任务清单 1.3　了解人工消耗定额编制原理

1. 任务情境

基础定额包括劳动定额、材料定额、机械台班消耗定额，而劳动定额即劳动消耗定额，也称人工消耗定额。劳动定额的编制、发布与建设工程费用及人工成本信息的测算和发布有着密切的联系，是提高劳动生产率的重要手段。

2. 任务目标

掌握人工消耗定额的概念，工人工作时间的组成；了解编制劳动定额的基本方法 ；能看懂劳动定额书。

3. 任务要求

结合视频和学习资料，通过具体实例的学习，掌握相关概念，了解相应的定额，并能进行相关的计算和转换。

《人工消耗定额》微课，包括 8 个视频，约 251MB

任务指引 FPT

4. 任务实施

步骤 1：观看《人工消耗定额》微课视频 1.4 并结合知识清单 1.2.1 人工消耗定额的概念，解释调制砂浆工序：0.263 工日/10m³ 是什么意思，这个是属于时间定额还是产量定额？

步骤 2：观看视频 1.5 并结合知识清单 1.2.2 工人工作时间的组成，列出哪些时间是制定定额时必须及适当考虑计入的时间。

步骤 3：观看视频 1.6～1.10 并结合知识清单 1.2.3 编制劳动定额的基本方法，试整理技术测定法、比较类推法、统计分析法、经验估计法的特点、应用领域等。

步骤 4：观看视频 1.11 并结合知识清单 1.2.4 劳动定额示例，解释铺设、运输、调制砂浆定额中：1.163m³/工日，代表什么意思，这个是属于时间定额还是产量定额？

5. 知识测试与能力训练

（1）某工人完成单位合格产品的工作时间为 4 小时，则其时间定额为（　　）。

A. 0.5　　B. 1　　C. 2　　D. 4

第 1 章
更多习题实时测

（2）某施工企业结合自身情况确定砌筑“1 砖混水砖墙”子目中人工消耗量。已知筑小组由 3 名工人组成，在正常施工条件下，经测算完成 $10m^3$ 砖墙砌筑耗时 40 小时则在正常施工条件下，砌筑 $10m^3$ “1 砖混水砖墙”的劳动定额，产量定额分别为（　　）。

A. 5 工日，$2m^3$/工日　　B. 15 工日，$0.67m^3$/工日

C. 40 工日，$0.25m^3$/工日　　D. 120 工日，$0.083m^3$/工日

（3）已知产量定额为 10 单位，则时间定额为（　　）单位。

A. 10　　B. 1　　C. 0.5　　D. 0.1

（4）根据计时观察法测得某工序工人工作时间：基本工作时间 46 分钟，辅助工作时间 4 分钟，准备与结束工作时间 3 分钟，休息时间 3 分钟，则定额时间是（　　）分钟。

A. 56　　B. 60　　C. 61.06　　D. 64

（5）定额时间不包括（　　）。

A. 休息时间　　B. 施工本身造成的停工时间

C. 不可避免的中断时间　　D. 辅助工作时间

（6）定额测定是制定定额的一个主要步骤。测定定额通常采用计时观察法。在计时观察法中，精确度最高的是（　　）。

A. 接续法测时　　B. 选择法测时

C. 写实记录法　　D. 工作日写实法

（7）对于同类型产品规格多、工序重复、工作量小的施工过程，常用（　　）制定人工定额。

A. 技术测定法　　B. 统计分析法　　C. 比较类推法　　D. 经验估计法

（8）某瓦工班组 15 人，砌 1.5 厚砖基础，需 6 天完成，砌筑砖基础的定额为 1.25 工日/m^3，该班组完成的砌筑工程量是（　　）。

A. $112.5m^3$　　B. $90m^3$/工日　　C. $80m^3$/工日　　D. $72m^3$

6. 知识点整理

（1）劳动定额　　（2）工日

（3）时间定额　　（4）产量定额

7. 任务总结

通过完成上述任务，你学到了哪些知识和技能？在哪些地方还存在疑惑？

8. 实施人员

9. 任务点评

知识清单 1.2　人工消耗定额

1.2.1　人工消耗定额的概念

(1) 人工消耗定额的定义。人工消耗定额也称劳动消耗定额，简称劳动定额。

它是指在正常的技术组织条件和合理的劳动组织条件下，生产单位合格产品所需消耗的工作时间，或在一定时间内生产的合格产品数量。

(2) 劳动定额按照表现形式不同可分为时间定额与产量定额，见表 1-4。

表 1-4　　时间定额与产量定额的区别与联系

项目	时间定额	产量定额
定义	是指在正常的生产技术组织条件和合理的劳动组织条件下，某工种、某种技术等级的工人小组或个人，完成单位合格产品必须消耗的工作时间	是指在正常的生产技术组织条件和合理的劳动组织条件下，某工种、某种技术等级的工人小组或个人，在单位时间内（工日）所应完成合格产品的数量
计量单位	工日：按照我国劳动法的规定，一个工作日的工作时间为 8h，如工日/m^3、工日/t	产品的单位，如 m^3/工日、t/工日
公式	个人：1/每工日的产量 组：小组成员工日数总和/小组的班产量	个人：1/单位产品的时间定额（工日） 组：小组成员工日数总和/单位产品的时间定额（工日）
两者关系	互为倒数	

(3) 劳动定额按照标定对象不同可分为单项工序定额与综合定额，见表 1-5。

表 1-5　　单项工序定额与综合定额的区别与联系

项目	单项工序定额	综合定额
定义	表示生产质量合格产品需要的某项工序的时间	表示完成同一产品中的各单项定额的综合
举例	铺面工序：1.014 工日/$10m^2$ 调制砂浆工序：0.263 工日/$10m^2$ 运输工序：0.611 工日/$10m^2$	铺弹石路面：1.888 工日/$10m^2$
两者关系	综合时间定额＝Σ 各单项工序时间定额	

1.2.2　工人工作时间的组成

工人工作时间的组成见表 1-6。

表 1-6　　工人工作时间的组成

<table>
<tr><th colspan="3">项　目</th><th>特　点</th><th>举　　例</th></tr>
<tr><td rowspan="2">定额时间（必须消耗的时间）</td><td colspan="2">休息时间</td><td>其长短和劳动条件有关</td><td>喝水、上厕所、短暂休息</td></tr>
<tr><td>有效工作时间</td><td>准备与结束时间</td><td>与工作量大小无关，与工作内容相关</td><td>接受施工任务单、研究图纸、准备工具、领取材料、布置工作地点。
班内：每天取工具设备，布置工作地点，机器开动前观察试车的时间、交接班时间。
任务内：接受施工任务书、研究图纸、接受技术交底、验收交工</td></tr>
</table>

续表

<table>
<tr><th colspan="3">项　目</th><th>特　点</th><th>举　例</th></tr>
<tr><td rowspan="3">定额时间（必须消耗的时间）</td><td rowspan="2">有效工作时间</td><td>基本工作时间</td><td>与工作量大小成正比</td><td>砌砖、铺砂浆、勾缝、弹灰线、钢筋弯曲、混凝土养护、墙面粉刷油漆。
材料外观改变：钢筋弯曲加工。
材料结构性质改变：混凝土制品。
外部性质改变：粉刷、油漆</td></tr>
<tr><td>辅助工作时间</td><td>长短与工作量大小有关</td><td>机械设备上油、小修及转移工作地点</td></tr>
<tr><td colspan="3">不可避免的中断时间</td><td>汽车司机等待汽车装、卸货时消耗的时间</td></tr>
<tr><td rowspan="5">非定额时间（损失时间）</td><td rowspan="2">多余或偶然工作时间</td><td>多余时间</td><td>不计定额时间</td><td>重砌质量不合格的墙体</td></tr>
<tr><td>偶然工作时间</td><td>适当考虑</td><td>抹灰工抹灰前必须先补上遗留的孔；绑扎钢筋前对木工遗留的杂物进行清理</td></tr>
<tr><td rowspan="2">停工时间</td><td>施工本身造成的停工时间</td><td>不考虑</td><td>砌墙砌一半发现没有水泥了，两天后才能买到</td></tr>
<tr><td>非施工本身造成的停工时间</td><td>合理考虑</td><td>台风过境影响施工进度</td></tr>
<tr><td colspan="2">违反劳动纪律时间</td><td>不考虑</td><td>工作时间迟到、睡觉</td></tr>
</table>

名词解释：

（1）工作时间：工作班次的延续时间。

（2）定额时间（必须消耗的时间）：工人在正常的施工条件下，完成某一建筑产品（或工作任务）必须耗用的工作时间，它是制定定额的主要依据。其公式如下：

$$定额时间=\frac{工序作业时间}{1-规范时间\%}$$

工序作业时间＝基本工作时间＋辅助工作时间

规范时间＝准备与结束工作的时间＋不可避免的中断时间＋休息时间

（3）休息时间：维持体力所必需的短暂休息和生理需要的时间消耗。

（4）有效工作时间：与产品生产直接有关的时间消耗。

（5）准备与结束时间：执行任务前或任务完成后所消耗的时间，可分为班内的准备与结束工作时间和任务的准备与结束工作时间。

（6）基本工作时间：直接完成一定产品的施工工艺过程所必须消耗的时间。

（7）辅助工作时间：与施工过程的技术操作没有直接关系的工序，为了保证基本工作的顺利进行而做的辅助性工作所消耗的时间。

（8）不可避免的中断时间：由于施工过程中施工工艺特点引起的工作中断所消耗的时间。

（9）非定额时间（损失时间）：与产品生产无关，而与施工组织和技术上的缺点有关，与工人在施工过程中的个人过失或某些偶然因素有关的时间消耗。

（10）多余时间：进行了任务以外而又不能增加产品数量的工作所消耗的时间，一般由于人为差错引起。

（11）偶然工作时间：在任务外进行但能获得一定产品的工作所消耗的时间。

（12）停工时间：工作班内停止工作造成的时间损失。

（13）施工本身造成的停工时间：由于施工组织不合理、材料供应不及时、工作前道工序没有做好、劳动力安排不好等情况引起的停工时间。

（14）非施工本身造成的停工时间：由于气候条件以及水源、电源中断引起的停工时间。

（15）违反劳动纪律时间：工人违反劳动纪律的规定造成的工作时间损失。

1.2.3　编制劳动定额的基本方法

1.2.3.1　技术测定法

（1）技术测定法定义：是通过对施工过程的具体活动进行实地观察，详细记录工人的工作时间消耗，测定完成产品的数量和有关影响因素，将记录结果进行分析研究，整理出可靠的原始数据资料，为编制定额提供科学依据的一种方法，又称计时观察法或现场观察法。

（2）技术测定法分类：见表 1-7。

表 1-7　　技术测定法分类

分类			方法	特点
测时法	选择测时法（间隔法测时）		当被观察的某一循环工作的组成部分开始时，观察者立即开动秒表，当该组成部分终止时，则立即停止秒表，记录时间，并把秒针拨回到零点。下一组成部分开始，再开动秒表，如此依次观察下去，并依次记录下延续时间	适于测定延续时间较短，连续测时比较困难的情况
测时法	连续测时法		在工作进行中和非循环组成部分出现之前一直不停止秒表，秒针走动过程中，观察者根据各组成部分之间的定时点，记录它的终点时间；再用定时点终止时间之间的差表示各组成部分的延续时间	更准确、完善，观察技术较复杂
写实记录法	按操作人、产品数量分	个人写实	研究 1 个工人	
写实记录法	按操作人、产品数量分	集体写实	研究多个工人	
写实记录法	按记录时间的方法分	数示法	精确度高于图示法和混合法，可达 5s，可同时对 2 个工人进行观察	适应于组成部分较少且较稳定的施工过程
写实记录法	按记录时间的方法分	图示法	记录时间的精确度可达 30s，可同时对 3 个工人进行观察	记录简单，时间一目了然，原始记录整理方便
写实记录法	按记录时间的方法分	混合法	记录观察资料的表格仍采用图示法写实记录表：填写表格时，各组成部分延续时间用图示法填写；完成每一组成部分的工人人数，则用数字填写在该组成部分时间线段的上面。适用于 3 个以上工人工作时间的集体写实记录	吸取了图示法和数示法的优点
工作日写实法	个人工作日写实		研究 1 个工人	与测时法、写实记录法比较，具有技术简单、费力不多、应用面广、资料全面的优点，在我国是一种采用较广的定额编制方法。 目的：一是取得编制定额的基础资料；二是检查定额的执行情况，找出缺点，改进工作
工作日写实法	小组工作日写实		研究多个工人	
工作日写实法	机械工作日写实		研究机械工作	

名词解释：

1）测时法：是以工序作业时间为对象，对构成工序的作业要素进行周期重复观察，并测定其工时消耗的方法。只用来测定施工过程中循环部分的工作时间消耗，不研究工人休息时间、准备与结束时间，即其他非循环的工作时间。

2）选择测时法（间隔法测时）：间隔选择施工过程中非紧连的组成部分（工序或操作）进行工时测定。

（3）技术测定法测定步骤（综合定额）：见表 1 - 8。

表 1 - 8　　技术测定法测定步骤

步　骤	内　容	举　例
1. 拟定正常的施工作业条件	施工作业内容	砌砖景墙
	作业方法	放线、砌筑、勾缝
	施工作业地点的组织	—
	施工作业人员的组成	运砖、运砂浆、砌筑（小工、大工）
2. 拟定施工作业的定额时间	基本工作时间	砌砖、铺砂浆、勾缝、弹灰线
	辅助工作时间	修理墙面
	准备与结束时间	接受施工任务单、研究图纸、准备工具、领取材料、布置工作地点
	不可避免的中断时间	—
	休息时间	—
3. 确定时间定额	定额时间＝基本工作时间/(1－其他各项时间所占百分比)	

1.2.3.2　比较类推法（典型定额法）

（1）比较类推法定义：是在相同类型的项目中，选择有代表性的典型项目，然后根据测定的定额编制其他相关定额的一种方法。采用这种方法工作量小、简单易行。适用于制定同类产品品种多、批量小的劳动定额。

（2）比较类推法测定步骤：见表 1 - 9。

表 1 - 9　　比较类推法测定步骤

步　骤	公　式
1. 将结构和工艺相同的工作项目进行分类分组，从中选出典型代表性项目	
2. 运用技术测定等方法，按工序制定出质量较高的典型项目定额标准	
3. 以典型定额标准为基础，经过对比分析，推算出同类相似相邻项目工时定额	$t=pt_0$ 式中　t——比较类推同类相邻定额项目的时间定额； p——各同类相邻项目耗用工时的比例； t_0——典型项目的时间定额

1.2.3.3　统计分析法

（1）统计分析法定义：是把过去施工中同类工程或生产同类建筑产品的工时消耗加以科学的分析、统计，并结合当前生产技术组织条件的变化因素，进行分析研究、整理和修正。

统计分析法的常用种类有二次平均法、加权算术平均法、概率统计推断法、学习曲线法。

（2）统计分析法测定步骤：见表 1 - 10。

表 1-10　　统计分析法测定步骤

步　　骤	方法（二次平均法）
1. 整理汇总统计资料	
2. 先计算出工序平均工作工时，再求出平均先进工时	（1）删除统计资料中特别偏高、偏低及明显不合理的数据。 （2）计算出算术平均值。 （3）在工时统计数组中，取小于算术平均值的数组，再计算平均值
3. 充分考虑企业今后的生产技术组织条件、生产工人的技术熟练程度改进和提高的可能性，经过对比分析，去掉明显的不合理因素，最后确定出新定额	

1.2.3.4　经验估计法

（1）经验估计法定义：是对生产产品所需消耗的工日、原材料、机械台班等的数量，根据定额测定员、工程技术员和工人，根据个人或集体实践经验，经过图纸分析、现场观察，分解施工工艺，分析施工的生产技术组织条件和操作方法等情况，进行讨论，从而制定多品种定额的方法。

其优点是简单、工作量小、速度快；缺点是人为因素较多，科学性、准确性较差。

（2）经验估计法测定步骤：在经验估计法中，为了提高其准确程度，往往采用“三时估计法”，即先请专家估计出该项目的最大、最短和最可能的三种持续时间，并根据概率理论将以上三种时间分别分配 1、1、4 的权重，然后求出期望的定额时间作为该项目的经验定额值。

其计算公式为：　　估计值＝（$t_{max}+4T+t_{min}$）/6

式中　T——该项目经验估计定额值（经验值）；

t_{max}——该项目最大经验值；

t_{min}——该项目最小经验值。

1.2.4　劳动定额示例

住房和城乡建设部与人力资源和社会保障部 2009 年联合颁布，于 2009 年 3 月 1 日起实施的劳动和劳动安全行业标准《建设工程劳动定额　园林绿化工程》，是在以 1988 年原建设部颁布的《仿古建筑及园林工程预算定额》、现行的施工规范、施工质量验收标准、建筑安装工人安全技术操作规程和各省、自治区、直辖市及有关部门现行的定额标准以及其他有关劳动定额制定的技术测定和统计分析资料为依据，施工生产水平，经过资料收集、整理、测算，广泛征求意见后编制而成。

《建设工程劳动定额　园林绿化工程》系列标准由 3 个标准组成，其名称和代号是：

LD/T 75.1—2008《建设工程劳动定额 园林绿化工程－绿化工程》；

LD/T 75.2—2008《建设工程劳动定额 园林绿化工程－园路、园桥及假山工程》；

LD/T 75.3—2008《建设工程劳动定额 园林绿化工程－园林景观工程》。

定额时间构成包括：准备与结束时间 T_{zj}、作业时间 T_z（基本时间＋辅助时间）、作业宽放时间 T_{zk}（技术性宽放时间＋组织性宽放时间）、个人生理需要与休息宽放时间 T_{jxk}。

［例 1-2］ 选自《建设工程劳动定额　园林绿化工程》（LD/T 75.1～3—2008）。

5.1.2　园路垫层

5.1.2.1　工作内容：筛砂土、浇水、拌和、铺设、找平、灌浆、振实、养护。

5.1.2.2　园路垫层时间定额：详见下表。

定额编号	EB0002	EB0003	EB0004	EB0005	EB0006	EB0007	序号
项目	路垫层						
	砂	灰土 3∶7	灰土 2∶8	煤渣	碎石	混凝土	
综合	0.465	0.860	0.820	0.290	0.520	1.360	一
铺设	0.225	0.196	0.196	0.184	0.254	0.380	二
运输	0.240	0.100	0.100	0.106	0.266	0.476	三
调制砂浆	—	0.564	0.524	—	—	—	四
搅拌	—	—	—	—	—	0.086	五
振捣及养护	—	—	—	—	—	0.418	六

表中数字均为时间定额（工日）。例如：3∶7 园路灰土垫层铺设每 m^3 需 0.196 工日，运输需 0.100 工日，调制砂浆需 0.564 工日，综合需 0.860 工日，即时间定额为 0.860 工日/m^3。

每一工日铺设、运输、调制砂浆数量（即产量定额）为：1/0.860＝1.163m^3/工日。

【箴言匠语】在参与可行性研究时，坚持真理，实事求是，协助领导进行科学决策；在参与投标时，从企业实际出发，以合理造价和合理工期进行投标；在施工中，严格执行施工程序、技术规范、操作规程和质量安全标准，不弄虚作假，欺上瞒下。

子任务 2　材料消耗定额的学习

任务清单 1.4　了解材料消耗定额编制原理

1. 任务情境

材料消耗定额是指在一定条件下生产单位合格产品或完成单位工程量，合理消耗材料的数量标准。材料消耗定额按用途可分为材料消耗概算定额、材料消耗预算定额、材料消耗施工定额。

2. 任务目标

掌握材料消耗定额的概念，材料消耗定额的组成；了解编制材料消耗定额的基本方法；能看懂材料定额书。

3. 任务要求

结合视频和学习资料，通过具体实例的学习，掌握相关概念，了解相应的定额，并能进行相关的计算和转换。

《材料消耗定额》微课，包括 5 个视频，约 289MB

任务指引 PPT

4. 任务实施

步骤 1：观看《材料消耗定额》微课视频 1.12～1.13 并结合知识清单 1.3.1 材料消耗定额的概念和 1.3.2 材料消耗定额的组成，整理工程材料的组成。

步骤 2：观看《材料消耗定额》微课视频 1.14～1.15 并结合知识清单 1.3.3 材料消耗定额的制定，举例说明哪些是周转材料，哪些是非周转材料，且两者的定额制定方法有什么区别。

步骤 3：观看《材料消耗定额》微课视频 1.16 并结合知识清单 1.3.4 材料消耗定额示例，列出［例 1—4］中的消耗定额示例中，1—57 中的材料定额。

5. 知识测试与能力训练（注：4 个选项的为单选题，5 个选项的为多选题）

第 1 章
更多习题实时测

（1）下列方法中，（　　）不适于确定材料消耗量。

A. 现场统计法

B. 利用现场技术测定法

C. 理论计算法

D. 数示法

（2）编制材料消耗定额的基本方法有（　　）。

A. 现场技术测定法　B. 试验法　C. 统计计算法　D. 理论计算法

E. 分析法

（3）施工定额中主要材料消耗定额的制定方法有（　　）。

A. 理论计算法　B. 统计法　C. 试验法　D. 类推比较法

E. 现场技术测定

（4）下列属于材料净用量的确定方法的是（　　）。

A. 技术测定法　B. 统计分析法　C. 实验法　D. 比较类推法

（5）确定材料消耗量的基本方法中，（　　）主要是用于编制材料损耗定额的方法。

A. 实验室试验法　B. 理论计算法

C. 现场技术测定法　D. 现场统计法

（6）施工企业成本核算或投标报价时，周转性材料消耗量指标应根据（　　）确定。

A. 第二次使用时需要的补充量　B. 摊销量

C. 最终回收量　D. 一次使用量

（7）对于施工周转材料，能计入材料定额消耗量的是（　　）。

A. 一次使用量　B. 摊销量　C. 净用量　D. 回收量

（8）编制材料消耗定额时，材料损耗率可以通过（　　）计算确定。

A. 观察法　B. 实验室试验法　C. 测定法　D. 写实记录法

（9）确定材料消耗量时，现场技术测定法主要用来测定材料（　　）。

A. 消耗量定额　B. 耗损定额　C. 净用量定额　D. 必须消耗量

6. 知识点整理

（1）材料消耗定额　　（2）材料净用量

（3）主要材料　　（4）零星材料

7. 任务总结

通过完成上述任务，你学到了哪些知识和技能？在哪些地方还存在疑惑？

8. 实施人员

9. 任务点评

知识清单1.3 材料消耗定额

1.3.1 材料消耗定额的概念

材料消耗定额是指在合理和节约使用材料的前提下，生产单位合格产品所必须消耗的建筑材料（半成品、配件、燃料、水、电）的数量标准。

1.3.2 材料消耗定额的组成

（1）从材料消耗与工程实体的关系角度，可以把材料分为实体材料和非实体材料，见表1-11。

表1-11　工程材料的组成

组成		特点	举例
实体材料	主要材料	在定额消耗表中要列明消耗量，并且一般会列明损耗率	如砂石料、钢筋、植材
	辅助材料	在定额消耗量中要列明消耗量	如土石方爆破中需要的炸药、引信、雷管等，以及钉子、铁丝等
	零星材料	在定额消耗表中不列消耗量	如棉纱、小白线、编号用的油漆等；以其他材料"元"或材料费的百分比表示
非实体材料	—	措施性材料，属于措施费支出范畴	如各种模板、脚手架、支撑、活动支架等

名词解释：

1）实体材料（非周转性材料、直接性消耗材料）：是指在建筑工程施工中，一次性消耗并直接构成工程实体的材料，如砖、砂、石、钢筋、水泥、砂浆等。

2）主要材料：是指直接构成工程实体的材料，包括成品、半成品的材料。

3）辅助材料：是指直接构成工程实体，但比重较小的材料或者实体施工必不可少，但不直接构成工程实体本体的材料，是帮助、促进形成产品的物质。

4）零星材料：用量很小、价值不高、不便计算消耗数量、没有规律的零星用料的材料。

5）非实体材料（周转材料消耗材料、材料型工具或工具型的材料）：是指在施工中不是一次性消耗，而是随着多次使用逐渐消耗的材料，并在使用过程中不断补充，多次重复使用。

（2）实体材料即施工中直接性材料的消耗，可分为必须消耗的材料和损失的材料两类（见表1-12），即

$$材料消耗量=材料净用量+材料合理损耗量=材料净用量\times(1+材料损耗率)$$

表1-12　直接性材料的消耗组成

材料的消耗	是否计入材料消耗定额	组成		对应的定额
必须消耗的材料	是	材料净用量		编制材料净用量定额
		材料合理损耗量	现场运输损耗	编制材料损耗定额，其他损耗（如场外运输损耗、仓库保管损耗等）列入材料预算价格
			现场堆放损耗	
			现场制作损耗	
损失的材料	否	废品、次品、不合格产品的损耗		
		运输保管不善而带来的损耗		
		供应条件不符合要求而造成的损耗		

名词解释：

1）必须消耗的材料：是指在合理使用材料的条件下，生产单位合格产品所需消耗的材料数量。它是确定材料消耗定额的基本数据。

2）材料净用量：是指在节约和合理使用材料的条件下，完成合格产品必需的材料消耗量。它直接构成建筑安装工程实体的材料用量。

3）材料损耗量：是指在正常施工条件下，材料从仓库领出到完成合格产品过程中，不可避免的施工废料和材料损耗

数量。

4）现场运输损耗：是指材料领取时从工地仓库、现场堆放地点或施工现场内的加工地点运至施工操作地点不可避免的场地运输损耗、装卸损耗量。

5）现场堆放损耗：是指材料在施工操作地点不可避免的操作、堆放损耗量，如砌墙、抹灰时的落地灰。

6）现场制作损耗：是指施工操作过程中的损耗量，包括操作过程中不可避免的废料和损耗，如端头短料、边角余料，钢筋切割时的长度减少量。

7）损失的材料：不计入定额，即非工艺性损耗。

［例1-3］ 建筑工程主要材料损耗率取定表（见表1-13）：选自《浙江省园林绿化及仿古建筑工程预算定额》（2003版）附录。

表1-13　　建筑工程主要材料损耗率取定表

序号	材料名称	工程部位及用途	损耗率（%）
1	钢筋、钢丝	现浇、预制构件	2.00
2	预应力粗钢筋	先张法预应力	6.00
3	预应力粗钢筋	后张法预应力	13.00
4	冷拔钢丝	先张法预应力	9.00
5	高强钢丝	后张法预应力	10.00
6	钢丝束、钢绞线	后张法预应力	6.00
⋮			

1.3.3 材料消耗定额的制定

1.3.3.1 非周转材料消耗定额的制定

非周转材料消耗定额的确定方法见表1-14。

表1-14　　非周转材料消耗定额的确定方法

方法	特　　点	适用范围、注意事项
现场观察法	是对施工过程中实际完成产品的数量进行现场观察、测定，再通过分析整理和计算确定建筑材料消耗定额的一种方法。 用观测法制定材料的消耗定额时，所选用的观测对象应符合下列要求： （1）建筑物应具有代表性。 （2）施工方法符合操作规范的要求。 （3）建筑材料的品种、规格、质量符合技术、设计的要求。 （4）被观测对象在节约材料和保证产品质量等方面有较好的成绩	编制材料损耗定额：适合拟定难以避免的损耗数量
实验室实验法	是通过专门的仪器和设备在实验室内确定材料消耗定额的一种方法。 由于在实验室内比施工现场具有更好的工作条件，因此能更深入、详细地研究各种因素对材料消耗的影响，从中得到比较准确的数据	编制材料净用量定额： （1）适用于能在实验室条件下进行测定的塑性材料和液体材料（如混凝土、砂浆、沥青玛帝脂、油漆涂料及防腐等）。 （2）在实验室中无法充分估计到施工现场中某些外界因素对材料消耗的影响。因此，要求实验室条件尽量与施工过程中的正常施工条件一致，同时在测定后用观察法进行审核和修正

续表

<table>
<tr><th>方法</th><th colspan="2">特　　点</th><th>适用范围、注意事项</th></tr>
<tr><td>统计分析法</td><td colspan="2">统计分析法是指在施工过程中，对分部分项工程所拨发的各种材料数量、完成的产品数量和竣工后的材料剩余数量进行统计、分析、计算，来确定材料消耗定额的方法。
这种方法简便易行，不需组织专人观测和试验。但应注意统计资料的真实性和系统性，要有准确的领退料统计数字和完成工程量的统计资料。统计对象也应加以认真选择，并注意和其他方法结合使用，以提高所拟定额的准确程度</td><td>不能分清材料消耗的性质，不能直接作为编制依据。
不能分别确定出材料净用量和损耗量。
耗用材料与相应部位的产品应完全对应</td></tr>
<tr><td rowspan="2">理论计算法（编制材料净用量定额）</td><td colspan="3">根据建筑材料、施工图纸，用理论计算确定材料的方法，适用于制定块、板类材料的消耗定额</td></tr>
<tr><td>块料面层材料用量的计算：
$1m^2$ 块料净用量＝1/［（块料长＋缝宽）×（块料宽＋缝宽）］
$1m^2$ 灰缝材料净用量＝（1－块料长×块料宽×块料净用量）×灰缝深
结合层材料净用量＝1×结合层厚</td><td>砖砌体材料用量的计算：
$1m^2$ 标准砖净用量＝2×砌体厚度砖数/［砌体厚×（标准砖长＋灰缝厚）×（标准砖厚＋灰缝厚）］
$1m^3$ 砖砌体砂浆净用量＝（1－砖体积×砖净用量）</td><td>普通抹灰砂浆配合比用料量的计算：
砂浆消耗量（m^3）＝砂比例数/（配合比总比例数－砂比例数×砂空隙率）×（1＋损耗率）
水泥消耗量（kg）＝［水泥比例数×水泥密度/砂比例数］×砂用量×（1＋损耗率）
石灰膏消耗量（m^3）＝石灰膏比例数/砂比例数×砂用量×（1＋损耗率）</td></tr>
</table>

1.3.3.2 周转材料消耗定额的制定

周转材料消耗定额应按照多次使用、分期摊销的方式进行计算。周转材料消耗定额一般与下列因素有关，见表 1-15。

表 1-15　周转材料消耗定额的影响因素

影响因素	定　　义	计 算 方 法
一次使用量	周转材料在不重复使用条件下的一次性用量	根据构件施工图与施工验收规范计算
损耗率（补损率）	在第二次和以后各次周转中，每周转一次因损坏不能复用，必须另作补充的数量占一次使用量的百分比，又称平均每次周转补损率	用统计法和观测法来确定。 补损率＝平均每次损耗量/一次使用量×100%
周转次数	周转材料从第一次开始使用起，到报废止，可以重复使用的次数	其数值一般采用现场观察法或统计分析法来测定
回收量	平均每周转一次可以回收材料的数量，这部分数量应从摊销量中扣除	回收量＝（一次使用量－一次使用量×损耗率）/n ＝一次使用量×（1－损耗率）/n ＝周转使用最终回收量/n
周转使用量	材料在周转使用和补损条件下，每周转使用一次平均需要的材料数量	周转使用量＝［一次使用量＋一次使用量×（n－1）×补损率］/n ＝一次使用量×［1＋（n－1）×补损率］/n

以钢筋混凝土模板为例，进行周转材料摊销量计算，见表 1-16。

表 1-16　　周转材料摊销量计算表

基本概念	模板接触面积 S：根据混凝土构件与模板的接触面按照图纸计算
	含模量＝模板接触面积 S/混凝土构件体积 V
	一次使用量＝模板接触面积×单位模板面积需材量×（1＋制作损耗率）
现浇件模板消耗量	材料摊销量是指周转材料在重复使用条件下，应分摊到每一计量单位结构构件的材料消耗量。这是应纳入定额的实际周转材料消耗的数量。 摊销量＝周转使用量－回收量 木模摊销量＝周转使用量－回收量×回收折价率
预制件模板消耗量	由于损耗很少，可以不考虑每次的补损率，按多次使用平均分摊的办法进行计算。 摊销量＝一次使用量/周转次数

1.3.4　材料消耗定额示例

建设部组织制定的《全国统一建筑工程基础定额 土建》（GJD 101—1995）是完成规定计量单位分项工程计价的人工、材料、施工机械台班消耗量标准；是统一全国建筑工程预算工程量计算规则、项目划分、计量单位的依据；是编制建筑工程（土建部分）地区单位估价表，确定工程造价、编制概算定额及投资估算指标的依据；也可作为制定招标工程标底、企业定额和投标报价的基础。

[例 1-4]　选自 GJD 101—1995。

支挡土板

工作内容：包括制作、运输、安装及拆除　　　　计量单位：$100m^3$

定额编号			1-55	1-56	1-57	1-58
项目		单位	支挡土板			
			密撑		疏撑	
			木支撑	钢支撑	木支撑	钢支撑
人工	综合工日	工日	21.39	16.27	16.62	12.66
材料	杉原木	m^3	0.226	—	0.226	—
	支撑方木	m^3	0.065	0.060	0.051	0.049
	木挡土板	m^3	0.395	0.395	0.240	0.257
	钢套管	kg	—	15.61	—	15.61
	铁撑角	个	—	20	—	19
	普通黏土砖	千块	—	—	0.188	0.188

子任务 3　机械台班消耗定额的学习

任务清单 1.5　了解机械台班消耗定额编制原理

1. 任务情境

机械消耗定额和劳动消耗定额的单位和定义有点类似，所不同的是对象，由人工变为机械，其组成、定义比较类似。学习时，可以先学习劳动消耗定额，然后学机械台班定额，最后再学材料消耗定额。

2. 任务目标

掌握机械台班消耗定额的概念，机械工作时间的组成；了解编制机械台班消耗定额的基本方法；能看懂机械台班消耗定额书。

《机械台班消耗定额》微课，包括 4 个视频，约 176MB

任务指引 PPT

3. 任务要求

结合视频和学习资料，通过具体实例的学习，掌握相关概念，了解相应的定额，并能进行相关的计算和转换。

4. 任务实施

步骤 1：观看《机械台班消耗定额》微课视频 1.17 并结合知识清单 1.4.1 机械台班消耗定额的概念，解释机械打眼爆破石方定额中，磨钎机消耗量 0.39 台班/100m^3，是什么意思，是属于时间定额还是产量定额？

步骤 2：观看《机械台班消耗定额》微课视频 1.18 并结合知识清单 1.4.2 机械工作时间的组成，列出定额时间由哪些组成。

步骤 3：观看《机械台班消耗定额》微课视频 1.19 并结合知识清单 1.4.3 机械台班定额的编制，以连续动作机械为例，整理其施工机械台班产量定额的计算公式。

步骤 4：观看《机械台班消耗定额》微课视频 1.20 并结合知识清单 1.4.4 机械台班定额示例，列出［例 1 - 5］示例中的 1 - 103 定额中的机械台班定额，并说明是属于产量定额还是时间定额。

5. 知识测试与能力训练（注：4个选项的为单选题，5个选项的为多选题）

第1章
更多习题实时测

（1）机械产量定额和机械时间定额（　　）。

A. 互为相反数关系　　B. 互为倒数关系

C. 没有关系　　D. 成正比关系

（2）某施工机械的时间定额为0.391台班/100m^3，与之配合的工人小组有4人，则该机械的产量定额为（　　）m^3/台班。

A. 2.56　　B. 256　　C. 0.64　　D. 64

（3）在计算施工机械的台班单价时，不需要考虑的是（　　）。

A. 台班折旧价　　B. 台班养路费　　C. 原材料价　　D. 台班人工费

（4）施工机械台班产量定额＝（　　）。

A. 机械纯工作1台班正常生产率×工作班延续时间×机械正常利用系数

B. 机械纯工作1小时正常生产率×工作班延续时间×机械正常利用系数

C. 机械纯工作1天正常生产率×工作班延续时间×机械正常利用系数

D. 机械纯工作单位正常生产率×工作班延续时间×机械正常利用系数

（5）下列确定机械的利用系数正确的是（　　）。

A. 机械利用系数＝工作班净工作时间/机械工作班时间

B. 机械利用系数＝机械工作班时间/工作班净工作时间

C. 机械利用系数＝施工机械台班产量定额/机械工作班时间

D. 机械利用系数＝工作班净工作时间/施工机械台班产量定额

（6）在下列施工机械工作时间中，不应列入定额时间的有（　　）。

A. 不可避免的无负荷工作时间　　B. 机械多余的工作时间

C. 不可避免的中断时间　　D. 机械停工时间

E. 违背劳动纪律的停工时间

（7）编制施工机械台班使用定额时，需要进行的工作包括（　　）。

A. 拟定施工机械工作的正常施工条件　　B. 确定机械的利用系数

C. 确定机械纯工作1小时的正常生产率　　D. 对施工机械的工作时间进行划分

E. 拟定工人小组的定额时间

6. 知识点整理

（1）机械台班消耗定额　　（2）台班

（3）机械台班人工配合定额

7. 任务总结

通过完成上述任务，你学到了哪些知识和技能？在哪些地方还存在疑惑？

8. 实施人员

9. 任务点评

知识清单 1.4　机械台班消耗定额

1.4.1　机械台班消耗定额的概念

(1) 机械台班消耗定额的定义：是指在正常施工中、在合理的劳动组织和合理使用施工机械的条件下，生产单位合格产品所必需的一定品种、规格施工机械作业时间的消耗标准。

一台机械工作一个班次（即 8h）称为“一个台班”。

(2) 机械台班消耗定额的表现形式：见表 1-17。

表 1-17　　机械台班消耗定额的两种表现形式

表现形式	时间定额	产量定额
定义	是指在正常的施工条件和合理的劳动组织下，完成单位合格产品必须消耗的机械台班数量	是指在正常的施工条件和合理的劳动组织下，在一个台班时间内必须完成的单位合格产品的数量
计量单位	台班，如台班/m^3、台班/t	产品的单位，如 m^3/台班、t/台班
公式	1/机械台班产量定额	1/机械时间定额
两者关系	互为倒数	

(3) 机械台班人工配合定额：由于机械必须由工人配合，机械台班人工配合定额是指机械台班配合用工部分，即机械和人工共同工作时的人工定额，见表 1-18。

表 1-18　　机械台班人工配合定额的两种表现形式

表现形式	时间定额	产量定额
公式	机械台班内工人的总工日数/机械每台班产量定额	机械台班内工人的总工日数/机械时间定额

1.4.2　机械工作时间的组成

机械工作时间由定额时间和非定额时间组成，见表 1-19。

表 1-19　　机械工作时间的组成

<table>
<tr><th colspan="4">组　　成</th><th>举　　例</th></tr>
<tr><td rowspan="9">定额时间（必须消耗的时间）</td><td rowspan="2">不可避免空转时间</td><td colspan="2">循环的不可避免无负荷工作时间</td><td>如铲运机返回到铲土地点</td></tr>
<tr><td colspan="2">定时的不可避免无负荷工作时间</td><td>如工作班开始和结束时来回无负荷的空行或工作地段转移所消耗的时间</td></tr>
<tr><td rowspan="2">有效工作时间</td><td colspan="2">正常负荷下的工作时间</td><td>—</td></tr>
<tr><td colspan="2">有根据地降低负荷下的工作时间</td><td>如汽车运输质量轻而体积大的货物时，不能充分利用 汽车的载重吨位，因而不得不降低其计算负荷</td></tr>
<tr><td rowspan="5">不可避免中断时间</td><td rowspan="2">与操作有关的中断时间</td><td>循环的</td><td>如汽车装载、卸货的停歇时间</td></tr>
<tr><td>定时的</td><td>如从一个工作地点转移到另一工作地点时，喷浆器工作的中断时间</td></tr>
<tr><td rowspan="2">与机械有关的中断时间</td><td>不可避免的中断时间</td><td>如使用机械进行工作的人在准备与结束时使机械暂停的中断时间</td></tr>
<tr><td>定时的不可避免的中断时间</td><td>如在维护保养机械时必须使其停转所发生的中断时间</td></tr>
<tr><td colspan="2">工人休息时间</td><td>—</td></tr>
</table>

续表

组　　成			举　　例
非定额时间（损失时间）	多余或偶然工作时间	可避免的机械无负荷工作	如工人没有及时供给机械用料引起的空转
		机械在负荷下多余的工作	如混凝土搅拌机在搅拌时超过规定的搅拌时间
	停工时间	施工本身造成的停工时间	如临时没有工作面，未能及时供给机械用水、燃料和润滑油，机械损坏
		非施工本身造成的停工时间	如水源、电源中断（非施工原因），气候条件
	违反劳动纪律时间		机械操作工人在工作时间内睡觉
	低负荷下工作时间		如工人装车的砂石数量不足引起汽车在降低负荷的情况下工作所延续的时间

名词解释：

（1）循环的不可避免无负荷工作时间：由施工过程的特征引起的空转，它在每个循环中重复一次。

（2）定时的不可避免无负荷工作时间：发生在载重汽车或挖土机等的工作台中的无负荷工作时间，由机械结构的特点引起。

（3）正常负荷下的工作时间：机械在与机械说明书规定负荷相符的正常负荷下进行工作的时间。

（4）有根据地降低负荷下的工作时间：由于技术的原因，机械在低于其计算负荷下的工作时间。

（5）工人休息时间：工人必需的休息时间。

（6）施工本身造成的停工时间：由于施工组织不善引起的机械停工时间。

（7）非施工本身造成的停工时间：由外部影响引起的机械停工时间。

（8）违反劳动纪律时间：工人违反劳动纪律而引起的机械停工时间。

（9）低负荷下工作时间：由施工管理人员或工人的过失以及机械陈旧或发生故障等原因，使机械在降低负荷情况下进行工作的时间。

1.4.3　机械台班定额的编制

（1）拟定机械工作的正常施工条件。机械工作与人工操作相比，其劳动生产率与其施工条件密切相关，拟定机械施工条件包括工作地点的合理组织、施工机械作业方法的拟定，确定配合机械作业的施工小组的组织以及机械工作班制度等，主要是工作地点的合理组织和拟定合理的工人编制，其定义见表1-20。

表1-20　　工作地点的合理组织与拟定合理的工人编制的定义

类型	定　　义
工作地点的合理组织	对施工地点机械和材料的放置位置、工作操作场所做出科学合理的布置和空间安排，尽可能做到最大限度地发挥机械的效能，减少工人的劳动强度
拟定合理的工人编制	根据施工机械的性能和设计能力、工人的专业分工和劳动工效，合理确定能保持机械正常生产率和工人正常劳动工效的工人的编制人数

（2）确定机械纯工作1h正常生产率。根据机械工作特点的不同，把建筑机械分为循环动作机械和连续动作机械两种类型，其机械纯工作1h正常生产率计算公式见表1-21。

表 1-21　　**循环动作机械和连续动作机械的定义与计算方法**

机械类型	定义与案例	计算公式
循环动作机械	是指机械重复、有规律地在每一周期内进行同样次序的动作，如塔式吊起重机、混凝土搅拌机、挖掘机	机械一次循环的正常延续时间＝Σ（循环各组成部分正常延续时间）－交叠时间 机械纯工作 1h 循环次数$=\dfrac{60\times 60\ (\text{s})}{\text{一次循环的正常延续时间}}$ 循环动作机械纯工作 1h 正常生产率＝机械纯工作 1h 正常循环次数×一次循环生产的产品数量
连续动作机械	是指机械动作时没有规律性的周期界限，而是不停地做某一种动作，如皮带运输机	连续动作机械纯工作 1h 正常生产率$=\dfrac{\text{工作时间内生产的产品数量}}{\text{工作时间（h）}}$

（3）确定机械的正常利用系数。机械的正常利用系数是指机械在工作班内对工作时间的利用率。机械正常利用系数和机械在工作班内的工作状况有着密切的关系。其公式为：

$$\text{机械正常利用系数}=\frac{\text{机械在一个工作班内纯工作时间}}{\text{一个工作班延续时间（8h）}}$$

（4）计算机械台班消耗定额。其公式为：

施工机械台班产量定额＝机械 1h 纯工作正常生产率×工作班纯工作时间

＝机械 1h 纯工作正常生产率×工作延续时间×机械正常利用系数

施工机械时间定额＝1/机械台班产量定额

（5）拟定工人小组的定额时间。工人小组的定额时间是指配合施工机械作业的工人小组的工作时间总和。

名词解释：

（1）机械纯工作时间：是指机械必须消耗的时间。

（2）机械纯工作 1h 正常生产率：是指在正常施工组织条件下，具有必需的知识和技能的技术工人操作机械工作 1h 的生产率。

1.4.4　机械台班定额示例

［例 1-5］　选自 GJD 101—1995。

11. 机械打眼爆破石方

工作内容：布孔、打眼、准备炸药和装炸药、准备及填充填塞物、安爆破线、封锁爆破区、爆破前后的检查、爆破、清理岩石、撬开及破碎不规则的大石块、修理工具。

计量单位：$100m^3$

定额编号			1-103	1-104	1-105	1-106
项　　目		单位	平基			
			松石	次坚石	普坚石	特坚石
人工	综合工日	工日	9.85	13.45	15.84	20.20
材料	电雷管	个	54	62	75	88
	硝铵 2#	kg	26.32	32.58	41.50	52.97
	胶质导线 1.5	m	49.28	53.68	60.36	64.84
	胶质导线 2.5	m	23.99	24.14	24.80	25.44

续表

人工	综合工日	工日	9.85	13.45	15.84	20.20
材料	胶质导线 4	m	3.60	3.61	3.72	3.81
	合金钻头一字型	个	1	2	3	5
	六角空心钢	kg	2.21	3.15	4.65	6.93
	高压风管	m	0.21	0.35	0.56	0.76
	高压水管	m	0.34	0.57	0.92	1.25
	水	m^3	3.72	6.72	10.93	14.82
机械	凿岩机气腿式	台班	1.88	3.14	5.11	6.93
	锻钎机	台班	0.07	0.10	0.14	0.21
	磨钎机	台班	0.27	0.39	0.57	0.83

【箴言匠语】深入施工现场，调查研究，掌握第一手资料，积极主动为基层单位服务，为工程项目服务，急基层单位和工程项目之所急。

任务三　学习企业预算、概算等定额

子任务 1　企业定额的学习

任务清单 1.6　了解企业定额的编制原理

1. 任务情境

企业定额指建筑安装企业根据自身的技术和管理水平，所确定的完成单位合格产品所必需的人工、材料和施工机械台班的消耗量。企业定额有两个层次，一是用于施工生产管理的施工定额（生产性定额），一是用于投标报价及工程结算的企业定额（计价性定额）。一般将企业定额称为施工定额，即第一层概念，由劳动定额、机械定额、材料定额三个相对独立的部分组成。

2. 任务目标

掌握企业定额的概念、作用、编制原则和使用方法。

3. 任务要求

分清企业定额两个层次不同的应用特点，并明确其作用。

《企业定额》微课，约 73MB

任务指引 PPT

4. 任务实施

步骤 1：观看《企业定额》微课视频 1.21 并结合知识清单 1.5 企业定额，试解释企业定额的两个层次及其适用领域，以及两者之间的区别。

步骤 2：企业定额的编制原则有哪些？

5. 知识测试与能力训练（注：4 个选项的为单选题，5 个选项的为多选题）

第 1 章 更多习题实时测

(1) 施工定额采用的定额水平是（　　）。

A. 平均先进水平　　B. 社会平均水平

C. 企业先进水平　　D. 企业平均水平

(2) 企业平均水平在各种工程建设定额中，属于基础性定额的是（　　）。

A. 造价定额　　B. 施工定额

C. 预算定额　　D. 估算定额

(3) 施工定额的作用表现在（　　）。

A. 是企业计划管理的依据

B. 是企业提高劳动生产率的手段

C. 是企业计算工人劳动报酬的依据

D. 是编制施工预算、加强企业成本管理的基础

E. 是企业组织和指挥施工生产的有效工具

（4）编制企业定额最关键的工作是（　　）。

A. 确定人工的消耗量　　B. 确定材料的消耗量

C. 确定机械台班的消耗量　　D. 确定人工、材料、机械台班的消耗量

6. 知识点整理

（1）企业定额

（2）平均先进水平

（3）企业预算定额

7. 任务总结

通过完成上述任务，你学到了哪些知识和技能？在哪些地方还存在疑惑？

8. 实施人员

9. 任务点评

【箴言匠语】用科学的管理和先进的技术追求完美，用知识和智慧浇注理想的丰碑。

知识清单 1.5　企业定额（施工定额）

1.5.1　企业定额的性质

企业定额是指建筑安装企业根据自身的技术和管理水平，所确定的完成单位合格产品所必需的人工、材料和施工机械台班的消耗量，以及其他生产经营要素消耗的数量标准。施工企业的定额应该有两个层次：一是用于施工生产管理的施工定额（生产性定额）；二是用于投标报价及工程结算的企业定额（计价性定额）。

建筑安装企业定额一般称为施工定额，是指建筑施工企业根据本企业的施工技术和管理水平，以及有关工程造价资料制定，并供本企业使用的人工、材料和机械台班消耗量标准。它反映了企业的施工生产和生产消耗之间的数量关系，是施工企业生产力水平的体现，以及企业参与市场竞争的核心竞争能力的具体体现。

施工定额是以同一性质的施工过程或工序作为研究对象，表示生产产品数量与生产要素消耗综合关系编制的定额。其项目划分最细，是工程基础性定额、编制预算定额的基础，由劳动定额、机械定额、材料定额三个相对独立的部分组成。

1.5.2　企业定额的作用

（1）企业定额是企业计划管理的依据。其表现为企业定额是企业编制施工组织设计的依据，也是企业编制施工工作计划的依据。

（2）企业定额是组织和指导生产的有效工具。企业通过下达施工任务书和限额领料单来实现组织管理和指挥施工生产。

（3）企业定额是计算工人劳动报酬的依据。工人的劳动报酬是根据工人劳动的数量和质量来计量的，而企业定额为此提供了一个衡量标准，它是计算工人计件工资的基础，也是计算奖励工资的基础。

（4）企业定额是推广先进技术的必要手段。企业定额水平中包含着某些已成熟、先进的施工技术和经验，工人要想达到或超过定额，就必须掌握和运用这些先进技术，如果想大幅度超过定额，就必须创造性地劳动。

（5）企业定额是编制施工预算，加强企业成本管理和经济核算的基础。

（6）企业定额是编制工程量清单报价的依据及编制预算定额的基础。

1.5.3　企业定额的编制原则

（1）平均先进性原则。定额水平是施工定额的核心。所谓定额水平，是指规定消耗在单位建筑产品上人工、材料和机械台班数量的多少。

所谓平均先进水平，就是在正常的施工（生产）条件下，经过努力，多数工人可以达到或超过、少数工人可以接近的水平。是一种鼓励先进、勉励中间、鞭策后进的定额水平。

（2）简明适用性原则。

即项目划分合理；步距大小适当；文字通俗易懂，计算方法简便；册、章、节的编排方便基层单位的使用。

（3）以专家为主编制定额的原则。企业定额的编制要求有一支经验丰富、技术与管理知识全面、有一定政策水平、稳定的专家队伍，同时也要注意必须走群众路线，尤其是在现场测时和组织新定额试点时，这一点非常重要。

（4）独立自主的原则。企业独立自主地制定定额，主要是自主地确定定额水平，自主地划分定额项目，自主地根据需要增加新的定额项目。但是，企业定额毕竟是一定时期企业生产力水平的反映，因此，企业定额应是对原有国家、部门和地区性施工定额的继承和发展。

（5）时效性原则。企业定额是一定时期内技术发展和管理水平的反映，所以在一段时期内表现出稳定的状态。这种稳定性又是相对的，它还有显著的时效性。

（6）保密原则。企业定额的指标体系及标准要严格保密。建筑市场竞争激烈，就企业现行的定额水平，工程项目在投标中如被竞争对手获取，会使企业陷入十分被动的境地。

1.5.4 企业定额的编制与使用

企业定额体系应包括施工定额和预算定额两个层次。

（1）施工定额层次。施工定额只有人、材、机消耗量和措施性消耗量标准，只反映基础量的定额，不反映价格因素，只用作建筑企业资源计划和生产组织，是管理性定额，专为施工管理服务，并且是对内的，相当于量价分离的定额。

最主要的工作是确定人工、材料、机械台班的消耗量。由于现行计价规范没有具体的人工、材料、机械台班的消耗量，需要企业自身依据企业定额的消耗量或参考建设行政有关部门发布的社会平均消耗定额来确定，主要来源仍然是以参考各级政府编制的地区定额和行业定额为主，结合本企业的施工和管理水平，做局部的调整。再根据本企业的特点，对一些专业工序、新工艺、新技术编制部分有针对性地补充定额，如［例 1 - 6］所示。

（2）预算定额层次。预算定额既有消耗量也有定额价，属于综合性定额，便于快速报价，是对外的计价性定额。施工定额是预算定额的基础，其消耗量标准是相同的，不同的是企业预算定额除了反映人、材、机和措施项目消耗量标准外，还包括其他各项费用以及人、材、机的价格信息。企业预算定额是企业施工定额的延伸和扩展。

在实际使用企业定额库时，需要根据不同的用途，例如对外的投标报价，或对内的成本控制，考虑可能发生的风险等不确定因素，采用相应的投标技巧、增减调整等方法，生成相应的单位估价表，提供给投标报价系统或成本控制等系统使用。

［例 1 - 6］ 表 1 - 22 选自某企业消耗量定额。

表 1 - 22 **某企业消耗量定额**

定额编号			11 - 60	11 - 61	11 - 62	11 - 63
项目		单位	地板砖楼地面 800×800 以内	木质踢脚线	柱（梁）饰面（木龙骨胶合板基层装饰板面）	轻钢龙骨天棚（平面）
人工	综合工日	工日	0.302	0.390	0.570	0.170
材料	水泥 32.5	kg	9.120			
	中砂	m^3	0.016			
	地板砖（800×800）	m^2	1.040			
	白水泥	kg	0.100			
	装饰板	m^2		1.050	1.050	
	9mm 厚胶合板	m^2		1.050	1.050	
	装饰木条 6×19	m		8.750		
	一等木方	m^3			0.010	
	装配式轻钢龙骨	m^2				1.020
	油漆	元		30.00		
	其他材料费	元	0.55	2.00	8.50	3.00
机械	机械费	元	0.40	1.77	0.04	—

子任务 2　预算定额的学习

任务清单 1.7　掌握预算定额的概念及其应用方法

1. 任务情境

预算定额是在施工定额的基础上，经过综合计算，考虑各种综合因素编制而成的。预算定额是平均水平，施工定额是平均先进水平。所以两者相比预算定额水平要相对低一些。园林工程预算定额的预算基价由人工费、材料费和机械费组成。定额基价的确定方法主要就是由定额所规定的人、材、机消耗量（“三量”）乘以相应的地区日工资单价、材料价格和机械台班价格（“三价”）。

2. 任务目标

了解预算定额的相关概念、预算定额消耗量的确定方法、基础单价的确定方法，能看懂当地的预算定额，并进行资料的查找。

《预算定额》微课，包括 5 个视频，约 490MB

任务指引 FPT

3. 任务要求

结合视频和学习资料，通过具体实例的学习，对预算定额的构成进行分析，能快速找出所需要的预算定额。

4. 任务实施

步骤 1：观看《预算定额》微课视频 1.22～1.26 并结合知识清单 1.6 预算定额，写出当地园林绿化预算定额或课本附录中 2010 浙江园林定额中的文字说明部分包括哪五个部分，并在书附录中找出 2010 园林定额中对应的文字说明部分的页码范围？（分项工程说明，列举一个定额，摘录出其工作内容）

步骤 2：根据当地园林绿化预算定额或课本附录中 2010 浙江绿化定额（下册附录），列出其中关于砂浆、混凝土配合比中的内容对应的页码。

步骤 3：标出下面定额项目表中的分项工程名称、计量单位、定额编号、预算单价、消耗指标、附注。

五、地形改造

工作内容：就地取土、推土、夯实、修正。　　计量单位：$10m^2$

定额编号	1-209
项目	地形改造
	机械造坡

续表

基价（元）				63
其中	人工费（元）			15.00
	材料费（元）			
	机械费（元）			48.32
名称		单位	单价（元）	消耗量
人工	一类人工	工日	40.00	0.375
机械	履带式推土机 90kW	台班	705.64	0.068
	电动夯实机 20～62kg·m	台班	21.79	0.016

注 1. 土方如需购买。材料费需另计。

2. 地形改造子目适用于竖向高差在 0.3～1m 之间的项目。

步骤 4：查找起挖乔木带土球，土球直径 180cm 以内的定额编号。

步骤 5：查找起挖乔木带土球，土球直径 200cm 以内的定额编号。

步骤 6：查找"纹形混凝土面，厚度 10cm"定额，列出以下内容：

1）工作内容：

2）计量单位：

3）定额编号：

4）基础单价为：

5）定额附注：

步骤 7：查找"大树栽植带土球"（土球直径 180cm 以内）定额，列出以下内容：

1）工作内容：

2）计量单位：

3）定额编号：

4）基础单价为：

5）定额附注：

5. 知识测试与能力训练（注：4 个选项的为单选题，5 个选项的为多选题）

(1) 将预算定额划分为建筑工程定额和安装工程定额两类，其划分标准是（　　）。

A. 管理权限　　B. 执行范围　　C. 物资要素　　D. 专业性质

(2) 编制预算定额应依据（　　）。

A. 现行劳动定额　　B. 典型施工图纸

C. 现行施工及验收规范　　D. 新结构、新材料和先进施工方法

E. 现行的概算定额

(3) 预算定额人工工日消耗量是由（ ）组成的。

第 1 章
更多习题实封测

A. 人工幅度差　　B. 普通用工
C. 基本用工　　D. 额外用工
E. 其他用工

(4) 预算定额人工消耗量的人工幅度差是指（ ）。

A. 预算定额消耗量与概算定额消耗量的差额
B. 预算定额消耗量自身的误差
C. 预算定额人工定额必须消耗量与净消耗量的差额
D. 预算定额与劳动定额的差额

(5) 在计算预算定额人工消耗量时，基本用工中除包括完成定额计量单位的主要用工外，还应包括（ ）。

A. 劳动定额规定应增（减）计算的用工　　B. 劳动定额内不包括的材料加工用工
C. 施工中不可避免的其他零星用工　　D. 质量检查和隐蔽工程验收用工

(6) 在进行预算定额人工工日消耗量计算时，已知完成单位合格产品的基本用工为 20 工日，超运距用工为 3 工日，辅助用工为 1.5 工日，人工幅度差系数是 10%，则预算定额中的人工工日消耗量为（ ）工日。

A. 2.45　　B. 26.95　　C. 25.45　　D. 24.5

(7) 砌筑 $10m^3$ 砖墙需基本用工 20 个工日，辅助用工为 5 个工日，超运距用工需 2 个工日，人工幅度差系数为 10%，则预算定额人工工日消耗量为（ ）工日/$10m^3$。

A. 27.7　　B. 29.0　　C. 29.2　　D. 29.7

(8) 材料预算价格是指材料从来源地到达（ ）的价格。

A. 工地　　B. 施工操作地点　　C. 工地仓库　　D. 工地仓库以后出库

(9) 下列不属于材料预算价格的费用是（ ）。

A. 材料原价　　B. 材料包装费　　C. 材料采购保管费　　D. 新型材料实验费

(10) 材料基价的组成有（ ）。

A. 材料原价　　B. 材料运杂费　　C. 采购及保管费　　D. 检验试验费
E. 材料运输损耗费

(11) 下列各项费用中，应计入建筑安装工程施工机械台班单价的是（ ）。

A. 大型机械设备进出场费　　B. 引进设备检验费
C. 临时故障排除费　　D. 机器损坏保险

(12) 下列施工机械，其安拆及场外运费不能计算到施工机械台班单价中的是（ ）。

A. 工地间移动较为频繁的小型机械　　B. 移动有一定难度的大型机械
C. 不需安拆且自身又能开行的机械　　D. 部分中型机械

(13) 在计算预算定额人工工日消耗量时，对于工种间的工序搭接及交叉作业相互配合影响所发生的停歇用工，应列入（ ）。

A. 辅助用工　　B. 人工幅度差
C. 基本用工　　D. 超运距用工

(14) 材料的定额消耗量包括（ ）。

A. 材料净耗量和全部损耗量　　B. 材料全部净耗量
C. 材料净耗量和不可避免损耗量　　D. 材料全部耗用量

6. 知识点整理

（1）预算定额

（2）施工定额

（3）人工工资单价

（4）材料价格单价

（5）施工机械台班单价

7. 任务总结

通过完成上述任务，你学到了哪些知识和技能？在哪些地方还存在疑惑？

8. 实施人员

9. 任务点评

【箴言匠语】精心设计，拼搏不止，求实自爱，志在一流。

知识清单 1.6　预算定额

1.6.1　预算定额相关概念

1.6.1.1　预算定额的定义和现状

（1）定义：由建设行政主管部门根据合理的施工组织设计，正常施工条件制定的，生产一个规定计量单位的合格产品所需人工、材料和机械台班的社会平均消耗量标准。

（2）我国预算定额和发展呈现为：双轨制体系，见表 1－23。

表 1－23　　双轨制预算体系

预算定额发展阶段	标志性成果
“量、价、费”定额为主导的静态管理模式	1993 版《全国统一建筑装饰工程预算定额》 地区性定额
“控制量、指导价、竞争费”，根据市场动态管理，建立以市场形成价格为主的价格机制	2008 年住房和城乡建设部颁布的《建设工程工程量清单计价规范》（GB 50500—2008） 2013 版《建设工程工程量清单计价规范》体系

1.6.1.2　预算定额的分类

可根据专业性质及管理权限和执行范围进行分类，见表 1－24。

表 1－24　　预算定额的分类

<table>
<tr><th colspan="2">类　　型</th><th>定　额　举　例</th></tr>
<tr><td rowspan="2">按专业性质分</td><td>建筑工程定额</td><td>（1）建筑工程预算定额。
（2）市政工程预算定额。
（3）铁路工程预算定额。
（4）公路工程预算定额。
（5）房屋修缮工程预算定额。
（6）矿山井巷预算定额</td></tr>
<tr><td>安装工程定额</td><td>（1）电气设备安装工程预算定额。
（2）机械设备安装工程预算定额。
（3）通信设备安装工作定额。
（4）化学工业设备安装工程预算定额。
（5）工业管道安装工程预算定额。
（6）工艺金属结构安装工程预算定额。
（7）热力设备安装工程预算定额</td></tr>
<tr><td rowspan="3">按管理权限和执行范围分</td><td>全国统一定额</td><td>—</td></tr>
<tr><td>行业统一定额</td><td>—</td></tr>
<tr><td>地区统一定额</td><td>—</td></tr>
</table>

1.6.1.3　预算定额与施工定额的关系

（1）联系：都是施工企业实行科学管理的工具，其编制内容是人工、材料和机械台班消耗量。

预算定额是在施工定额的基础上，经过综合计算，考虑各种综合因素编制而成的。

（2）区别：见表 1－25。

表 1-25　　预算定额与施工定额的区别

项目	预算定额	施　工　定　额
编制主体	建设行政主管部门	特定企业
主要编制依据	合理的施工组织设计、正常施工条件	企业的施工技术、装备和管理水平、工程造价资料；政府有关部门制定的消耗量定额
编制原则	按社会平均水平确定定额水平；简明适用性；统一性和差别性相结合；概括性	定额水平坚持平均先进性；简明适用性；以专家为主编制；独立自主；时效性；保密性
定额水平	以社会消耗的平均劳动时间确定，反映了社会平均水平；包括了更多施工定额中没有包含的影响消耗的因素	以社会平均先进水平确定，比预算定额高 10%～15%
使用及发布范围	社会范围，一般公开发布	本企业内部，属于企业的商业秘密
性质不同	广泛用途的计价定额，项目划分较粗	企业内部使用，是施工企业确定工程计划成本以及进行成本核算的依据
主要作用	编制招标控制价（标底）的依据；审核投标报价的依据；投标报价的参考	自主报价的依据；企业管理的基础

1.6.1.4 预算定额的作用

（1）预算定额是编制施工图预算、确定和控制建筑安装工程造价的基础。

（2）预算定额是对设计方案进行技术经济分析的依据。

（3）预算定额是编制施工组织设计的依据。

（4）预算定额是施工企业进行经济核算的依据。

（5）预算定额是编制标底、投标报价的基础。

（6）预算定额是编制概算定额的基础。

1.6.1.5 预算定额的编制原则

（1）按社会平均必要劳动确定定额水平原则，即按照“在现有的社会正常生产条件下，在社会平均的劳动熟练程度和劳动强度下制造某种使用价值所需要的劳动时间”来确定定额水平。所以预算定额的平均水平，是在正常的施工条件、合理的施工组织和工艺条件、平均劳动熟练程度和劳动强度下，完成单位分项工程基本构造要素所需的劳动时间。

预算定额的水平以施工定额水平为基础。预算定额中包含了更多的可变因素，需要保留合理的幅度差。预算定额是平均水平，施工定额是平均先进水平，所以两者相比预算定额水平要相对低一些。

（2）简明适用、通俗易懂原则。编制预算定额贯彻简明适用原则是对执行定额的可操作性便于掌握而言的。

简明适用一是指在编制预算定额时，对于那些主要、常用、价值量大的项目，分项工程划分宜细；次要、不常用、价值量相对较小的项目则可以粗一些。二是指预算定额要项目齐全，要注意补充那些因采用新技术、新结构、新材料而出现的新的定额项目；如果项目不全，缺项多，就会使计价工作缺少充足的可靠依据。三是要求合理确定预算定额的计算单位，简化工程量的计算，尽可能地避免同一种材料用不同的计量单位和一量多用，尽量减少定额附注和换算系数。

(3) 坚持统一性和差别性相结合原则。

1) 所谓统一性，就是从培育全国统一市场规范计价行为出发。

2) 所谓差别性，就是在统一性基础上，各部门和省、自治区、直辖市主管部门可以在自己的管辖范围内，根据本部门和地区的具体情况，制定部门和地区性定额、补充性制度和管理办法。

1.6.1.6 预算定额的编制依据

(1) 现行劳动定额和施工定额。预算定额是在现行劳动定额和施工定额的基础上编制的。预算定额中人工、材料、机械台班消耗水平，需要根据劳动定额或施工定额取定；预算定额计量单位的选择也要以施工定额为参考，从而保证两者的协调和可比性，减轻预算定额的编制工作量，缩短编制时间。

(2) 现行设计规范、施工及验收规范，质量评定标准和安全操作规程。

(3) 具有代表性的典型工程施工图及有关标准图。对这些图纸进行仔细分析研究，并计算出工程数量，作为编制定额时选择施工方法、确定定额含量的依据。

(4) 新技术、新结构、新材料和先进的施工方法等。这类资料是调整定额水平和增加新的定额项目所必需的依据。

(5) 有关科学实验、技术测定和统计、经验的资料。这类工程是确定定额水平的重要依据。

(6) 现行的预算定额、材料预算价格及有关文件规定等，包括过去定额编制过程中积累的基础资料，也是编制预算定额的依据和参考。

1.6.2 预算定额消耗量的确定

(1) 确定预算定额项目名称和内容。项目内容是指消耗量定额所列的分部、分项及其再细分的分子项（子目），包括项目划分、项目名称、工作内容和施工方法等。消耗量定额一般按施工顺序分部（章），按结构、材料品种、机械类型及使用要求不同分项（子项）。由于消耗量定额项目的工作内容具有综合的特点，除了需要规定人工、材料、机械的实物消耗量外，还必须明确规定该定额项目所综合包括在内的其他工作内容。

(2) 确定预算定额的计量单位。预算定额的计量单位主要根据分部、分项工程的形体和结构构件特征及其变化确定，且有综合性质，并且要与项目内容相适应。一般，结构的三个度量尺寸都是经常变化的，以“m^3”为计量单位（如砖、石砌体、混凝土、土方）；三个度量尺寸中，有两个是经常规律性变化，以“m^2”为计量单位（如地面、抹灰）；断面有一定形状和大小，基本固定或无规律性变化，以“m”为计量单位（如管道、线路）；钢结构由于质量与价格差异很大，形状又不固定，常采用“t”为计量单位；凡无一定规格，其构造又较复杂时，可以个、台、座、组等自然单位为计量单位。

预算定额计量单位确定的原则：应与定额项目相适应，根据分项工程或结构构件的形体特征及其变化确定。① 要确切反映分项工程或结构构件的实物消耗量；② 要有利于减少项目，简化计算；③ 要能较准确反映定额所包括的综合工作内容。

预算定额计量单位的选择：根据形体特征和变化规则，按公制或自然计量单位来确定。人工、机械和材料的计量单位选择相对较固定。

(3) 按典型文件图纸和资料计算工程量。计算工程量的目的是为了分别计算出典型设计图纸或资料所包括的施工过程的工程量，使其在编制建筑工程预算定额时，有可能利用施工定额的人工、机械和材料消耗量指标来确定预算定额的消耗量。

(4) 预算定额人工、材料和机械台班消耗量指标的确定，见表1-26。

表 1-26　　人工、材料、机械台班消耗量指标的确定方法

<table>
<tr><th>项目</th><th>计算方法</th><th>公　　式</th></tr>
<tr><td rowspan="2">人工
消耗量指标</td><td>方法一：以施工定额的劳动定额为基础来确定</td><td>人工消耗量指标＝基本用工＋其他用工
＝基本用工＋辅助用工＋超运距用工＋人工幅度差用工
＝(基本用工＋辅助用工＋超运距用工)×(1＋人工幅度差系数)</td></tr>
<tr><td>方法二：劳动定额缺项时，采用现场实测数据为依据来确定</td><td>用技术测定法测定工时消耗量，再加一定人工幅度差</td></tr>
<tr><td>材料
消耗量指标</td><td>与材料消耗定额确定方法基本一致</td><td>材料消耗量指标＝材料净用量＋材料损耗量＝材料净用量×（1＋损耗率）</td></tr>
<tr><td rowspan="2">机械台班
消耗量指标</td><td>方法一：以施工定额为基础来确定</td><td>预算定额机械台班消耗量＝施工定额中机械台班用量＋机械幅度差
＝施工定额中机械台班用量×(1＋机械幅度差率)</td></tr>
<tr><td>方法二：施工定额缺项时，以现场实测数据为基础来确定</td><td>对机械现场实地观测得到机械台班数量，再加一定机械幅度差</td></tr>
</table>

1.6.2.1 人工消耗量指标

人工消耗量指标是指完成一定计量单位的分项工程或结构构件所必需的各种用工数量，其中包括基本用工与其他用工，见表 1-27。

表 1-27　　基本用工与其他用工定义及公式

<table>
<tr><th colspan="2">定　　义</th><th>公　　式</th></tr>
<tr><td colspan="2">基本用工：是指完成一定计量单位的分项工程或结构构件所必须消耗的技术工种用工</td><td>基本用工＝Σ（各工序工程量×相应的劳动定额）</td></tr>
<tr><td rowspan="5">其他用工：是指劳动定额中没有包括而在预算定额内又必须考虑的工时消耗。</td><td>辅助用工：是指劳动定额中除基本用工以外的材料加工用工</td><td>辅助用工＝Σ（材料加工数量×相应的劳动定额）</td></tr>
<tr><td rowspan="2">超运距用工：是指编制预算定额时，材料、半成品、成品等运距超过劳动定额所规定的运距，而需要增加的工日数</td><td>超运距＝预算定额取定的运距－劳动定额已包括的运距</td></tr>
<tr><td>超运距用工＝Σ（超运距材料数量×相应的劳动定额）</td></tr>
<tr><td>人工幅度差：是指劳动定额作业时间未包括而在正常施工情况下不可避免发生的各种工时损失。
（1）工序交叉、搭接停歇的时间损失。
（2）机械临时维修、小修移动不可避免的时间损失。
（3）工程检验造成的时间损失。
（4）施工收尾及工作面小造成的时间损失。
（5）施工用水、电管线移动造成的时间损失。
（6）工程完工、工作面转移造成的时间损失</td><td>是预算定额与施工定额最明显的差额，一般为 10%～15%。
人工幅度差系数，一般土建工程为 10%，设备安装工程为 12%。
人工幅度差＝（基本用工＋辅助用工＋超运距用工）×人工幅度差系数</td></tr>
</table>

1.6.2.2 材料消耗量指标

材料消耗量指标是指完成一定计量单位的分项工程或结构构件所必须消耗的原材料、半成品或成品的数量。按用途划分为四种，见表1-28。

表1-28　材料消耗量的类型、表现形式及测定方法

类　　型	表现形式	测定方法
主要材料：指直接构成工程实体的材料，其中也包括半成品、成品	材料净用量 材料损耗量	现场观察法 实验室实验法 统计分析法 理论计算法
辅助材料：指构成工程实体的除主要材料以外的其他材料，如铁钉、铅丝		
周转材料：指多次使用但不构成工程实体的摊销材料，如脚手架、模板	周转材料摊销量	多次使用、分期摊销法
其他材料：指用量较少，难以计量的零星材料，如棉纱	并入其他材料费	

1.6.2.3 机械台班消耗量指标

机械台班消耗量指标是指完成一定计量单位的分项工程或结构构件所必需的各种机械台班的消耗数量。

机械幅度差是指在劳动定额中未曾包括的，而机械在合理的施工组织条件下所必需的停歇时间，损失时间与产品生产无关，而与施工组织和技术上的缺陷有关。大型机械幅度差系数一般为：土方机械25%，打桩机械33%，吊装机械30%。其他分部工程中，如钢筋加工、木材、水磨石等各项专用机械的幅度差为10%。在编制预算定额时应予考虑，包括：

（1）施工中机械转移工作面及配套机械相互影响损失的时间。

（2）在正常施工条件下机械施工中不可避免的工作间歇时间。

（3）检查工程质量影响机械操作时间。

（4）工程收尾工作不饱满所损失的时间。

（5）临时水电线路移动所发生的不可避免的机械操作间歇时间。

（6）冬雨季施工发动机械的时间。

（7）不同厂牌机械的工效差。

（8）配合机械施工的工人劳动定额与预算定额的幅度差。

1.6.3 基础单价的确定

浙江省园林工程预算定额的预算基价由人工费、材料费和机械费组成。定额基价的确定方法主要就是由定额所规定的人、材、机消耗量（“三量”）乘以相应的地区日工资单价、材料价格和机械台班价格（“三价”）。

人工费＝Σ（某定额项目的工日数×地区相应的定额日工资单价）

材料费＝Σ（某定额项目材料消耗量×地区相应的材料价格）＋其他材料费

机械费＝Σ（某定额项目机械台班消耗量×地区相应施工机械台班价格）

1.6.3.1 人工工资单价的确定

人工工资单价是指一个建筑安装工人一个工作日在预算中应计入的全部人工费用，其确定方法见表1-29。

工程造价管理机构确定日工资单价应通过市场调查，根据工程项目的技术要求，参考实物工程量人工单价综合分析确定，最低日工资单价不得低于工程所在地人力资源和社会保障部门所发布的最低工程标准的倍数：普工1.3倍，一般技工2倍，高级技工3倍。

表 1 - 29　　人工单价的构成与确定方法计算表

项目	公　　式
人工工资单价	人工工资单价＝$G_1+\cdots+G_5$
基本工资 G_1	基本工资＝生产工人平均月工资/年平均每月法定工作日
工资性补贴 G_2	工资性补贴＝∑年发放标准/（全年日历日－法定假日） ＋∑月发放标准/年平均每月法定工作日 ＋每工作日发放标准
生产工人辅助工资 G_3	生产工人辅助工资＝［全年无效工作日×（G_1+G_2）］/（全年日历日－法定假日）
职工福利费 G_4	职工福利费＝（$G_1+G_2+G_3$）×福利费计提比例（%）
生产工人劳动保护费 G_5	生产工人劳动保护费＝生产工人年平均支出劳动保护费/（全年日历日－法定假日）

影响人工工资单价的因素包括：

（1）社会平均工资水平。

（2）生活消费水平。

（3）人工单价的组成内容。

（4）劳动力市场供需变化。

（5）政府推行的社会保障和政策。

名词解释：

（1）基本工资：是指发放给生产工人的基本工资。按照岗位技能工资制度，它一般包括岗位工资、技能工资和年功工资等。

（2）工资性补贴：是指为了补偿工人额外或特殊的劳动消耗及为了保证工人的工资水平不受特殊条件的影响，而以补贴形式支付给工人的劳动报酬，包括按规定标准发放的物价补贴，煤、燃气补贴，交通补贴，住房补贴，流动施工津贴等。

（3）生产工人辅助工资：是指生产工人年有效施工天数以外非作业天数的工资，包括职工学习、培训期间的工资，调动工作、探亲、休假期间的工资，因气候影响的停工工资，女工哺乳时间的工资，病假在六个月以内的工资及产、婚、丧假期的工资。

（4）职工福利费：是指按规定标准计取的职工福利费。

（5）生产工人劳动保护费：是指按规定标准发放的劳动保护用品的购置费及修理费、徒工服装补贴、防暑降温费、在有碍身体健康环境中施工的保健费等。

1.6.3.2　材料价格的确定

材料价格是指材料（包括构件、成品及半成品等）从其来源地（或交货地点）到达施工工地仓库（施工地点内存放材料的地点）后的出库价格。其确定方法见表 1 - 30。

表 1 - 30　　材料单价的构成与确定方法计算表

项目	公　　式	
材料单价	材料单价＝（供应价＋包装费＋运杂费＋运输损耗费）×（1＋采购及保管费率）－包装品回收价值	
供应价（进价）	原价	对同一种材料，若因生产厂家不同而有几种原价时，应根据不同来源地材料的供应数量及相应单价，采取加权平均的方法计算材料的原价
	供销部门手续费	如含在供销部门的原价中，则不应再算。 供销部门手续费＝原价×供销部门手续费率

续表

项目	公　　式	
包装费	情况 1：材料出厂时已经包装者（如袋装水泥、玻璃、铁钉、油漆）	其包装费已计入原价的，不再另计算包装费，但应扣除包装品的回收价值；若包装费未计入原价的，则应计算包装费。 包装材料回收值＝（包装材料原价×回收量比例×回收折价率）/包括器标准容量
	情况 2：自备包装品者	其包装费按包装品价值，以正常使用次数分摊计算。 自备包装器的包装费＝［包装品原价×（1－回收量率×回收价值率）＋使用期间维修费］/周转使用次数×包装容器标准容量 使用期间维修费＝包装品原价×使用期间维修费率
运杂费	外埠运费	如有多个来源地，则用加权平均的方法
	市内运费	
运输损耗费	材料运输损耗＝（材料原价＋运杂费）×相应材料运输损耗率 一般材料的运输损耗率在 0.5%～3%不等	
采购及保管费率	材料采购及保管费＝（供应价＋包装费＋运杂费＋运输损耗费）×采购及保管费率 采购及保管费率一般为 2%左右	

影响材料预算价格变动的因素：

（1）市场供求变化。

（2）材料生产成本的变动。

（3）流动环节的多少和材料供应体制。

（4）运输距离和运输方法的改变会影响材料运输费用的增减，从而影响材料预算价格。

（5）国际市场行情会对进口材料产生影响。

名词解释：

（1）原价：出厂价、交货地价格、市场批发价、进口材料抵岸价。

（2）供销部门手续费：是指材料不能直接向生产厂家采购、订货而必须经过当地物资部门或代销部门时发生的经营管理费。

（3）包装费：回收价值可冲减材料预算价格。

（4）运杂费：是指材料自来源地运至工地仓库或指定堆放地点所发生的全部费用，一般应包括调车和驳船费、装卸费、运输费和附加工作费等。

（5）外埠运费：材料从来源地（或交货地）运至本市中心仓库或货站的全部费用。

（6）市内运费：材料从本市中心仓库或货站运至施工工地仓库的全部费用。

（7）运输损耗费：是指材料在装卸、运输过程中不可避免的合理损耗，可以计入运输费，也可以单独计。

1.6.3.3　施工机械台班单价的确定

施工机械台班单价是指一个施工机械在正常运转条件下一个台班中所支出和分摊的各种费用之和。其确定方法见表 1－31。

表 1-31　　施工机械台班单价的构成与确定方法计算表

项　目		公　式
第一类费用（不变费用）	机械折旧费	台班折旧费＝机械预算价格×（1－残值率）×贷款利息系数/耐用总台班数 机械预算价格＝机械出厂价格（或到岸完税价格）＋供应部门手续费＋出厂地点到使用单位的全部运杂费 残值率＝机械报废时回收残值/机械预算价格×100％ 贷款利息系数＝1＋0.5×年折现率×（1＋折旧年限） 耐用总台班数＝折旧年限×年工作台班 ＝大修间隔台班×大修周期 ＝大修间隔台班×（寿命期大修理次数＋1）
	机械大修费	机械大修费＝一次修理费×大修理次数/耐用总台班数
	机械经常修理费	台班经常修理费＝$\frac{\sum(\text{各级保养一次费用}\times\text{寿命期各级保养总次数})+\text{临时故障排除费}}{\text{耐用总台班}}$ ＋（替换设备费＋工具附具费＋例保辅料费）/耐用总台班 台班经常修理费＝台班大修费×K K 为经常修理费系数
	机械安拆费及场外运输费（大型机械的应另行计算）	台班安拆费＝年平均安拆次数×机械一年安拆费/年工作台班＋台班辅助设施费 台班辅助设施费＝$\sum$［辅助设施一次费用×（1－残值率）］/辅助设施耐用台班
		台班场外运费＝（一次架线费＋一次运输及装卸费＋辅助材料一次摊销费）×年平均场外运输次数/年工作台班
第二类费用（可变费用）	机上人工费	台班人工费＝定额机上人工工日×日工资单价 定额机上人工工日＝机上定额工日×（1＋增加工日系数）
	燃料、动力费	台班燃料动力费＝台班燃料动力消耗量×相应单价
	养路费及车船使用税	养路费及车船使用税＝载重量（或核定吨位）×（养路费 ×12＋车船使用税）/年工作台班

名词解释：

（1）第一类费用（不变费用）：是指不因施工地点和条件 不同而发生变化，它的多少与机械工作年限直接相关。

（2）机械折旧费：是指施工机械在规定使用期限内，每个台班所摊的机械原值及支付贷款利息费用。

（3）机械大修费：是指按规定的大修间隔期进行大修理的费用。

（4）机械经常修理费：是指施工机械除大修理以外的各级保养和临时故障排除所需的费用。

（5）第二类费用（可变费用）：是指机械在施工运转时发生的费用，它常因施工地点和施工条件的变化而变化，其多少与机械工作台班数直接相关。

1.6.4　预算定额示例

《浙江省园林绿化及仿古建筑工程预算定额》由上、下两册组成。

（1）文字说明部分，见表 1-32。

表 1-32　　文字说明部分的组成

组成	主 要 内 容
总说明	对定额的使用方法及上下册共同性的问题所作的综合说明或规定。使用定额必熟悉和掌握总说明内容，以便对整个定额册有全面的了解
建筑面积计算规则	建筑面积以 m^2 为计量单位，是反映建筑规模的实物量指标

续表

组成	主要内容
分部工程说明	是对分部的编制内容、编制依据、使用方法和共同性问题所作的说明和规定
工程量计算规则	是对本分部各分项工程量计算所作的统一规定
分项工程说明	工作内容的组成描述

(2) 定额项目表：是定额的基本表现形式，每个定额表均列有工作内容、计量单位、项目名称、定额编号、定额基价以及人工、材料及施工机械台班等消耗数量。

有的定额表在表下还列有附注，附注主要是说明设计有特殊要求时，怎样使用定额，以及其他应作的必要解释等。

［例 1-7］ 以下定额项目表选自《浙江省园林绿化及仿古建筑工程预算定额》(2003 版)。

三、大树迁移

工作内容：起挖、修剪、土球包扎、枝干整理、装车出穴、回土填穴等。　　计量单位：株

定额编号				1-147	1-148	1-149	1-150
项目				大树起挖（带土球）			
				土球直径（cm）			
				180以内	200以内	240以内	280以内
基价				474	611	863	1119
其中	人工费（元）			178.20	245.78	357.89	497.67
	材料费（元）			73.53	94.54	120.82	157.59
	机械费（元）			222.35	270.52	384.47	464.15
名称		单位	单价（元）	消耗量			
人工	人工	工日	26.00	6.854	9.453	13.765	19.141
材料	草绳	kg	1.03	70.000	90.000	115.000	150.000
	其他材料费	元	1.00	1.430	1.840	2.370	3.090
机械	汽车式起重机20t	台班	926.44	0.240	0.292	0.415	0.501

注　大树的场内外运输费另计。

分项工程名称

定额编号

计量单位

预算单价

附注

消耗指标

(3) 上册。上册中园林绿化工程、园路园桥假山工程、园林景观工程是园林典型的分部工程。园林工程中的典型项目需要套取此三个分部工程中的子项。

土方工程、砌筑工程、混凝土和钢筋混凝土工程及装饰装修工程是建筑工程中典型的分部工程，在园林工程中适用于园林建筑、园林景观基础和结构及地面铺装等。

(4) 下册。仿古建筑多建在城市公园和风景名胜区中，有时需要对历史上的建筑进行修复，或因为景区旅游的需要而建造。仿古建筑一般提倡在结构和技术上遵循原有的建制。下册分为仿古木作工程、石作工程、砖作工程和屋面工程 4 个分部工程。此外，园桥设计中常用仿古拱桥或仿古栏杆。

下册还罗列了园林工程中常见的施工技术措施，如围堰、脚手架、垂直运输和模板。围堰在桥梁墩台和桥梁基础施工中常用，但最后不会构成工程实体。脚手架、垂直运输和模板通常用于园林建筑主体结构、装饰的施工，在园林建筑结构、装饰施工中必须发生但不会构成工程实体。

(5) 下册附录，见表 1-33。

表 1-33　《浙江省园林绿化及仿古建筑工程预算定额》（2010 版）的附录组成

组成		内　　容	备注
砂浆、混凝土配合比	砂浆配合比	用于砌筑砂浆强度等级、抹灰强度等级与定额规定不同时对应分项工程（如砖墙、砖墙抹灰）定额基价的换算	定额规定： 砖墙等砌筑砂浆强度为 M5； 砖墙（混凝土墙）面抹灰砂浆强度为 M5
	普通混凝土配合比	用于混凝土强度等级与定额规定不同时对应分项工程（如混凝土柱、梁、板）定额基价的换算	定额规定： 混凝土柱梁板等混凝土强度为 C20
	防水材料配合比	包括防水砂浆、热石油沥青玛蹄脂、石油沥青砂浆、冷底子油 4 个项目	
	垫层及保湿材料配合比	包括灰土、三合土、石灰炉（矿）渣、炉（矿）渣混凝土、水泥珍珠岩、水泥蛭石 6 个项目	
	干混砂浆配合比	分砌筑砂浆、抹灰砂浆、地面砂浆，分别列表计算	
人工、材料（半成品）、机械台班单价取定表		用于分项工程定额人工费、材料费和机械费的计算。通常分为分项工程人工消耗量、材料消耗量、机械台班消耗量分别乘人工单价、材料单价和机械台班单价后汇总而成	

1.6.5　预算定额的应用

（1）定额排列方式。

［例 1-8］　以下为定额排列方式，选自《浙江省园林绿化及仿古建筑工程预算定额》（2010 版）。

（2）定额编号。在编制施工图预算时，对工程项目均需填写定额编号，其目的是便于检查使用定额时，项目套用是否正确合理，以起到减少差错、提高管理水平的作用。

两个符号定额项目编号法：

4——　　　200

章　　　　子目

分部工程号　分项工程号

在编制工程预算书套用定额时，应注明所属分部工程的编号和项目编号。

（3）预算定额的查阅方法。定额表查阅的目的是在定额表中找出所需的项目名称、人工、材料、机械名称及它们所对应的数值，一般查阅分三步进行。

第一步：按分部——定额节——定额表——项目的顺序找至所需项目名称，并从上向下目视。

第二步：在定额表中找出所需的人工、材料、机械名称，并从左向右目视。

第三步：两视线交点的数值就是所找数值。

（4）预算定额的表式。定额表是定额最基本的表现形式，看懂定额表，是学习预算的重点之一。

一张完整的定额表必须列有工作内容、计量单位、项目名称、定额编号、定额基价、消耗定额及定额附注等内容。

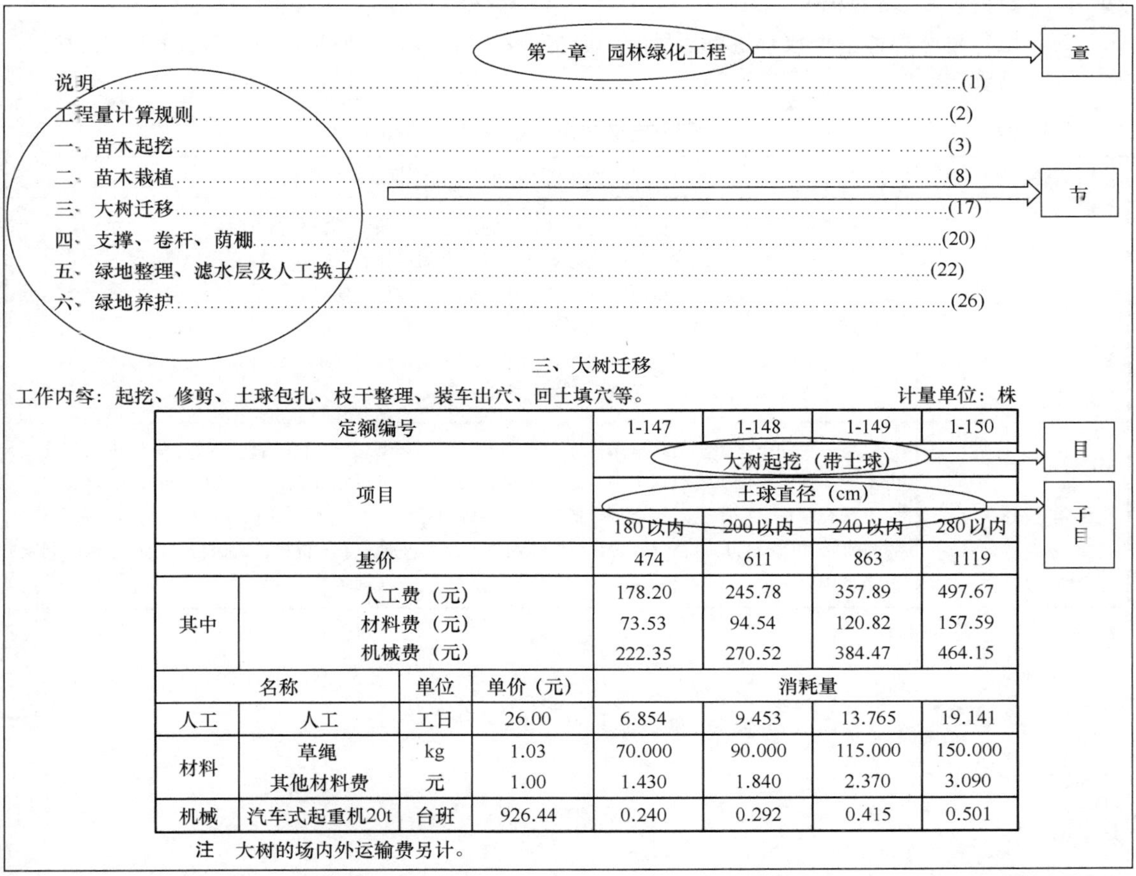

第一章　园林绿化工程

说明……(1)
工程量计算规则……(2)
一、苗木起挖……(3)
二、苗木栽植……(8)
三、大树迁移……(17)
四、支撑、卷杆、荫棚……(20)
五、绿地整理、滤水层及人工换土……(22)
六、绿地养护……(26)

三、大树迁移

工作内容：起挖、修剪、土球包扎、枝干整理、装车出穴、回土填穴等。　　计量单位：株

定额编号				1-147	1-148	1-149	1-150
项目				大树起挖（带土球）			
				土球直径（cm）			
				180 以内	200 以内	240 以内	280 以内
基价				474	611	863	1119
其中	人工费（元）			178.20	245.78	357.89	497.67
	材料费（元）			73.53	94.54	120.82	157.59
	机械费（元）			222.35	270.52	384.47	464.15
名称		单位	单价（元）	消耗量			
人工	人工	工日	26.00	6.854	9.453	13.765	19.141
材料	草绳	kg	1.03	70.000	90.000	115.000	150.000
	其他材料费	元	1.00	1.430	1.840	2.370	3.090
机械	汽车式起重机20t	台班	926.44	0.240	0.292	0.415	0.501

注　大树的场内外运输费另计。

[例 1-9] 解读《浙江省园林绿化及仿古建筑工程预算定额》（2010 版）中“满铺卵石面拼花定额”。

解　工作内容：放线、整理路槽、夯实、修平垫层、调浆、铺面层、嵌缝、清扫。

计量单位：定额采用扩大计量单位 10m^2。

定额编号：2-49。

基价：846 元。

消耗量：人工消耗量以合计工日（人工二类）表示，定额已考虑了各项目施工操作的直接用工、其他用工（材料超运距、工种搭接以及临时的停水、停电等人工）及人工幅度差；材料消耗量定额列有原材料、成品、半成品的消耗量，定额中次要材料价值用其他材料费表示。

定额附注：是对某定额节或某一分项定额使用方法及调整换算等所作的说明。

[例 1-10] 解读《浙江省园林绿化及仿古建筑工程预算定额》（2010 版）中“纹形混凝土面，厚度 10cm”。

解　该项目定额有两个，一个是定额编号 2-52 厚度 12cm，另一个是定额编号 2-54 水刷纹形面每增减 1cm。

其中，2-52 属基本定额，可单独使用；2-54 为附加定额，不能单独使用，只能与基本定额联合使用。每次增减的量不包括不足的量。

所以，该项目定额编号为 2-52-54×2；计量单位为 10m^2；基价＝355－25×2＝305 元。

[例 1-11] 解读《浙江省园林绿化及仿古建筑工程预算定额》（2010 版）中“大树栽植带土

球”（土球直径 180cm 以内）。

解 该项目所列种植土数量是有括号的，但基价不打括号，这种基价中不包括种植土费用。

（5）预算定额的应用，见表 1 - 34。

表 1 - 34　　　　预算定额应用的三种情况

直接套用	分项工程的设计要求与预算条件完全相符
调整与换算	设计要求与定额的工程内容、材料规格、施工方法等条件不完全相符时： （1）砂浆换算：砌筑砂浆的强度等级和砂浆类型的换算。 （2）混凝土换算：构件混凝土的强度等级、混凝土类型的换算。 （3）木材换算：木材断面和种类不同的换算。 （4）系数换算：按规定对定额中的人工费、材料费、机械费乘以各种系数的换算。 （5）其他换算：除上述四种情况以外的定额换算
预算定额的补充	分项工程的设计要求与定额条件完全不相符或者由于设计采用新结构、新材料及新工艺施工方法，在预算定额中没有这类项目，属于定额缺项时，可编制补充预算定额。 方法有两种：一是由定额所规定的人、材、机消耗量（“三量”）乘以相应的地区日工资单价、材料价格和机械台班价格（“三价”）；二是以补充项目的人工、材料、机械台班消耗定额的制定方法来确定

【箴言匠语】建筑的目标在创造完美，也就是创造最美的效益。

子任务 3　概算定额、指标及投资估算指标的学习

任务清单 1.8　了解概算定额、指标及投资估算指标的编制原理

1. 任务情境

除了施工定额、预算定额外，在建筑领域中还存在概算方面的相关定额。浙江省在园林方面没有现行的概算定额，是在预算定额的基础上进行估算。

2. 任务目标

了解概算定额、指标及投资估算指标。

3. 任务要求

区别概算定额、指标及投资估算指标的关系及应用领域。

任务指引 PPT

4. 任务实施

根据知识清单 1.7 概算定额、概算指标和投资估算指标，整理三者之间的关系及应用领域。

5. 任务总结

通过完成上述任务，你学到了哪些知识和技能？在哪些地方还存在疑惑？

6. 实施人员

7. 任务点评

【箴言匠语】培育精益求精的工匠精神，追求完美极致的卓越品质。

知识清单 1.7　概算定额、概算指标和投资估算指标

1.7.1　概算定额

（1）定义：是指完成一定计量单位的扩大分项工程或扩大结构构件所需消耗的人工、材料和机械台班的数量标准。它是在预算定额的基础上，以形象部位为对象，将若干个联系的分项工程项目综合、扩大和合并成为一个概算定额项目，也称“扩大结构定额”。

（2）作用。

1）是扩大初步设计阶段编制设计概算和技术设计阶段编制修正概算的依据。

2）是编制设计概算的主要依据。

3）是设计项目方案选择一个重要依据。

4）是编制主要材料消耗量的计算依据。

5）是编制概算指标的依据。

6）是招投标工程标底、投标报价的依据。

（3）与预算定额的比较。

1）相同点：主要内容、主要方式及基本使用方法都与预算定额相近。

2）不同点：在于项目划分和综合扩大程度上的差异。

（4）编制。

原则：社会平均水平和简明适用原则。

依据：

1）现行的设计规范、施工验收技术规范和各类工程预算定额。

2）具有代表性的标准设计图纸和其他设计资料。

3）现行的人工工资标准、材料价格、机械台班单价及其他的价格资料。

步骤：准备阶段；编制初稿阶段；审查定稿阶段。

（5）内容。

1）总说明。

2）分部说明及工程量计算规则。

3）概算定额项目表。

4）附录。

1.7.2　概算指标

（1）概算指标的概念。概算指标分为建筑工程概算指标和设备安装工程概算指标。

建筑工程概算指标通常是以整个建筑物或构筑物为对象，以建筑面积（m^2）、体积（m^3）或成套设备装置的台套（座）为计量单位而规定的人工、材料、机械台班的消耗量标准和造价指标。

概算指标是比概算定额更综合、扩大性更强的一种定额指标，是统计概算资料的分析和概括，也是典型工程统计资料的计算成果。其构成如下：

- 概算指标
  - 建筑工程概算指标
    - 一般土建工程概算指标
    - 给排水工程概算指标
    - 采暖工程概算指标
    - 通信工程概算指标
    - 电气照明工程概算指标
  - 设备安装工程概算指标
    - 机械设备及安装工程概算指标
    - 电器设备及安装工程概算指标
    - 工器具及生产家具购置费概算指标

（2）概算指标的作用。

1）概算指标是编制投资估算的参考依据。

2）是设计单位编制初步设计概算、选择设计方案的依据。

3）概算指标的主要材料指标，可作为匡算单位工程或单项工程主要材料用量的依据。

4）概算指标是建设单位编制建设投资计划，国家主管部门编制固定资产投资计划，确定投资额的依据。

（3）概算定额的主要内容。

1）工程概况：包括建筑面积、建筑层数、建筑地点、时间、工程各部位的结构及做法。

2）工程造价及费用组成。

3）每平方米建筑面积的工程量指标。

4）每平方米建筑面积的工料消耗指标。

1.7.3　投资估算指标

（1）定义：是编制建设项目建议书、可行性研究报告等前期工作阶段投资估算的依据，也可以作为编制固定资产长远规划投资额的参考。

（2）编制原则：一般定额的编制原则；考虑以后几年编制建设项目建议书和可行性研究报告投资估算的需要；结合各专业的特点，并且与项目建议书、可行性研究报告的编制深度相适应；反映正常建设条件下的造价水平，也能适应今后若干年的科技发展水平；反映不同行业、不同项目和不同工程的特点，适应项目前期工作深度的需要，而且具有更大的综合性；贯彻静态和动态相结合的原则。

（3）层次划分。

1）建设项目综合指标：包括单项工程投资、工程建设其他费用和预备费等，一般以项目的综合生产能力单位投资表示，如元/t、元/kW。

2）单项工程指标：包括建筑工程费、安装工程费、设备、工器具及生产家具购置费和其他费用，一般以单项工程生产能力单位投资或其他单位表示，如元/t或其他单位表示。

3）单位工程指标：按规定应列入能独立设计、施工的工程项目的费用，即建筑安装工程费用，一般以以下方式表示，如元/m^2、元/m^2、元/m。

（4）步骤：收集整理资料阶段；平衡调整阶段；测算审查阶段。

【箴言匠语】巨大的建筑，总是由一木一石叠起来的，我们何妨做做这一木一石呢。

第 2 章　工程造价的确定

知识目标

- 了解建设工程费用的组成，掌握相关的概念。
- 掌握工程费用的构成、内容及计算规定。

技能目标

- 掌握查阅施工费用定额的方法，能够根据实际项目，选择适合的取费定额。
- 能够理清工程费用的构成和内容，并能进行总价的计算。

思政目标

- 通过对工程造价确定方式的学习，培养细致耐心不断钻研的品质。
- 了解造价行业具有的与时俱进的特点，端正学无止境的求学态度。

思行致远

什么是安全文明施工费？

建筑工程安全防护、文明施工措施费用是由《建筑安装工程费用项目组成》中措施费所含的环境保护费、文明施工费、安全施工费用、临时设施费等组成的。现在提倡安全文明施工，那这个安全文明施工费率是怎么算的呢？包括哪些内容呢？

安全文明施工费是指按照国家现行的建筑施工安全和施工现场的环境以及与卫生标准相关的规定，购置和更新施工防护用具以及设施需要的费用。

安全文明施工费包括的内容有：

(1) 环境保护费，例如我们在经常看到的防尘网、工地民工项目员工每天生活垃圾处理。

(2) 文明施工费，工地门口的“五牌一图”恐怕再熟悉不过了，此外还有急救药物，防暑降温措施，比如熬点绿豆水，还有淋浴、电风扇设备费用等。

(3) 安全施工费，比如“三宝”：安全帽、安全带、安全网，“四口”：楼梯口、电梯口、通道口、预留洞口。国家明令禁止安全文明施工措施费作为竞争项目。

(4) 临时设施费，工地上那片活动板房，办公室、民工宿舍、食堂、厕所，临时道路等。

安全文明施工费的设立对环境保护、施工安全方面进行了有效的保障。浙江省也在 2018 版的计价规则里对安全文明施工费进行补充，增加了施工扬尘污染防治增加费，足见党和国家坚持以人民为中心的发展思想，坚决守牢生态红线和安全底线的决心。

安全文明施工费是施工组织措施费计算时必须计算的措施项目。为了提高建设工程施工现场的管理水平，尽量减少工程施工安全事故发生，就必须加强现场管理，狠抓安全文明施工。“安全文明施工费”是国家强制性要求的不能作为竞争性费用，为不可竞争性费用，应单独立项计算，不得以任何理由降低费用标准。

党的二十大报告提出，“必须牢固树立和践行绿水青山就是金山银山的理念”，而且要“增进民生福祉，提高人民生活品质”。安全文明施工费的设立与推进正是对环境保护、施工安全等民生方面的有效保障。安全文明施工措施费由施工企业负责使用，并执行住建部《建筑工程安全防护、文明施工措施费用及使用管理规定》关于“确保安全防护、文明施工措施费专款专用，在财务管理中单独列出安全防护、文明施工措施项目费用清单备查”的规定。

任务一　了解建设工程费用组成

任务清单 2.1　了解建设工程费用的组成内容

1. 任务情境

第 1 章学习的预算定额只是建设工程费用组成的一个很小的部分，一个项目整体的工程费用是由哪些部分组成呢?

2. 任务目标

了解建设工程费用的组成，掌握相关的概念。

3. 任务要求

整理出建设工程费用，并熟悉其中的相关概念。

4. 任务实施

观看《工程造价的确定》微课视频 2.1 ，结合知识清单 2.1 建设工程费用组成 ，整理出建设工程费用的组成，并指出人工费、材料费是属于哪类费用。

《工程造价的确定》微课，包括 2 个视频，约 190MB

5. 知识测试与能力训练

（1）建设单位管理人员工资应计入（　　）。

A. 建筑工程费　　B. 安装工程费

C. 市政工程费　　D. 工程建设其他费用

（2）根据设计规定在施工中进行的试验、验证所需费用应列入（　　）。

A. 建安工程其他费用　　B. 建设单位管理费

C. 建安工程间接费　　D. 工程建设其他费用

（3）基本预备费的概念阐述正确的是（　　）。

A. 在投资估算内难以预料的工程费用

B. 在设计概算内难以预料的工程费用

C. 在投资估算或设计概算内难以预料的工程费用

D. 在投资估算或设计概算内难以预料的工程费用和由于价格等变化引起的工程造价变更

（4）下列哪项不是工程建设其他费用（　　）。

A. 建设单位管理费　　B. 勘察设计费　　C. 研究试验费　　D. 基本预备费

第 2 章
更多习题实时测

6. 知识点整理

（1）工程费用　　（2）基本预备费

7. 任务总结

通过完成上述任务，你学到了哪些知识和技能？在哪些地方还存在疑惑？

8. 实施人员

9. 任务点评

【箴言匠语】用精益制造演绎工匠精神，以卓越团队铸就总装力量。

知识清单 2.1 建设工程费用组成

建设工程费用是指建设工程按照既定的建设内容、建设规模、建设标准，工期全部建成并经验收合格交付使用所需的全部费用，见表 2-1。它是构成建设工程造价的主要内容。

表 2-1 建设工程费用组成

<table>
<tr><th colspan="2">项　目</th><th>内　容</th></tr>
<tr><td rowspan="2">工程费用</td><td>设备及工器具购置费用</td><td></td></tr>
<tr><td>建筑安装工程费用</td><td>直接费用、间接费用，利润，税金</td></tr>
<tr><td rowspan="3">工程建设其他费用</td><td>土地使用费</td><td>土地征用及迁移补偿费
土地使用权出让金</td></tr>
<tr><td>与项目建设有关费用</td><td>建设单位管理费
勘察设计费
研究试验费
建设单位临时设施费
工程监理费
工程保险费
引进技术和进口设备其他费用
工程承包费</td></tr>
<tr><td>与未来生产经营有关费用</td><td>联合试运转费
生产准备费
办公和生活家具购置费</td></tr>
<tr><td rowspan="2">预备费</td><td>基本预备费</td><td>—</td></tr>
<tr><td>涨价预备费</td><td>—</td></tr>
<tr><td>建设期贷款利息</td><td>—</td><td>—</td></tr>
<tr><td>固定资产投资方向调节税</td><td>—</td><td>—</td></tr>
<tr><td>流动资产投资</td><td>—</td><td>—</td></tr>
</table>

名词解释：

(1) 工程费用：是指设备工器具购置费用与建筑安装工程费用之和。

(2) 设备购置费：是指为设备工程购置或自制的达到固定资产标准的设备、工具、器具的费用。其中固定资产标准是指使用年限超过 1 年，单位价值在国家或部门规定的限额以上。

(3) 建筑安装工程费用项目：按费用构成要素组成划分为人工费、材料费、施工机具使用费、企业管理费、利润、规费和税金；为指导工程造价专业人员计算建筑安装工程造价，将建筑安装工程费用按工程造价形成顺序划分为分部分项工程费、措施项目费、其他项目费、规费和税金。

(4) 工程建设其他费用：是指从工程筹建起到工程竣工验收交付使用止的整个建设期间，除建筑安装工程费用和设备及工、器具购置费用以外，为保证工程建设顺利完成和交付使用后能够正常发挥效用而发生的各项费用。

(5) 土地使用费：任何一个建设项目都固定于一定地点与地面相连接，必须占用一定量的土地，也就必然要发生为获得建设用地而支付的费用，这就是土地使用费。它是指通过划拨方式取得土地使用权而支付的土地征用及迁移补偿费，或者通过土地使用权出让方式取得土地使用权而支付的土地使用权出让金。

(6) 联合试运转费：是指新建或扩建工程项目竣工验收前，按照设计规定应进行有关无负荷和负荷联合试运转所发生的费用支出大于费用收入的差额部分费用。

(7) 生产准备费：是指新建或扩建工程项目在竣工验收前为保证竣工交付使用而进行必要的生产准备所发生的有关费用。

(8) 办公和生活家具购置费：是指为保证新建或扩建工程项目初期正常生产、使用和管理所必须购置的办公和生活家具、用具的费用。其范围包括办公室、会议室、资料室、食堂、宿舍、招待所和幼儿园等家具和用具购置费。该项费用一般按照设计定员人数乘以相应的综合指标进行估算。

(9) 基本预备费：主要是指为解决在施工过程中，经上级批准的设计变更和国家政策性调整所增加的投资，以及为解决意外事故而采取措施所增加的工程项目和费用，又称工程建设不可预见费。

(10) 涨价预备费：是指对建设工期较长的投资项目，在建设期内可能发生的材料、人工、设备、施工机械等价格上涨，以及费率、利率、汇率等变化而引起项目投资的增加，需要事先预留的费用，亦称价差预备费或价格变动不可预见费。

任务二　掌握园林工程造价的确定方法

任务清单 2.2　掌握园林工程总价的确定方法

1. 任务情境

园林工程造价的确定除了工程直接费用等可以用定额查出来的部分，还有其他的费率，可以购买或网络查找“施工费用定额”进行获取。附录 1 为浙江省建设工程施工费用定额部分内容，可供学习借鉴。

2. 任务目标

掌握查阅施工费用定额的方法，能够根据实际项目，选择适合的取费定额。

3. 任务要求

能够理清工程费用的构成和内容，并能进行总价的计算。

4. 任务实施

《工程造价的确定》微课，包括 2 个视频，约 190MB

任务指引 PPT

步骤 1：观看《工程造价的确定》微课视频 2.2 并结合知识清单 2.2.1 建筑安装工程费用的构成，写出直接工程费和措施费的组成。

步骤 2：结合知识清单 2.2.2 建筑安装工程费用的内容，在网络上查找当地或浙江 2018 版的施工费用相关定额，并与附录 1 中的 2010 版进行对比，回答以下问题。

1）当地或浙江 2018 版直接工程费的组成内容与附录 1 中的不同之处。

2）当地或浙江 2018 版施工组织措施费的组成内容与附录 1 中的不同之处。

3）当地或浙江 2018 版规费与附录 1 中的不同之处。

步骤 3：结合知识清单 2.2.3 浙江省工程费用计算规定，并查阅附录 1 中的“第二节 建设工程施工费用计算规则”回答以下问题：

1）建设工程施工组织措施费、企业管理费、利润及规费的取费基数是什么？

2）市区一般工程是指什么工程？在当地或浙江 2018 体系下，市区工程的定义是什么？

3）在编制招投标控制价时，施工组织措施费、企业管理费及利润其费率应如何计取？

4）暂列金额应如何计取？

5）在网络上查找“浙江省建设工程施工费用定额（2018 版）”的相关内容，对比 2010 版，2018 版在建筑工程安装工程施工费用计价方面有哪些不同点？

步骤 4：在网络上查找“浙江省建设工程施工费用定额（2018 版）”的相关内容整理“园林部分的取费费率”、工程类别方面与 2010 版不同的地方。

步骤 5：某新建小区景观绿化工程，预算定额分部分项工程费为 655.0031 万元，其中人工费 121.7578 万元，机械费 30.5032 万元。试根据某省施工取费定额相关费率计算工程造价。费率：安全文明施工费（3.91%）、检验试验费（1.08×0.6%）、已完成工程及设备保护费（0.1%）、企业管理费（19%）、利润（12.5%）、排污费、社保费、公积金（5.85%）、税金（3.448%）、民工工伤保险费和危险作业意外伤害保险费（1.2%）。根据计取表，完成下面的表格，并填写建设工程总造价。

序号	费用项目		计算方法	金额
一	预算定额分部分项工程费			
	其中	1. 人工费＋机械费	∑（定额人工费＋定额机械费）	
二	施工组织措施费			
	其中	2. 安全文明施工费	1×费率	
		3. 检验试验费	1×费率	
		4. 冬雨季施工增加费	1×费率	
		5. 夜间施工增加费	1×费率	
		6. 已完工程及设备保护费	1×费率	
		7. 冬雨季施工增加费	1×费率	
		8. 行车、行人干扰增加费	1×费率	
		9. 提前竣工增加费	1×费率	
		10. 其他施工组织措施费	按相关规定计算	
三	企业管理费		1×费率	
四	利润		1×费率	
五	规费			
	其中	11. 排污费、社保费、公积金	1×费率	
		12. 民工工伤保险费	1×费率	
		13. 危险作业意外伤害保险费	1×费率	
六	总承包服务费			
	其中	14. 总承包管理、协调费		
		15. 总承包管理、协调和服务费		
		16. 甲供材料、设备管理服务费		
七	风险费		(一＋二＋三＋四＋五＋六)×费率	
八	暂列金额		(一＋二＋三＋四＋五＋六＋七)×费率	
九	税金		(一＋二＋三＋四＋五＋六＋七＋八)×费率	
十	建设工程总造价		一＋二＋三＋四＋五＋六＋七＋八＋九	

5. 知识测试与能力训练

第 2 章
更多习题实时测

(1) 以下哪项的计算基数不是“人工费＋机械费”（　　）。

A. 夜间施工增加费　　B. 税金

C. 利润　　D. 企业管理费

(2) 排污费、社保费、公积金的计算基数是以下哪项（　　）。

A. 人工费　　B. 机械费

C. 人工费＋机械费　　D. 材料费＋机械费

(3) 机上司机的工作日人工费包含在（　　）中。

A. 人工费　　B. 机械费　　C. 施工技术措施费　　D. 施工组织措施费

(4) 大型机械在施工现场进行安装所需的人工费属于（　　）。

A. 人工费　　B. 机械费　　C. 施工技术措施费　　D. 施工组织措施

（5）以下哪项是施工技术措施费的内容（　　）。

A. 安全文明施工费　　B. 检验试验费　　C. 施工排水降水费　　D. 冬雨季施工增加费

（6）以下哪项不是规费的内容（　　）。

A. 养老保险费　　B. 危险作业意外伤害保险费

C. 财产保险费　　D. 失业保险费

（7）建设工程造价的税金应按施工取费定额规定费率计取，税金的计算基数为（　　）。

A. 直接费　　B. 直接费＋间接费

C. 直接费＋间接费＋利润　　D. 人工费＋机械费

（8）作为取费基数的机械费中不包括（　　）。

A. 折旧费　　B. 大修理费　　C. 经常修理费　　D. 大型机械设备安拆费

6. 知识点整理

（1）规费

（2）税金

（3）风险费

（4）暂列金额

7. 任务总结

通过完成上述任务，你学到了哪些知识和技能？在哪些地方还存在疑惑？

8. 实施人员

9. 任务点评

【箴言匠语】弘扬工匠精神，驱动“中国创造”走向世界。

知识清单 2.2　园林工程造价的确定

2.2.1　建筑安装工程费用的构成

建筑安装工程费组成如下：

（1）直接费：直接工程费、措施费。

（2）间接费：企业管理费、规费。

（3）利润。

（4）税金。

（5）其他费用。

名词解释：

（1）直接工程费：是指工程施工过程中耗费的构成工程实体的各项费用，包括人工费、材料费、施工机械使用费。

（2）措施费：是指为完成工程项目施工，发生于该工程施工准备和施工过程中的技术、生活、安全、环境保护等方面的非工程实体项目的费用，由施工技术措施费和施工组织措施费组成。

（3）企业管理费：是指施工企业组织施工生产和经营管理所需的费用。

（4）规费：是指根据省级政府或省级有关权力部门规定必须缴纳的，应计入建筑安装工程造价的费用。

（5）利润：是指施工企业完成所承包工程获得的盈利。

（6）税金：是指国家税法规定的应计入建筑工程造价的营业税、城市维护建设税、教育费附加及按本省规定应缴纳的水利建设专项资金。

2.2.2　建筑安装工程费用的内容

建筑安装工程费用项目按费用构成要素组成划分为人工费、材料费、施工机械使用费、企业管理费、利润、规费和税金，其内涵在不同时期、不同地区会略有差别。此外，在 13 清单计价模式下，建筑安装工程费按照造价形成内容划分，由分部分项工程费、措施项目费、其他项目费、规费和税金组成，此部分内容会在第 4 章详细介绍。

（1）直接工程费，其组成以浙江省 2010 体系为例，见表 2-2。

表 2-2　直接工程费的组成

组成	内容	组成	内容
人工费	基本工资	施工机械使用费	折旧费
	工资性补贴		大修理费
	辅助工资		经常修理费
	福利费		安拆费及场外费用
	劳动保护费		人工费
材料费	材料原价或供应价格		燃料动力费
	材料运杂费		其他费用
	采购及保管费		

浙江省 2018 体系下，在原基础上人工费方面的内容由 5 项增加到了 7 项，材料费的内容基本保持不变，施工机械使用费改为施工机具使用费，其他一些名称和范围与 2010 体系下也略有不同。

（2）措施费，其组成以浙江省 2010 体系为例，见表 2-3。

其中安全文明措施费为必须计算的项目，其他施工组织措施费项目可根据工程实际需要进行列项。

表 2-3　　措施费的组成

组成	内容	
施工技术措施费	通用施工技术措施项目费	大型机械设备进出场及安拆费
		施工排水降水费
		地上、地下设施、建筑物的临时保护设施费
	专业工程施工技术措施费：脚手架费，混凝土、钢筋混凝土模板及支架费	
	其他施工技术措施费	
	安全文明施工费：环境保护、文明施工、安全施工、临时设施	
	检验试验费	
	冬雨季施工增加费	
	夜间施工增加费	
	已完工程及设备保护费	
	二次搬运费	
	行车、行人干扰增加费	
	提前竣工增加费	
	优质工程增加费	
	其他施工组织措施费	

2018 浙江计价体系中对措施费的内容进行了部分调整，如将检验试验费、夜间施工增加费等 3 项计入企业管理费等。

(3) 企业管理费，以浙江省 2010 计价体系为例，包括管理人员工资、办公费、差旅交通费、固定资产使用费、工具用具使用费、劳动保险费、工会经费、职工教育经费、财产保险费、财务费、税金、其他。

在浙江 2018 计价体系下，增加了企业管理费部分费用，并将税金更名为税费，对其内容也进行了补充。

(4) 规费，以浙江 2010 计价体系为例，包括：

1) 工程排污费。

2) 社会保障费：养老保险费、失业保险费、医疗保险费、生育保险费。

3) 住房公积金。

4) 民工工伤保险费。

5) 危险作业意外伤害保险费。

而浙江省 18 计价体系下，仅保留“五险一金”的部分。

(5) 利润和税金。

1) 利润：是指施工企业完成所承包工程获得的盈利。

2) 税金：以浙江省 2010 计价体系为例包括以下两个部分。a. 税费：建筑工程造价的营业税、城市维护建设税、教育费附加。b. 水利建设资金。在浙江 2018 计价体系下，税金仅指建筑服务增值税的内容。

2.2.3 浙江省工程费用计算规定

(1) 工料单价法（定额计价）。工料单价法是指项目单价由人工费、材料费、施工机械使用费组成，施工组织措施费、企业管理费、利润、规费、税金、风险费等按规定程序另行计算的一种计价方法，即采用定额和取费标准进行工程计价来编制施工图预算的方法，也常称为定额计价模式，按照定额规则计算，见表 2－4。

施工组织措施费、企业管理费、利润、规费、税金、风险费等，可参考当地的取费定额计进行计取，如《浙江省建设工程施工费用定额》（2010 版）或《浙江省建设工程计价规则》（2018 版）中的第 4 章“建筑安装工程施工取费费率”进行计取。

表 2－4　　工料单价法计算程序表（2010 版）

序号	费用项目		计 算 方 法
一	预算定额分部分项工程费		按计价规则规定计算
	其中	1. 人工费＋机械费	Σ（定额人工费＋定额机械费）
二	施工组织措施费		
	其中	2. 安全文明工费	1×费率
		3. 检验试验费	
		4. 冬雨季节施工增加费	
		5. 夜间施工增加费	
		6. 已完工程及设备保护费	
		7. 二次搬运费	
		8. 行车、行人干扰增加费	
		9. 提前竣工增加费	
		10. 其他施工组织措施费	按相关规定计算
三	企业管理费		1×费率
四	利润		
五	规费		
	其中	11. 排污费、社保费、公积金	1×费率
		12. 民工工伤保险费	按各市有关规定计算
		13. 危险作业意外伤害保险费	
六	总承包服务费		
	其中	14. 总承包管理协调费	分包项目工程造价×费率
		15. 总承包管理	
		16. 甲供材料设备管理服务费	甲供材料设备费×费率
七	风险费		（一＋二＋三＋四＋五＋六）×费率
八	暂列金额		（一＋二＋三＋四＋五＋六＋七）×费率
九	税金		（一＋二＋三＋四＋五＋六＋七＋八）×费率
十	建设工程造价		一＋二＋三＋四＋五＋六＋七＋八＋九

另：浙江省住房和城乡建设厅《关于贯彻〈建设工程工程量清单计价规范〉（GB 50500—2013）等国家标准的通知》（建建发〔2013〕273 号）和浙江省建设工程造价管理总站《关于〈浙江省建设工程施工费用定额〉有关费用项目和费率调整的通知》（浙建站计〔2013〕64 号）。

（2）综合单价法（清单计价）。综合单价法是指项目单价采用全费用单价（规费、税金按规定程序另行计算）的一种计价方法，以浙江省 2010 版计价体系为例参见表 2－5。其实质是清单计价法按照清单计价的模式和计算规则进行计算。

表 2-5　　综合单价法计算程序表（2010 版）

序号	费用项目		计算方法
一	工程量清单分部分项工程费		Σ（分部分项工程量×综合单价）
	其中	1. 人工费＋机械费	Σ（分部分项工程费＋分部分项机械费）
二	项目措施费		
	（一）施工技术措施项目费		按综合单价计算
	其中	2. 人工费＋机械费	Σ（技措项目人工费＋技措项目机械费）
	（二）施工组织措施项目费		按项计算
	其中	3. 安全文明施工费	（1＋2）×费率
		4. 检验试验费	
		5. 冬雨季节施工增加费	
		6. 夜间施工增加费	
		7. 已完工程及设备保护费	
		8. 二次搬运费	
		9. 行车、行人干扰增加费	
		10. 提前竣工增加费	
		11. 其他施工组织措施费	按相关规定计算
三	其他项目费		按清单计价要求计算
四	规费		12＋13＋14
	其中	12. 排污费、社保费、公积金	（1＋2）×费率
		13. 民工工伤保险费	按各市有关规定计算
		14. 危险作业意外伤害保险费	
五	税金		（一＋二＋三＋四）×费率
六	建设工程造价		一＋二＋三＋四＋五

在浙江省 2018 版计价体系下，其计算程序按照不同阶段的计价活动分别进行设置，包括建筑安装工程概算费用计算程序和建筑安装工程施工费用计算程序。其中建筑安装工程施工费用计算程序分为招投标阶段和竣工结算阶段两种。

第3章　园林工程定额计价

知识目标

- 掌握定额总说明的要点，园林苗木的相关术语。
- 了解园林道路、假山的相关术语。
- 掌握定额中的计算规则和说明部分的相关计算要点。

技能目标

- 掌握预算的绿化部分、园路部分和假山部分的计算规则，能进行简单的工程量计算。
- 掌握预算的绿化部分、园路部分和假山部分的说明部分内容，并能进行简单的定额换算。
- 能整理不同地区或新旧定额的差别，进行新定额体系下的定额换算和计价。

思政目标

- 通过对造价体系文件的材料，培养学生细致耐心，求真务实的品格。
- 通过对不同地区或新旧定额的再学习，培养学生自主学习能力。

思行致远

解读《工程造价改革方案》，如何看待逐步停止发布预算定额？

2020 年 7 月 24 日，住房和城乡建设部办公厅发布了《关于印发工程造价改革工作方案的通知》（建办标〔2020〕38 号）（以下简称《方案》），决定在全国房地产开发项目，以及北京市、浙江省、湖北省、广东省、广西壮族自治区有条件的国有资金投资的房屋建筑、市政公用工程项目进行工程造价改革试点。《方案》明确提出：取消最高投标限价按定额计价的规定，逐步停止发布预算定额。这也是党的二十大报告中再次强调的“深化简政放权、放管结合、优化服务改革，构建全国统一大市场，深化要素市场化改革，建设高标准市场体系”的要求，即坚持市场在资源配置中起决定性作用，进一步完善工程造价市场形成机制。

现阶段，在我国工程造价领域，定额和清单两种计价模式并存，随着社会经济和管理科学迅速发展的冲击，工程造价管理体系已不能完全适应市场发展需要，改革还需进一步深化。存在定额等计价依据不能很好满足市场需要，造价信息服务水平不高，造价形成机制不够科学等问题。在深化市场改革的大背景下，随着我国清单计价模式的广泛实践和日臻成熟，工程造价数据库建设、造价指标指数信息化建设和市场价格信息化建设的稳步推进，在招投标阶段逐渐从定额计价向市场化计价的转轨条件日益成熟。

大家最关心的是定额怎么办？《方案》已经给出了明确的答案。第一，今后不再发布预算定额。第二，今后招标控制价的编制，不再依靠预算定额。标前用定额来确定投资，国家要用初步设计的概算来审批。标后就用合同，标后不再依赖施工图预算，所以也不需要发布预算定额，用合同来确定建设单位的投资管控的责任，来强化投资管控。计价采用清单计量，市场询价，自主报价，竞争定价，进一步完善工程造价市场形成机制。采用过程结算，可及时弥补刚性施工合同的合同缺陷，减少合同缺陷引起的长时间管理漏洞。强制提高项目管理效率，随干随结，及时确认，避免拖延造成的管理低效，把以前竣工阶段的工作分解到项目过程完成。

最高投标限价编制与定额计价脱钩，虽有利于加速工程造价的市场化改革进程，但也应充分认识到定额计价方式已经在我国实行多年，运用非常成熟，而市场化定价模式的建立还不完善，并不能立即取代定额计价，故转轨过程必然需要一定的过渡期。《方案》的实施并非全面铺开，而是限于“在全国房地产开发项目，以及一些有条件的国有资金投资的房屋建筑、市政公用工程项目进行工程造价改革试点”，显然还需通过一段时间的试点，总结经验教训之后再根据实际情况确定下一步推广工作的安排。

对造价行业来说，企业需要的是有经济头脑，能对成本进行预估、预控的动态型、复合型的经济性技术工程师。未来的造价员需清楚业主要求、了解工程的动态、熟悉施工方案、知晓工艺流程、掌握市场行情、深谙公司数据库、把握十足的自身成本，没了定额，成本就是永恒的话题。

事在变，人也在变，随着政策的落地，造价与市场接轨已成必然。现在年轻一代造价员，除了定额、计量计价软件外，需彻底改变唯定额、唯软件的意识以及脱离现场、施工、市场的痼疾，加强工作的参与深度，提高综合能力。

任务一　学习园林绿化定额计价

子任务 1　园林绿化工程定额的换算

任务清单 3.1　掌握园林绿化工程定额的换算方法

1. 任务情境

第 3 章开始以浙江省园林绿化工程定额为落脚点，学习园林绿化景观工程的定额计价方法。使用预算定额，首先要看其说明部分，掌握其使用方法，此外定额的换算是初学者实际使用时的难点。

2. 任务目标

掌握预算部分的总说明部分及绿化部分的计算规则，并能进行简单的定额换算。

3. 任务要求

解读定额总说明的要点，进行绿化部分的定额换算，注意以元为单位的计算结果，统一保留小数点后两位。另本章所用的定额为浙江省园林绿化工程定额（2010 版），为简化统一以“绿化定额”为简称。

《定额总说明》微课，约 50MB

《园林绿化工程定额计价》微课，包括 5 个视频，约 200MB

任务指引 PPT

4. 任务实施

步骤 1：观看《定额总说明》微课视频 3.1，并结合知识清单 3.1 定额总说明，回答以下问题。

1）一类人工、二类人工、三类人工的区别是什么？

2）机上人工是属于以上三种人工中的哪一类？

3）定额中注明“80cm 以内”的土球直径的定额，是否包括 80cm？注明“80cm 以上”呢，是否包括“80cm”？

4）定额遇两个或两个以上系数时，该如何处理？

步骤 2：观看《园林绿化工程定额计价》微课视频 3.2，并结合知识清单 3.2.1 园林绿化工程定额组成，回答以下问题。

1）裸根种植与土球种植的区别

2）红枫：d3H150P120 表示什么？是乔木还是灌木？是落叶还是常绿？

3）查找并换算栽植 ϕ15 枫香（带土球三类土）的定额编号及基价，并写出其换算过程。

4）查找并换算 ϕ30 马褂木养护（水按 3.15 元/t）的定额编号及基价，并写出其换算过程。

步骤 3：观看《园林绿化工程定额计价》微课视频 3.3，并结合知识清单 3.2.2 园林绿化工程定额换算，完成下列定额的换算。

序号	定额编号	工程项目名称	计量单位	基价（元）	计算式
1		起挖 ϕ15 香樟（带土球四类土）			
2		栽植 ϕ28 香樟（带土球三类土）			
3		栽植 ϕ15 银杏（带土球三类土）			
4		起挖 ϕ25 广玉兰（带土球三类土）			
5		ϕ30 马褂木养护（水按 3.15 元/t）			
6		蓬径 320 含笑球养护（水按 3.15 元/t）			
7		籽播百慕大草坪			
		百慕大草坪播种后养护一年			

5. 知识测试与能力训练（注：4 个选项的为单选题，5 个选项的为多选题）

（1）2010 版“园林定额”适用于本省区域内的绿化和园路、园桥、假山、园林景观及仿古建筑的新建、扩建、改建工程，包括道路、庭园、建筑内外和建筑物之间的绿化和园林景观等工程，但有些项目园林定额没有编制，关于“园林定额”未包括的项目，下列处理错误的是（　　）。

第 3 章
更多习题实时测

A.“园林定额”未包括的项目，而本省其他工程定额有相应子目的，可参照本省其他相应工程预算定额的规定计算。

B. “园林定额”未包括的项目，本省其他工程定额虽有相应子目，但应由预（结）算编制单位根据设计要求，按照定额的编制原则并结合工程实际编制一次性使用的补充定额，经发包单位审核后进行计算或报造价管理机构备案后进行计算。

C. 根据“园林定额”说明或规定，通过园林定额已有项目可以进行换算或调整的，不能按编制一次性补充定额方法进行计算。

D. “园林定额”未包括的项目，而有由当地市级造价管理机构编制并报省造价管理总站统一发布的地区性补充定额的，可按地区性补充定额规定计算。

（2）“园林定额”中的材料（包括成品、半成品）及材料费按照定额的编制原则和方法进行编制，以下编制原则或方法错误的是（　　）。

A. “园林定额”中材料、成品及半成品是按合格产品考虑的。

B. 材料、成品及半成品的定额消耗量均包括场内运输损耗和施工操作损耗。

C. 定额子目中次要的零星材料虽未一一列出，但已包括在其他材料费内。

D. 材料运杂费、运输损耗费包括在材料价格内，采购保管费包括在企业管理费内。

（3）园林施工工程中的技术措施有（　　）。

A. 草绳绕杆费　　B. 苗木支撑费　　C. 临时设施费　　D. 模板费

E. 环境保护费

（4）园林定额中的园林绿化工程包含（　　）。

A. 乔木起挖　　B. 高架、边坡绿化的栽植、养护

C. 大树迁移　　D. 水生植物养护

E. 灌木栽植

（5）《园林绿化及仿古建筑工程预算定额》中，有关水生植物的定额子目有（　　）等。

A. 栽植湿生植物　　B. 栽植挺水植物　　C. 栽植浮叶植物　　D. 缸养水生植物

E. 水生植物养护

（6）园林绿化工程定额中未包括的项目（　　）。

A. 古树名木的栽植　　B. 大树迁移　　C. 屋顶绿化　　D. 边坡绿化

E. 荷花的养护

6. 知识点整理

（1）大树、胸径、地径、蓬径、苗木高度、土球直径、支撑、卷杆

（2）暖地型草坪、冷地型草坪举例

（3）湿生植物、挺水植物、浮叶植物、漂浮植物举例

（4）反季节种植

（5）一、二类土

7. 任务总结

通过完成上述任务，你学到了哪些知识和技能？在哪些地方还存在疑惑？

8. 实施人员

9. 任务点评

【箴言匠语】弘扬工匠精神，精益求精，注重细节，追求完美和极致。

知识清单 3.1 定额总说明

总说明是对定额的使用方法及上下册共同性问题所做的综合说明或规定。使用定额必须熟悉和掌握总说明内容，以便对整个定额有全面的了解。

《浙江省园林绿化及仿古建筑工程预算定额》(2010 版) 的定额总说明共有 15 条款内容，详细说明了预算定额的编制方针和依据、作用和适用范围、使用方法以及有关人工、材料、机械台班使用定额说明和规定、解释权限等。详细内容可见附录 6。

3.1.1 预算定额的编制方针和依据

《浙江省园林绿化及仿古建筑工程预算定额》(2010 版)(以下简称本定额) 是根据浙江省建设厅、浙江省发改委、浙江省财政厅在《浙江省园林绿化及仿古建筑工程预算定额》(2003 版) 的基础上，依据设计、施工验收规范以及安全操作规程等，结合浙江省实际情况编制的。

本定额是以正常的施工条件、成熟的施工工艺、合理的施工组织设计、合格的材料 (成品、半成品) 为基础进行编制，是完成定额项目规定工作内容所需的人工、材料、施工机械的消耗量标准。

3.1.2 预算定额作用和适用范围

本定额是指导设计概算、施工图预算、投标报价的编制以及工程合同价约定、竣工结算办理、工程计价纠纷调解处理、工程造价鉴定等的依据。全部使用国有资金或国有资金投资为主的工程建设项目，编制招标控制价应执行本定额。

本定额适用于浙江省区域内的绿化和园路、园桥、假山工程，园林景观工程及仿古建筑的新建、扩建、改建工程，包括道路、庭园、建筑内外和建筑物之间的绿化及小型园林建筑工程。

3.1.3 预算定额的使用方法

本定额分上下两册，内容包括绿化工程，园路、园桥、假山工程，园林景观工程及仿古建筑工程。本定额未包括的项目，可按本省其他相应工程计价定额计算，如仍缺项的，应编制地区性补充定额或一次性补充定额，并按规定履行申报手续。

3.1.4 人工、材料及机械台班单价

园林绿化、土 (石) 方工程、垂直运输工程日工资单价按一类人工 40 元计算；园路、园桥、假山工程，园林景观工程，打桩、基础垫层工程，砌筑工程，混凝土工程，围堰、脚手架工程日工资单价按二类人工 43 元计算；其他工程日工资单价按三类人工 50 元计算。

园林定额中的材料价格按照《浙江省建筑安装材料基期价格》(2010 版) 确定。

园林定额中的施工机械台班单价按《浙江省施工机械台班费用定额》(2010 版) 确定。

3.1.5 预算定额有关人工消耗定额的说明和规定

本定额的人工消耗量是以《建设工程劳动定额　园林绿化工程》(LD/T 75.1～3—2008) 为基础，结合园林绿化及仿古建筑工程的特点及本省的实际情况编制的。定额已考虑了各项目施工操作的直接用工、其他用工及人工幅度差。

3.1.6 预算定额有关材料消耗定额的说明和规定

(1) 定额中材料、成品及半成品是按合格产品考虑的。材料、成品及半成品的定额消耗量均包括场内运输损耗和施工操作损耗。定额中的周转材料按摊销量编制，且已包括回库维修消耗量及相关费用。定额子目中次要的零星材料虽未一一列出，但已包括在其他材料费内。

(2) 材料价格包括市场供应价、运杂费、运输损耗费、采购保管费。材料、成品及半成品的场内水平运输 (从工地仓库、现场堆放地点或现场加工地点至操作地点) 除定额另有规定者外，均已包括在相应定额内，垂直运输另按本定额第十三章垂直运输工程定额计算。

3.1.7　预算定额有关机械台班消耗定额的说明和规定

(1) 本定额的机械台班机上人工是按现行《全国建筑安装工程统一劳动定额》及本省实际情况编制的。

(2) 本定额中建筑机械的类型、规格是按正常施工、合理配置及本省施工企业机械配备情况考虑的，未列出的零星机械已包括在定额内。

3.1.8　其他有关规定

(1) 定额中凡注明“××以内”或“以下”者，均包括其本身在内；注明“××以外”或“以上”者，则不包括其本身。

(2) 定额中遇两个或两个以上系数时，按连乘的方法计算。

知识清单 3.2　园林绿化工程定额计价

3.2.1　园林绿化工程定额组成

[例 3-1]　表 3-1 选自《浙江省园林绿化及仿古建筑工程预算定额》(2010 版) 上册目录。

种植
- 一、苗木起挖
- 二、苗木栽植
- 三、大树迁移
- 四、支撑、卷杆、遮荫棚
- 五、地形改造
- 六、绿地整理、滤水层及人工换土
- 七、绿地养护

表 3-1　《浙江省园林绿化及仿古建筑工程预算定额》园林绿化工程部分定额说明要点

项　目		内　容
种植	种植前的准备	地形整理、滤水层及人工换土：是指对地形进行适当松翻、去除杂物碎土、找平、整平、填压土壤，不得有低洼积水。最终达到设计标高并符合种植要求。 苗木起挖：所有的绿化工程中，苗木只算主材费（即到工地价），只有施工现场中已种植完成或原有苗木需调整种植的才可套用起挖项
	种植过程中的工料、机械费用	苗木栽植：工地价，不但包括起挖的价格，还包括运输的价格，要确定其是否带土球，设计有要求时，土球径要符合设计要求，如果设计没有要求，就要凭经验，例如成活率高的苗木不用带土球，成活率低的苗木要带土球，因为带土球也是为了提高苗木的成活率。 大树迁移（包括大树砍伐）：如起挖、运输、栽植
	种植完工验收前的苗木养护费用	支撑、卷杆、遮阴棚搭设
养护	种植完工验收后的绿地养护费用	

3.2.1.1　说明部分

[例 3-2]　选自《浙江省园林绿化及仿古建筑工程预算定额》(2010 版) 园林绿化工程“说明”。详细可见附录 6。

一、本章定额包括种植和养护两部分。种植定额包括种植前的准备、种植过程中的工料、机械费用和种植完工验收前的苗木养护费用。

二、种植定额基价中未包括苗木、花卉价格，其价格根据当时当地的价格确定，乔木的种植损耗按 1%计算，灌木等种植损耗按 5%计算。

三、本章定额未包括种植前清除建筑垃圾及其他障碍物。

四、起挖或栽植树木均以一、二类土为计算标准，如为三类土，人工乘以系数 1.34，四类土人工乘以系数 1.76，冻土人工乘以系数 2.20。

……

要点：

（1）土球直径：

1）带土球的乔木：土球直径按设计规定计算；设计没有规定时，乔木的土球直径可按胸径的 8 倍或按地径的 7 倍计算。

2）灌木或亚乔木（如丛生状的桂花）：土球直径按设计规定计算；设计没有规定时，按其蓬径的 1/3 计算。

（2）以地径计量的乔木：裸根种植时，地径×0.88 套用相应的胸径定额；养护时，地径×0.88 套用相应的胸径定额。

3.2.1.2　计算规则部分

［**例 3-3**］　选自《浙江省园林绿化及仿古建筑工程预算定额》（2010 版）园林绿化工程"计算规则"。详细可见附录 6。

一、遮阴棚面积按展开面积计算。

二、草绳绕树干长度按草绳所绕部分的树干长度以"m"计算。

三、乔木、亚乔木、灌木的种植、养护以"株"计算。

四、草皮的种植、草坪养护以"m^2"计算。

……

"计算规则"要点见表 3-2。

表 3-2　《浙江省园林绿化及仿古建筑工程预算定额》（2010 版）园林绿化工程"计算规则"要点

种植		养护	
乔木、亚乔木	以株计算	乔木、亚乔木	以株计算
灌木、藤本	以株计算	灌木	以株计算
灌木、藤本片植	以 m^2 计算	灌木片植	以 m^2 计算
单排、双排、三排绿篱	以延长米计算	单排、双排、三排绿篱	以延长米计算
草皮	以 m^2 计算	草皮	以 m^2 计算
花卉	以株计算	草本花卉、地被	以 m^2 计算
竹类	以株（丛）计算	竹类	以株（丛）计算
湿生植物、挺水植物、浮叶植物	以株（丛）计算	攀缘植物	以株计算
漂浮植物	以 m^2 计算		

3.2.1.3　园林绿化工程相关术语

（1）大树：指胸径在 15cm 以上的常绿树木和胸径在 20cm 以上的落叶树木。

（2）古树名木：古树泛指树龄在百年以上的树木；名木泛指珍贵稀有或具有历史科学文化价值以及有重要纪念意义的树木。古树名木分为一级和二级。

（3）支撑：乔木和珍贵树木栽植后必须用毛竹、木棍或其他材料作支撑。

（4）卷杆：树木杆径 5cm 以上的乔木和珍贵树木栽植后，在主杆与接近主杆的主枝部分，应用草绳（麻绳）等绕树干，以保护主杆和接近主杆的主枝不易受伤和抑制水分蒸发。

(5) 遮阴棚搭设：一般适用于园林植物栽植后成活率养护期，以及园林植物非种植季节栽植的工程苗木，同时适用于超规格苗木移植时的技术保护措施。

(6) 胸径：指乔木离地面 1.2m 处的树干直径，常以 ϕ 表示（计量单位为 cm，下同）。

(7) 地径：指苗木离地面 0.3m 处的树干直径，常以 d 表示。

(8) 蓬径：又称冠径，指苗木冠丛的最大幅度之间的平均直径，常以 P 或 W 表示。

(9) 苗木高度：指苗木露出地表的根茎部至树冠顶部之间的垂直距离，常以 H 表示。

(10) 土球直径：又称泥球直径，指苗木移植时根部所带泥球的直径，常以 D 表示。

(11) 行道树：指沿道路或公路旁种植的乔木。

(12) 花卉：指具有观赏价值的草本植物花灌木开花乔木以及盆景类植物。

(13) 地被植物：指株丛密集低矮，用于覆盖地面，可保持水土防止扬尘改善气候并具有一定观赏价值的植物群体，这类植物分木本地被植物和草本地被植物两大类。

(14) 草坪：指经人工种植或改造后形成的具有观赏效果，并能供人适度活动的坪状草地。

(15) 暖地型草坪：指热带和亚热带气候条件下生长的草坪，适于 25～35℃，耐踏性优于冷地型草坪。

(16) 攀缘植物：指攀附于其他物体生长，主干茎不能直立的植物，也称藤本植物。

(17) 冷地型草坪：指温带气候条件下生长的草坪，适于 15～20℃，耐踏性相对较低，生长迅速，需经常修剪。

(18) 混合型草坪：指用两种以上草种混合建植的草坪。

暖地（季）型：如结缕草、普通狗牙根、杂交狗牙根、野牛草、海滨雀稗。

冷地（季）型：如黑麦草、高羊茅、草熟禾、紫羊茅、硬羊茅。

(19) 植生带：指采用无纺布或纸，将种子肥料按播种密度均匀夹在两层布（纸）之间，用机器压紧成卷，使用时需按面积剪好拉平，并固定。

(20) 绿篱：指用园林植物成行地紧密种植并做造型修剪而成的植物墙（篱笆）。用开花植物栽植修剪而成的绿篱称为花篱。

(21) 花境：指由多种花卉及常绿植物交错混合栽植，沿道路形成的花带。

(22) 丛生竹：指密聚生长在一起，株间间隙小、结构紧凑的竹子，具有很强的观赏价值。

3.2.2 园林绿化工程定额换算

园林绿化工程中的定额换算，常见的为人工系数调整，公式如下：

换算后的基价＝定额基价＋定额人工费×（系数－1）

或＝人工费×系数＋材料费＋机械费

[例 3-4] 查找并换算“起挖 ϕ15 香樟（带土球四类土）”的定额编号及基价。

解 根据定额说明规定：设计未注明土球直径时，乔木按胸径的 8 倍计算，确定土球直径：ϕ15，D＝15×8＝120。

查找定额编号：1-6。

根据定额说明规定：起挖或栽植树木均以一、二类土为计算标准，如为四类土，则人工乘以系数 1.76。

故　　换算后基价＝983＋595.68×（1.76－1）＝1435.72 元/10 株

或　　换算后基价＝595.68×1.76＋162＋225.4＝1465.80 元/10 株

其额定编号为 1-6 换或 1-6H。

此外，材料单价调整情况下，可采用以下公式：

换算后基价＝定额基价＋（设计材料单价－定额材料单价）×定额材料用量

3.2.3　园林绿化工程定额计价

园林绿化工程定额计价一般包括两个部分，即算量和套价。算量时应注意定额工程量的单位；套价应注意定额的换算。

[例3-5]　某一绿地“起挖 ϕ15 香樟（带土球四类土）3 棵”，试计算在起挖时的定额直接费。

解　根据 [例 3-4]，可填写以下内容：

定额编号：1-6 换或 1-6H。

名称及说明：起挖 ϕ15 香樟（带土球四类土）。

单位：10 株或株。

工程数量：0.3 株或 3 株。

工料单价（元）＝983＋596.68×（1.76－1）＝1436.48 元/10 株或 143.65 元/株

故

合价（元）＝1436.48 元/10 株×0.3 株 或 143.65 元/株×3 株＝430.94 元

【箴言匠语】严格按照设计图纸和技术规范操作，坚持自检、互检、交接检查制度，确保工程质量。

子任务 2　园林绿化工程的定额计价

任务清单 3.2　掌握大树移植定额直接费的计算方法

1. 任务情境

在园林绿化中，乔木占了很大的比例，在定额计价时，一般先从乔木开始，再到灌木、地被、草坪的顺序展开，相对于灌木等来说，乔木的定额计价相对来说复杂一点，原有场地有植物需要保留和原有场地无植物需要购买，这两种方法需要考虑的环节不同，需要分别计取。

2. 任务目标

掌握原场地中需就地移植植物的定额计价方法。

3. 任务要求

根据不同的苗木规格，选择合适的定额进行乔木的定额计价。为了计算结果统一，要求本章习题的价格保留小数点后两位，工程量统一保留小数点后三位。

《园林绿化工程定额计价》微课，包括 5 个视频，约 200MB

任务指引 PPT

4. 任务实施

步骤 1：学习《园林绿化工程定额计价》微课视频 3.4，根据以下材料计算定额直接费。

某一绿地（ 土为二类土）有胸径 28cm 的银杏 3 棵，要求迁移至本施工场地的别处（土为三类土）种植，试计算其定额直接费。

已知：(1) 银杏种植时要求带土球，用购买的种植土回填（种植土的预算价格为 35 元/m^3，人工搬运种植土至树穴距离为 40m）。(2) 每棵树用草绳绕树干 2m，种植后再用长 2.2m 树棍桩三脚支撑，养护两年。将数据汇总到“分部分项工程费计算表”中。

分部分项工程费计算表

单位（专业）工程名称：大树迁移种植工程　　　　第 1 页　共 1 页

序号	定额编号	名称及说明	单位	工程数量	工料单价（元）	合价（元）	备注或计算式

续表

序号	定额编号	名称及说明	单位	工程数量	工料单价（元）	合价（元）	备注或计算式
合计							

步骤 2：通过步骤 1 的学习后，用同样的方法，根据以下材料，计算胸径不同、数量不同的乔木的定额直接费。

某绿地（土为二类土）有胸径 22cm 的银杏 4 棵，要求迁移至本施工场地的别处（土为三类土）种植，试计算其定额直接费，并填入下表中。已知：（1）银杏种植时要求带土球，用购买的种植土回填（种植土的预算价格为 35 元/m^3，人工搬运种植土至树穴距离为 40m）。（2）每棵树用草绳绕树干 2m，种植后再用长 2.2m 的树棍桩三脚支撑，养护两年。

分部分项工程费计算表

单位（专业）工程名称：大树迁移种植工程　　　　第 1 页　共 1 页

序号	定额编号	名称及说明	单位	工程数量	工料单价（元）	合价（元）	备注或计算式
合计							

步骤 3：胸径 20cm 以上乔木在定额套取时选择大树移栽部分的定额，而 20cm 以下需要分别到挖树、栽植、养护定额里查找，并根据实际情况判断是否需要起重机等机械搬运。现在胸径调为 17cm，观看微课视频 3.4－1，根据以下材料，计算其定额直接费。

某绿地（土为二类土）有胸径 17cm 的银杏 3 棵，要求迁移至本施工场地的另处（土为三类土）种植，试计算其定额直接费，并填入下表中。已知：(1) 银杏种植时要求带土球，用购买的种植土回填（种植土的预算价格为 35 元/m^3，人工搬运种植土至树穴距离为 40m）。(2) 每棵树用草绳绕树干 2m，种植后再用长 2.2m 的树棍桩三脚支撑，养护两年。

分部分项工程费计算表

单位（专业）工程名称：树木迁移种植工程　　　　第 1 页　共 1 页

序号	定额编号	名称及说明	单位	工程数量	工料单价（元）	合价（元）	备注或计算式
合计							

5. 任务总结

通过完成上述任务，你学到了哪些知识和技能？在哪些地方还存在疑惑？

6. 实施人员

7. 任务点评

任务清单 3.3 计算综合性绿化工程直接费

1. 任务情境

一个园林绿化项目中除了乔木外，还有灌木、地被、草坪等植物，场地苗木移植的情况比较少，大部分情况下需要购置，这样就不存在苗木起挖方面的工作量，但需要增加苗木购买方面的费用。在造价时，可以按施工流程进行，如平整场地，从大树到小树，再加上措施费的流程进行计算，避免遗漏。

2. 任务目标

掌握原场地中需购买植物种植的定额计价方法。

3. 任务要求

根据不同的苗木规格，选择合适的定额进行苗木种植的综合定额计价。

《园林绿化工程定额计价》微课，包括 5 个视频，约 200MB

任务指引 PPT

4. 任务实施

观看《园林绿化工程定额计价》微课视频 3.4-2，根据以下材料，计算定额直接费。

已知杭州某小区绿化工程，土质为三类土，绿地面积为 $360m^2$，绿地整理厚度在 30cm 以内，场内无垃圾，无需处理。苗木要求带土球种植，种植后乔木采用树桩三脚支撑，乔木草绳绕树干高度为 2m/株，养护期为一年。试计算其定额直接费，并填入下表中。

其中苗木到场价如下：鹅掌楸 480 元/株，红花继木球 90 元/株，百慕大草皮 4 元/m^2，凌霄 2 元/株，小叶栀子 2 元/株。苗木规格见下表“植物名称及数量统计表”。除苗木价格按照上述到场价计取外，人工、机械、其他材料费均按照定额相应价格计取。

植物名称及数量统计表

序号	植物名称	规格（cm）			单位	数量	备注
		胸径（地径）	冠幅	高度			
1	鹅掌楸	10	300	500	株	4	
2	红花继木球		120	100	株	9	
3	凌霄	2			株	6	三年生 3 株/m^2
4	小叶栀子		35	40	m^2	24	16 株/m^2 苗高 50cm 内
5	百慕大草皮				m^2	32	满铺

分部分项工程费计算表

单位（专业）工程名称：杭州某小区绿化工程　　　　第 1 页　共 1 页

序号	定额编号	名称及说明	单位	工程数量	工料单价（元）	合价（元）	备注或计算式

续表

序号	定额编号	名称及说明	单位	工程数量	工料单价（元）	合价（元）	备注或计算式
合计							

5. 任务总结

通过完成上述任务，你学到了哪些知识和技能？在哪些地方还存在疑惑？

6. 实施人员

7. 任务点评

任务二　学习园路工程定额计价

子任务 1　园路工程工程量的计算

任务清单 3.4　掌握园路工程工程量的计算方法

1. 任务情境

园路工程中的定额计算的难点是工程量的计算，不如苗木的计算可以以数量为单位，进行清点即可，园林工程量往往有面积、体积方面的计算，需要根据定额说明书的计算规则进行计算。

2. 任务目标

掌握园路部分的计算规则，并能进行简单的工程量计算。

3. 任务要求

解读园路部分的计算规则，进行园路部分的工程量计算。

4. 任务实施

《园路工程定额计价》微课，包括 3 个视频，约 370MB　　任务指引 PPT

步骤 1：观看《园路工程定额计价》微课视频 3.5 ，结合知识清单 3.3.1 园路工程定额组成 ，回答以下问题。

1）垫层工程量的计价规则是什么？

2）园路整理路床工作量怎么算？

步骤 2：继续观看视频 3.5 ，结合知识清单 3.3.2 园路工程工程量计算 ，完成下面无道牙的园路的工作量计算。

某公园要修建两条园路，园路两端与广场相接，园路原地面高差在 25cm 以内。

1）园路 1：长 100m、宽 1.5m，道路断面图如图 3 - 1 所示。

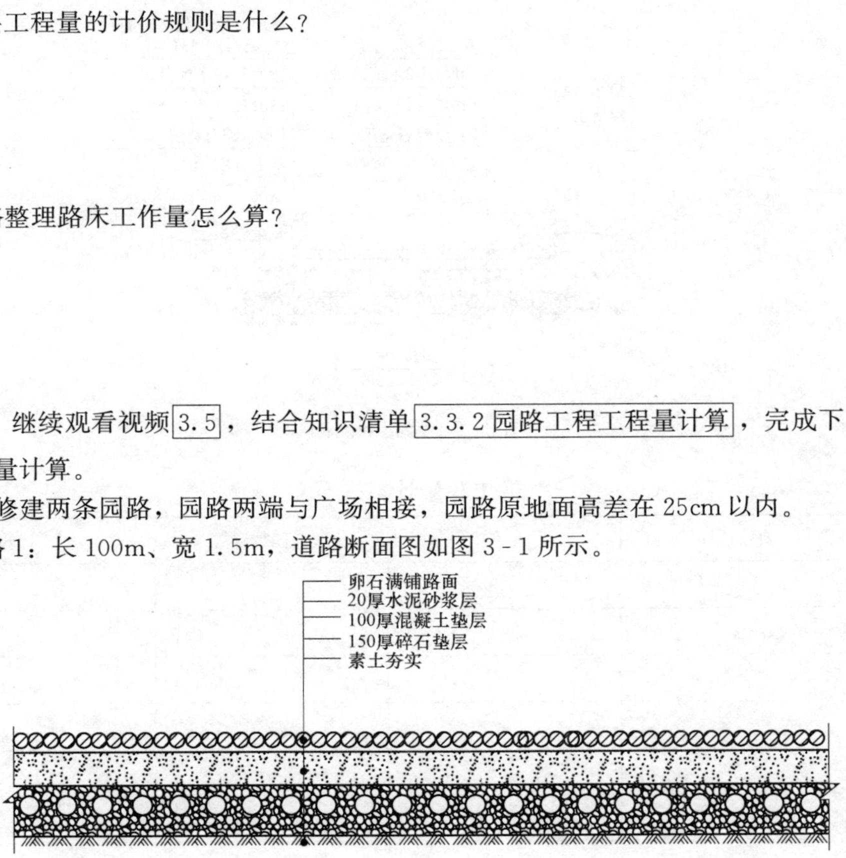

图 3 - 1　道路断面图

2）园路 2：方整石板，园路长 120m、宽 1.2m，垫层采用 200mm 厚混凝土垫层。试计算其工程量，并填入下表中。

工程量计算表

序号	项目说明	单位	工程数量	计算式

步骤 3：图 3-2 园路剖面图为有道牙的园路，其长为 50m，试计算其园路工程的工程量。

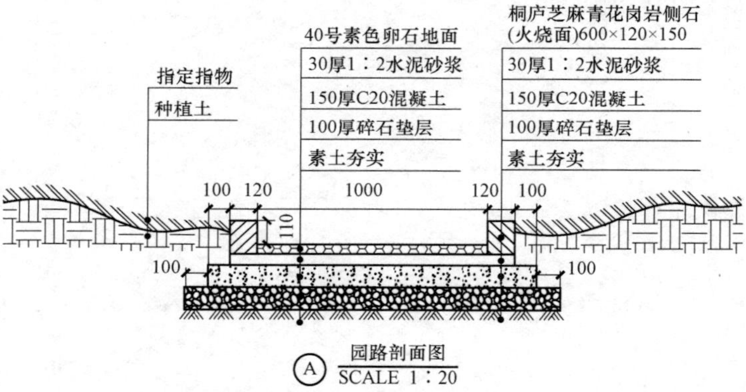

图 3-2　园路剖面图

工程量计算表

序号	项目说明	单位	工程数量	计算式

5. 知识测试与能力训练（注：4 个选项的为单选题，5 个选项的为多选题）

第 3 章
更多习题实时测

（1）园路包括垫层、面层。缺项子目可套用其他章相应定额子目，其合计工日乘以（　　）系数。

A. 1.10　　B. 1.25

C. 1.30　　D. 1.43

（2）满铺卵石面的拼花是按单色卵石、粒径（　　）编制的，设计分色或粒径不同时，应作换算。

A. 4～5cm　　B. 3～4cm　　C. 4～6cm　　D. 5～6cm

（3）在 2010 版《浙江省园林绿化及仿古建筑工程预算定额》的园路、园桥及假山工程中，定额子目“砖平铺（土青砖）”指的是砖的（　　）面朝上铺设。

A. 220×105　　B. 105×42　　C. 220×42　　D. 以上均可

（4）园林绿化及园路工程中，下列说法正确的是（　　）。

A. 苗木种植定额的基价包括苗木、花卉的起挖。

B. 灌木高度是指苗木露出地表的根茎部至树冠顶部之间的距离。

C. 栽植树均以三类土为准，如为一、二类土，人工乘以系数 0.75，四类土人工乘以系 1.76，冻土人工乘以系数 2.20。

D. 园路包括垫层、面层。缺项子目可套用其他章相应定额子目，其合计工日乘以 1.1 系数。

E. 干土与湿土的划分，应以天气变化为准，晴天为干土，雨天为湿土。

（5）园林工程施工中，整理路床和建筑工程中的平整场地与园林绿化工程中的整理绿化地相似。下列关于整理路床说法正确的是（　　）。

A. 负责园路土基范围的土方厚度在±0.3m 以内的就地挖土、填土及找平。

B. 土方厚度在±0.3m 以内的挖、填土方，按相应定额另行计算。

C. 土方如需外运，其费用另行计算。

D. 定额以其面积设立项目（子目）。

E. 工程量按其设计尺寸两边各放宽 5cm 计算。

6. 知识点整理

（1）满铺卵石（雨花石）拼花面　　（2）素色卵石（雨花石）面彩色镶边

（3）石板冰梅面　　（4）礓础

7. 任务总结

通过完成上述任务，你学到了哪些知识和技能？在哪些地方还存在疑惑？

8. 实施人员

9. 任务点评

【箴言匠语】工匠之行，在行动中体悟修行的乐趣。

知识清单 3.3 园路工程定额计价

3.3.1 园路工程定额组成

［**例 3-6**］ 选自《浙江省园林绿化及仿古建筑工程预算定额》(2010 版) 园路工程“定额组成”。

1. 园路基层
   - 园路土基 整理路床
   - 垫层
2. 园路面层
   - 面层
   - 斜坡、礓礤
   - 树穴盖板、围牙
   - 路牙

园路工程定额组成见表 3-3。

表 3-3　园路工程定额组成

组成与分类				相关定额编号
基层	路床土基			2-44 园路土基整理路床
	基础垫层	砂、石屑、碎石、混凝土		第二章 2-45～2-48
		灰土、黏土、块石……		第四章基础垫层 4-125～4-139
面层	卵石面层	按形状分	拼花卵石	2-49 满铺卵石面拼花
			素色卵石	2-50 素色卵石面彩边素色
		按颜色分	褐、米、白、黑	
		按材质分	普通卵石	
		按材质分	雨花石	
		洗米石		2-51 洗米石厚 20mm
	混凝土面层	捣制	纹形混凝土面	2-52 纹形混凝土面厚 12cm
			水刷混凝土面	2-53 水刷混凝土面厚 12cm
		预制	方格块	2-55 预制方格混凝土面板厚 5cm
			异形块	2-56 预制异形混凝土面板厚 5cm
			大预制块面	2-57 预制混凝土大块面板厚 10cm
			假冰梅	2-58 假冰梅混凝土面厚 3cm
		青石屑面	划块	2-59 青石屑面（划块）厚 2.5cm
			斩假面（划块）	2-60 青石屑斩假面（划块）厚 2.5cm
	石材	块料	方整石板面	2-61 方整石板面厚不大于 8～12cm
			石板冰梅面	2-63 石板冰梅面密缝板厚不大于 2mm 2-64 石板冰梅面密缝板厚不大于 4mm 2-65 石板冰梅面离缝板厚不大于 2mm 2-66 石板冰梅面离缝板厚不大于 4mm
			六角板	2-67 六角板
			弹石	2-68 弹石
			花岗岩板席纹	2-69 花岗岩板席纹
			花岗岩机制板	2-75 花岗岩机制板地面板厚不大于 3cm 2-76 花岗岩机制板地面板厚 3～5cm
		碎料	乱铺花岗岩	2-62 乱铺花岗岩

续表

组成与分类				相关定额编号
面层	砖瓦	砖面层	京砖（金砖）	2-70 砖席纹侧铺
			皇道砖（土青砖）	2-71 砖侧铺
			八五砖	2-72 砖平铺
			标准砖	2-74 嵌草砖铺装砂垫层（5cm 厚）
		瓦面层	小青瓦（侧立）	2-73 瓦片

3.3.1.1 说明部分

［例 3-7］ 选自《浙江省园林绿化及仿古建筑工程预算定额》（2010 版）园路工程“说明”。详细可见附录 6。

一、园路包括垫层、面层，如遇缺项，可套用其他章相应定额子目，其合计工日乘以系数 1.10。

二、每 10m² 冰梅数量为 250～300 块时，套用冰梅石板定额；每 10m² 冰梅数量不大于 250 块时，其人工、切割锯片乘以系数 0.9，每 10m² 冰梅数量在 300 块以上时，其人工、切割锯片乘以系数 1.15，其他不变。

三、花岗岩机割石板地面定额，其水泥砂浆结合层按 3cm 厚编制。

四、满铺卵石面的拼花是按单色卵石、粒径 4～6cm 编制的，设计分色或粒径不同时，应另行计算。水泥砂浆厚度按 2.5cm 编制。

……

要点：

（1）满铺卵石面的拼花水泥砂浆厚度按 2.5cm 编制是指卵石层以下部分的厚度，砂浆含量为 $0.275m^3/10m^2$，设计水泥砂浆厚度与定额不同时，砂浆含量按厚度比例换算。

（2）弧形路面人工乘系数 1.25，面层材料损耗率按实际铺设计算，同一路段，弧形、直形分段计算。弧形路牙人工乘系数 1.25，材料用量乘系数 1.05。

（3）在铺块料面层时，如采用块料面层同样材料做路牙或路沿的，其路牙或路沿的工程量并入块料面层工程量内计算，不另行套用路牙子目。

3.3.1.2 计算规则部分

［例 3-8］ 《浙江省园林绿化及仿古建筑工程预算定额》园路工程“计算规则”（见表 3-4）。

一、园路垫层两边若做侧石，按设计图示尺寸以“m³”计算。两边若不做侧石，设计又未注明垫层宽度时，其宽度按设计园路面层图示尺寸，两边各放宽 5cm 计算。

二、园路面层按设计图示尺寸，以“m²”计算。

三、斜坡按水平投影面积计算。

四、路牙、树池围牙按“m”计算，树池盖板按“m²”计算。

五、木栈道按“m²”计算，木栈道龙骨按“m³”计算。

表 3-4　《浙江省园林绿化及仿古建筑工程预算定额》（2010 版）园路工程“计算规则”要点

项　目	工 作 内 容	计 算 规 则
土基整理、路床整理	厚度在 30cm 以内挖、填土、找平、夯实、修整，弃土于 2m 以外	以“m²”计算。 园路整理路床工作量＝路面长×［路面宽（包括侧石）＋每边各加 0.5m］

续表

项目	工作内容	计算规则
垫层	筛土、浇水、拌和、铺设、找平、灌浆、振实、养护	(1) 有侧石：按设计图示尺寸。 (2) 无侧石： 1) 按设计图示尺寸。 2) 若无尺寸，面层放 5cm
面层	放线、修整路槽、夯实、修平垫层、调浆、铺面层、嵌缝、清扫	按设计图示尺寸
侧石（即路牙）		路牙、树池围牙按“m”计算

3.3.1.3 园路工程相关术语

(1) 满铺卵石（雨花石）拼花面：指在素卵石面中镶有色卵石简单拼花图案。

(2) 素色卵石（雨花石）面彩色镶边：指在素卵石两边镶嵌彩色卵石边。

(3) 水洗石是兴于南方的一种铺装材料，是直径 5～15cm 的石材颗粒与混凝土结合而成。水洗石颜色有米黄色、红色、褐色、黄色等，主要由加入颜料的颜色确定。水洗石最佳效果是被水冲洗后，在水洗石中加入不锈钢条，铜条等装饰元素。洗米石地面为素水泥黏结，水泥砂浆黏结层按 1.5cm 厚考虑，若为环氧树脂黏结应另行计算。

(4) 纹形混凝土面：指混凝土在现场浇捣时，在面层做有波纹防滑线的路面。

(5) 水刷混凝土面：指混凝土浇捣完，表层用水泥白石浆，再将表面用水刷出面浆露出石子的路面。

(6) 预制混凝土块面层：主要分成方格块、异形块、大预制块、假冰梅 4 种面层形式。预制块面层一般用黄砂铺筑。

(7) 青石屑面及青石斩假面（划块）：采用水泥青石屑浆面层材料，在表面进行划块或斩假处理。

(8) 方整石板面：指将料石加工成厚度为 10～20cm 的矩形截面，浙江省按 8～12cm 厚的石板面考虑。

(9) 乱铺花岗岩：用的是碎或乱的花岗岩板。采用乱铺，不需要对接口。

(10) 石板冰梅面：指规格板加工成异形板。板与板铺装对接要求严格，特别是密缝铺装，每块板边、角都相对应。

(11) 六角板、弹石面铺装：指板材加工成六角形、小方块石铺砌而成的面层。

(12) 花岗岩板席纹铺装：指花岗岩板加工成长条形，按席纹形式铺装而成的面层。

(13) 花岗岩机制板地面：指规格料花岗岩面层采用水泥砂浆黏结的一种铺地形式。

(14) 面层加工嵌草砖铺装：即成品水泥砖，中间有也洞，可以播种草籽，常用于停车场，一般用黄砂作为结合层进行铺装。方法有火烧面、剁斧面、凿面（菠萝面）、磨光面。

3.3.2 园路工程工程量计算

园林工程计价中，园路的工程量计算是难点，应根据定额计算规则部分的说明进行计算。

[例 3-9] 铺设面层为 20 厚 1：3 水泥砂浆铺 4～6cm 粒径的素色卵石面彩边素色，园路长 100m、宽 1.2m，垫层采用 200 厚混凝土垫层，试计算各项的工程量。

解 (1) 园路整理路床工作量：路面长×[路面宽(包括侧石)＋每边各加 0.5m]＝ 100×(1.2＋0.5×2)＝220m²。

(2) 200 厚混凝土垫层工作量：100×（1.2＋0.05×2）×0.2＝26m³。

(3) 素色卵石面彩边素色面层工作量：100×1.2＝120m²。

3.3.3 园路工程定额换算

园路工程中的定额换算，常见的有三种类型，公式如下：

（1）材料不同：

换算后基价＝定额基价＋（设计材料单价－定额材料单价）×定额材料用量

（2）材料厚度不同：

换算后基价＝定额基价＋（设计材料消耗量－定额材料消耗量）×定额单价

［例 3-10］ 查找并换算“铺设面层为 20 厚水泥砂浆铺 4～6cm 粒径的素色卵石面彩边素色”的定额编号及基价。

解 查找定额编号：2-50。

由于定额中水泥砂浆厚度按 2.5cm 编制，实际为 2cm，设计材料消耗量与定额材料消耗量不同。

另外定额解释中规定为 2.5cm，是指卵石层以下部分的厚度，砂浆含量为 0.275m^3/10m^2，设计水泥砂浆厚度与定额不同时，砂浆含量按厚度比例换算。

故

水泥砂浆用量＝0.36＋（0.20/0.25－1）×0.275＝0.305m^3/10m^2

换算后基价＝561＋（0.305－0.360）×210.26＝549.44 元/10m^3

其额定编号为 2-50 换或 2-50H。

（3）材料、厚度与定额都不同：

换算后基价＝定额基价＋设计材料单价×设计材料消耗量－定额材料单价×定额材料消耗量

［例 3-11］ 查找并换算“铺设面层为 20 厚 1∶3 水泥砂浆铺 4～6cm 粒径的素色卵石面彩边素色”的定额编号及基价。

解 由于定额中水泥砂浆按 2.5cm 编制，实际为 2cm；定额中使用的为 1∶2.5 水泥砂浆，实际为 1∶3 水泥砂浆，故材料单价、消耗量与定额都不同。

根据［例 3-10］，设计材料消耗量 0.305m^3/10m^2，查找定额得出定额材料消耗量 0.360m^3/10m^2；根据定额下册附录，查出 1∶3 水泥砂浆单价 195.13 元/10m^3，查找定额得出定额 1∶2.5 水泥砂浆单价为 210.26 元/10m^3。

故

换算后基价＝561＋195.13×0.305－210.26×0.360＝544.82 元/10m^3

子任务 2　园路工程定额换算

任务清单 3.5　掌握园路工程定额换算的方法

1. 任务情境

园路工程中的定额换算相对于植物中定额换算难度有所增加，但可以根据相应的公式，并对园路的结构有一定的了解，进行活学活用。

2. 任务目标

掌握园路部分的说明部分，并能进行简单的定额换算。

3. 任务要求

解读园路部分的说明部分，了解园路的结构层次，进行园路部分的定额换算。

《园路工程定额计价》微课，包括 3 个视频，约 370MB

任务指引 PPT

4. 任务实施

观看《园路工程定额计价》微课视频 3.6 和视频 3.7，结合知识清单 3.3.3 园路工程定额换算，完成下面表格中的定额换算。

序号	定额编号	项目名称	计量单位	基价（元）	计算式
1		园路塘渣垫层，夯实机夯实			
2		30 厚 1∶3 干性水泥砂浆铺 20mm 冰梅石板路面（密缝 325 块/10m²）			
3		面层为 4～6cm 粒径的雨花石满铺拼花面（假设雨花石单价为 850 元/t，雨花石密度与卵石相同）			
4		1∶3 水泥砂浆黏结满卵石拼花面			
5		面层为 30 厚 1∶2.5 水泥砂浆铺 4～6cm 粒径的素色卵石面彩边素色			
6		面层为 30 厚 1∶3 水泥砂浆铺 4～6cm 粒径的素色卵石面彩边素色			
7		公园内用 1∶2.5 水泥砂浆铺贴 4cm 厚弧花岗岩板地面，花岗岩板损耗率为 15%			

续表

序号	定额编号	项目名称	计量单位	基价（元）	计算式
8		1：3干硬性水泥砂浆铺40厚弧形花岗岩机割板路面，面层板损耗为8%			
9		10×30cm弧形条石路牙铺筑			
10		1：2.5水泥砂浆铺贴预制异形混凝土路面			

5. 任务总结

通过完成上述任务，你学到了哪些知识和技能？在哪些地方还存在疑惑？

6. 实施人员

7. 任务点评

【箴言匠语】有品质才有市场，有改善才有进步。

任务三　学习假山工程定额计价

任务清单 3.6　掌握假山工程工程量及其定额换算的方法

1. 任务情境

假山工程中的定额换算同样可以用园路工程定额换算的公式进行计算，但假山工程的工程由于不同的材质、规格等原因相对来说复杂些，可以根据公式进行套用来计算。

2. 任务目标

掌握假山部分的说明部分和计算规则，并能进行简单的定额换算和工程量计算。

《假山工程定额计价》微课，包括 2 个视频，约 110MB

任务指引 PPT

3. 任务要求

解读假山部分的说明部分和计算规则，了解不同类型的假山，进行假山部分的定额换算和工程量计算。

4. 任务实施

步骤 1：观看《假山工程定额计价》微课视频 3.8 ，结合知识清单 3.4.1 假山工程定额组成 ，完成下面问题。

1）堆湖石峰和湖石假山在定额选择时有什么区别？

2）堆砌土山丘的工程量如何计取？

步骤 2：进行下表中假山工程的定额换算。

序号	定额编号	项目名称	计量单位	基价（元）	计算式
1		堆砌高 3.15m 斧劈石假山（斧劈石 350 元/t）			

步骤 3：观看《假山工程定额计价》微课视频 3.9 ，结合知识清单 3.4.2 假山工程量计算 ，完成下面所列工程中的假山工程量的计算，并填入工程量计算表中（注：图纸中除标高外，尺寸均以 mm 为单位）。

1）小游园内有一土筑假山。山丘水平投影外接矩形长 8m，宽 5m，假山高 6m。试求其工程量？

2）某庭院为了分隔空间，在一定位置堆筑了一个高 2m 的土山丘，具体造型如图 3 - 3 所示，试求其工程量。

3）某公园堆砌一黄石假山，具体如图 3 - 4 所示，假设黄石假山石料密度为 2.6t/m^3，计算该假山工程量。

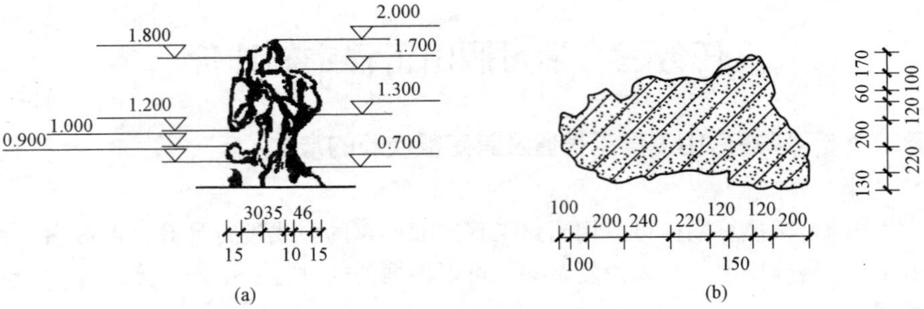

图 3-3　土山丘立面图和水平投影图

（a）立面图；（b）水平投影图

4）在某妇儿医院园林工程中，为了屏蔽配电箱以砖为骨架塑了一块高 1.2m，长 0.8m，厚 0.6m 的假山石，请问该工程中假山工程的工程量为多少？

5）在某妇儿医院园林工程中，从广西运来黄蜡石六块共 12t，每块重量都在 5t 以内，分别布置在各景点，请问该工程中假山工程的工程量为多少？

6）某校园一角有一块黄石景石，如图 3-5 所示，经测量可知：长度方向的平均值为 2m，宽度方向的平均值为 1.5m，求工程量。

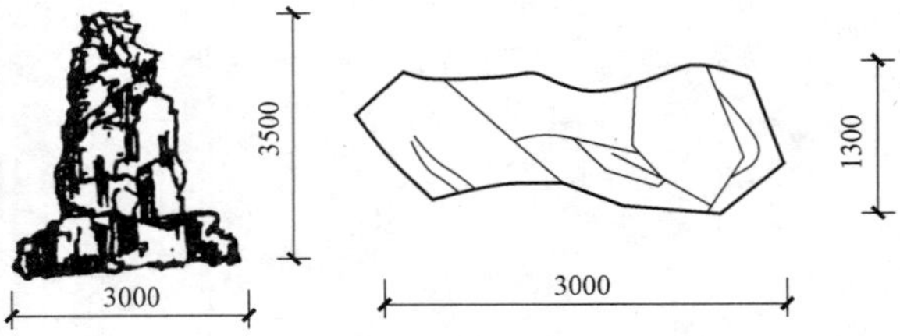

图 3-4　假山立面图和水平投影图

图 3-5　景石示意图

注：黄石石料密度为 $2.6t/m^3$。

工程量计算表

序号	项目说明	单位	工程数量	计算式
1				
2				
3				
4				
5				
6				

5. 知识测试与能力训练（注：4 个选项的为单选题，5 个选项的为多选题）

（1）定额规定，堆砌土山丘的工程量按设计图示山丘水平投影外接矩形面积乘以高度的（　　），以体积计算。

A. 1/2　　B. 1/3　　C. 1/4　　D. 1/5

（2）堆砌假山工程量（t）＝进料验收的数量－（　　）计算。

A. 叠成后假山体积乘以石料密度　　B. 进料剩余数量

C. 叠成后假山的表面积乘以石料密度　　D. 进料验收的数量

第 3 章
更多习题实时测

（3）在园路、园桥及假山工程，下列说法正确的是（　　）。

A. 计算假山的工程量必须以计算公式计算，不能用计算公式计算时，按进料的验收数量计算。

B. 整理路床定额已包括厚度在 30cm 以内的挖土、填土。

C. 洗米石定额，洗米石按环氧树脂黏结考虑

D. 满铺卵石地面，砂浆黏结厚度定额已综合考虑。

（4）塑假石山工程量按（　　）计算。

A. 假石山体积乘以材料密度　　B. 假石山表面积乘以设计厚度

C. 假石山表面积　　D. 实际所用的材料数量

（5）定额规定，土山丘高差在（　　）m 以上，坡度在 30％以内套用堆筑土山丘子目。

A. 0.9　　B. 1　　C. 1.2　　D. 1.8

（6）园林绿化、假山工程中，以下说法正确的是（　　）。

A. 种植定额基价中已包括苗木、花卉价格。

B. 乔木土球直径按胸径的 8 倍或地径的 7 倍计算，灌木按其蓬径的 1/3 计算土球直径。

C. 绿化养护定额的养护期为一年。

D. 假山中的铁件用量设计与定额不同时，按设计调整。

E. 假山中的不同石料密度统一按 2.6t/m^3 计取。

6. 知识点整理

（1）塑假石山　　（2）布置景石

7. 任务总结

通过完成上述任务，你学到了哪些知识和技能？在哪些地方还存在疑惑？

8. 实施人员

9. 任务点评

课堂笔记

【箴言匠语】与其事后痛哭流涕，不如事前遵章守纪。

知识清单 3.4　假山工程定额计价

3.4.1　假山工程定额组成

［例 3-12］　选自《浙江省园林绿化及仿古建筑工程预算定额》（2010 版）假山工程“定额组成”。

堆砌假山

1. 湖石、黄石假山堆砌
2. 斧劈石堆砌
3. 石峰、石笋堆砌
4. 护岸、零星假山石堆砌
5. 塑假石山

3.4.1.1　说明部分

［例 3-13］　选自《浙江省园林绿化及仿古建筑工程预算定额》（2010 版）假山工程“说明”。

九、堆砌假山包括湖石假山、黄石假山、塑假石山等，假山基础除注明者外，均套用基础工程相应定额。

十、砖骨架塑假山，如设计要求做部分钢筋混凝土骨架时，应进行换算。钢骨架塑假山未包括基础、脚手架、主骨架表面防腐的工料费。

十一、湖石、黄石假山及布置景石是按人工操作、机械吊装考虑的。

十二、假山的基础和自然式驳岸下部的挡土墙，按基础工程相应定额项目执行。

3.4.1.2　计算规则部分

［例 3-14］　选自《浙江省园林绿化及仿古建筑工程预算定额》（2010 版）假山工程“计算规则”。详细可见附录 6。

七、假山工程量按实际堆砌的假山石料以“t”计算，假山中铁件用量设计与定额不同时，按设计调整。

堆砌假山工程量（t）＝进料验收的数量－进料剩余数量

当没有进料验收的数量时，叠成后的假山可按下述方法计算：

1. 假山体积计算：

$$V_{体}=A_{矩}\times H_{大}$$

2. 假山重量计算：

$$W_{重}=2.6\times V_{体}\times K_n$$

3. 各种单体孤峰及散点石。按其单位石料体积（取单位长、宽、高各自的平均值乘积）乘以石料比重计算。

八、塑假石山的工程量按其外围表面积以“m^2”计算。

九、堆砌土山丘按设计图示山丘水平投影外接矩形面积乘以高度的 1/3，以体积计算。

十、钢骨架制作、安装按“t”计算。

“计算规则”要点见表 3-5。

表 3-5　　《浙江省园林绿化及仿古建筑工程预算定额》（2010 版）
假山工程“计算规则”要点

假山类型	项目名称	计量单位	工程量计算规则	备注
土山丘	堆筑土山丘	m^3	山丘水平投影外接矩形面积乘以高度的 1/3 以体积计算	高差在 1.00m 以上、坡度在 30% 以内套用；否则套用“地形改造”定额

续表

假山类型	项目名称	计量单位	工程量计算规则	备注
石假山	湖石假山 附壁湖石假山 黄石假山 斧劈石假山	t	假山工程量按实际堆砌的假山石料以“t”计算： 堆砌假山工程量（t）＝进料验收的数量－进料剩余数量	当没有进料验收的数量时，叠成后的假山可按下述方法计算： $W_{重}=2.6\times V_{体}\times K_n$ $V_{体}=A_{矩}\times H_{大}$
塑假山	砖骨架塑假山 钢骨架塑假山（钢骨架制作安装）	m^2	按其外围表面积以 m^2 计算（钢骨架制作安装按 t 计算）	
石笋	石笋安装	根	按设计图示数量计算	
点风景石	整块湖石峰 堆湖石峰 堆黄石峰 布置景石	t	假山工程量按实际堆砌的假山石料以“t”计算： 堆砌假山工程量（t）＝进料验收的数量－进料剩余数量	当没有进料验收的数量时，按其单位石料体积（取单体长、宽、高各自的平均值乘积）乘以石料比重计算： $W_{单}=LBHp$ 式中 $W_{单}$——点景石单体重量，t； L——长度方向的平均值，m； B——宽度方向的平均值，m； H——高度方向的平均值，m； p——石料密度，黄（杂）石为 2.6t/m^3，湖石为 2.2t/m^3

3.4.1.3 假山工程相关术语

（1）湖石假山：是指以湖石为主，辅以条石或钢筋混凝土预制板，用水泥砂浆、细石混凝土和连接铁件等堆砌而成的假山。

（2）黄石假山：是指以黄石为主，辅以条石或钢筋混凝土预制板，用水泥砂浆、细石混凝土和连接铁件等堆砌而成的假山，是园林造景中堆砌大型假山时常选用的一种假山。

（3）人造湖石峰：是指用若干块湖石，辅以条石或钢筋混凝土预制板，用水泥砂浆、细石混凝土和铁件堆砌起来，形成石峰造型的一种假山峰。

（4）人造黄石峰：黄石浑厚憨实，很少有独立峰石，故常用若干块黄石辅以条石或钢筋混凝土预制板，用水泥砂浆、细石混凝土和铁件堆砌起来，形成一种石峰造型的假山。

（5）石笋：是指一种呈条形状的水成岩，在园林造景中常直立放置于庭院角落，边上配以芭蕉、羽毛枫、竹等观赏植物，此石形似竹笋，故称石笋。

（6）土山点石：是指在矮坡形土山等地，为点景而放置的石景，如散兵石。

（7）布置景石：是指除堆砌假山、放置独立峰石、拼接峰石、土山点石之外的石景布置。

（8）塑假石山：是指在砖石骨架或钢骨架上铺钢丝网塑造的假石山及其他材料等塑造的假石山。

3.4.2 假山工程工程量计算

假山工程的工程量计算应根据不同类型的假山，分别按公式进行计算。

［**例 3-15**］ 小游园内有一土筑假山。山丘水平投影外接矩形长 10m、宽 5m，假山高 6m，试求其工程量。

解 假山的类型为土山丘。

根据定额计算规则说明：堆砌土山丘按设计图示山丘水平投影外接矩形面积乘以高度的 1/3，以体积计算。

故其工程量为 $10\times5\times6/3=100m^3$。

任务四　学习园林工程预（结）算书编制

任务清单 3.7　了解园林工程预（结）算书编制原理

1. 任务情境

工程预算书通常在工程招投标前期编制，结算书通常在工程竣工后。工程预（结）算书是反映工程造价和人工、材料、机械台班用量的技术经济文件。以工料单价计价形式编制的预（结）算书，是一种传统的计算方法。它是一种较直观的计价手段。

2. 任务目标

了解园林工程预结算的格式、费率的选择方式，预算和结算书使用时不同内容的选择等。

《园林工程预（结）算书编制》微课，包括 4 个视频，约 300MB

任务指引 PPT

3. 任务要求

学习结算书中的说明书的写法，区别预算和结算书的不同要点，能对工程类别进行分类。

4. 任务实施

步骤 1：观看《园林工程预（结）算书编制》微课视频 3.10，结合知识清单 3.5.1 园林工程预（结）算书格式，完成下面问题。

1）预算书编写时总说明部分一般包括哪些内容？

2）在其他项目费用预（结）算表使用时，哪些内容仅适用于结算表，而不用于预算表？

步骤 2：观看《园林工程预（结）算书编制》微课视频 3.11，结合知识清单 3.5.2 分部分项工程费计算表，试回答分部分项工程费计算表编制时应包括哪两项。

步骤 3：观看《园林工程预（结）算书编制》微课视频 3.12，结合知识清单 3.5.3 其他项目预（结）算表，试回答在其他项目预（结）算表中哪项费用只存在于预算书，而不存在于结算书中。

步骤4：观看《园林工程预（结）算书编制》微课视频 3.13，结合知识清单 3.5.4 工程预（结）算费用计算表，根据以下材料，进行工程类型划分的选定。

某园林公司承包的中心公园项目，总体面积40亩，内有喷泉（占地面积280m²）、假山（6.5m高）及雕塑（12m高）各一座，试确定以上工程的工程类别。

5. 知识测试与能力训练

（1）在建筑安装施工过程中，对建筑材料、构配件进行一般性鉴定、检查所发生的费用属于（　　）。

A. 检验试验费　　B. 研究试验费　　C. 间接费　　D. 现场管理费

（2）在下列各项费用中，不属于直接费的是（　　）。

A. 施工单位搭设的临时设施费

B. 夜间施工费

C. 技术开发费

D. 二次搬运费

第3章
更多习题实时测

（3）在施工时，安全保护措施费应由（　　）承担。

A. 发包人　　B. 承包人　　C. 保险公司　　D. 政府部门

（4）施工组织措施费可根据施工取费定额计算，其中环境保护费、文明施工费、安全施工费等费用，工程计价时不应低于弹性区间费率的（　　）。

A. 中值　　B. 下限　　C. 上限　　D. 平均值

6. 知识点整理

（1）现场签证费　　（2）暂估价

7. 任务总结

通过完成上述任务，你学到了哪些知识和技能？在哪些地方还存在疑惑？

8. 实施人员

9. 任务点评

【箴言匠语】不论生产多忙，安全不忘；不论产量多少，品质不忘。

知识清单 3.5　园林工程预（结）算书编制

工程预（结）算书是反映工程造价和人工、材料、机械台班用量的技术经济文件。以工料单价计价形式编制的预（结）算书，是一种传统的计算方法，可直接反映分项工程的人工、机械台班、材料消耗量，并由三项组成分项工程的直接工程费，是一种较直观的计价手段。

工程预算书通常在工程招投标前期编制，结算书通常在工程竣工后，以预算书为基础，结合施工过程中的变更签证等进行调整修正而形成。因此，二者既相互联系，又相对独立，在工程建设实施阶段发挥各自不同的作用。

3.5.1　园林工程预（结）算书格式

(1) 封面，见表 3 - 6。

(2) 总说明，见表 3 - 7。

(3) 工程项目预（结）算汇总表，见表 3 - 8。

(4) 单位（专业）工程预（结）算费用计算表，见表 3 - 9。

(5) 分部分项工程费计算表，见表 3 - 10。

(6) 其他项目费预（结）算表，见表 3 - 11。

表 3 - 6

________工程预（结）算书

预（结）算(大写)：________________________

(小写)：________________________

发包人：________　(单位盖章)

承包人：________　(单位盖章)

工程造价咨询人：________　(单位资质专用章)

法定代表人或其授权人：________　(签字或盖章)

法定代表人或其授权人：________　(签字或盖章)

编制人：________　(造价人员签字盖专用章)

复核人：________　(造价工程师签字盖专用章)

编制时间：　年　月　日

复核时间：　年　月　日

表 3-7 **总　说　明**

工程名称：　　　　　　　　　　　　　　　　　　　　第　　页，共　　页

1. 工程概况：建设地址、建设面积、建设高度、占地面积、经济指标、层高、层数、结构形式、计划工期、合同工期、实际工期、施工现场及变化情况、自然地理条件、环境保护要求等。 2. 编制依据：合同文件、计价依据、标准与规范、施工图纸、标准图集等。 3. 工程变更： 4. 签证： 5. 索赔： 6. 工程价款调整： 7. 其他需要说明的问题：

表 3-8 **工程项目预（结）算汇总表**

工程名称：　　　　　　　　　　　　　　　　　　　　第　　页，共　　页

序号	单位工程名称	金额（元）
1	单位工程	
1.1	专业工程	
1.2	专业工程	
⋮		
2	单位工程	
2.1	专业工程	
2.2	专业工程	
⋮		
3		
合计		

表 3-9 **单位（专业）工程预（结）算费用计算表**

单位（专业）工程名称：　　　　　　　　　　　　　　第　　页，共　　页

序号	费用名称		计算公式	金额（元）
一	直接工程费＋施工技术措施费			
	其中	1. 人工费＋机械费	Σ（人工费＋机械费）	
二	施工组织措施费			

续表

序号	费用名称		计算公式	金额（元）
	其中	2. 安全文明施工费		
		3. 建设工程检验试验费		
		4. 冬雨季施工增加费		
		5. 夜间施工增加费		
		6. 已完工程及设备保护费		
		7. 二次搬运费		
		8. 行车、行人干扰增加费（限市政）		
		9. 提前竣工增加费		
		10. 其他施工组织措施费		
三	管理费		1×管理费率	
四	利润		1×利润费	
五	其他项目费			
六	规费		1×费率	
七	优质工程增加费			
八	税金		（一＋二＋三＋四＋五＋六＋七）×税率	
九	工程造价		一＋二＋三＋四＋五＋六＋七＋八	

注　定额分部分项工程直接费已包括施工技术措施费。

表 3-10　　**分部分项工程费计算表**

单位（专业）工程名称：　　　　第　　页，共　　页

序号	定额编号	名称及说明	单位	工程数量	工料单价（元）	合价（元）
本页小计						
合计						

表 3-11　　**其他项目费预（结）算表**

工程名称：　　　　第　　页，共　　页

序号	名称及说明	单位	合价（元）	备注
1	暂列金额			
2	暂估价			
2.1	材料暂估价	/	/	
2.2	专业工程暂估价			
3	计日工			

续表

序号	名称及说明	单位	合价（元）	备注
4	总承包服务费			
5	索赔费用			
6	现场签证费用			

注 材料暂估价计入分部分项工程费，本表不汇总，索赔费用、现场签证费用仅适用于结算表。

3.5.2 分部分项工程费计算表

分部分项工程费计算表用于编制单位工程的直接工程费与施工技术措施费。

3.5.2.1 编制直接工程费

（1）整理归类分项工程的工程量，进行分部分项工程的项目排列。

（2）填写每一分项工程名称、定额编号、单位、基价、工程量，并计算出合价：

合价（分项工程直接工程费）＝分项工程的工程量×基价

基价的组成可参考工程造价管理机构编制的工程定额及发布的人工、材料、机械台班市场信息价格，也可根据企业自身的情况及建筑市场人工价格、材料价格、机械租赁价格等因素自主确定。

（3）合计各分部工程的直接工程费及其中的人工费与机械费，汇总单位工程直接费及其中的人工费与机械费。

3.5.2.2 编制施工技术措施费

（1）整理归类施工技术措施的工程量，进行项目排列，一般按同类或专业工程次序排列。

（2）填写每一分项工程施工技术措施名称、定额编号或定额说明编号、单位、基价、工程量，并计算出合价。

（3）合计各专业工程施工技术措施费及其中的人工费与机械费，汇总单位施工技术措施费及其中的人工费与机械费。

3.5.3 其他项目预（结）算表

3.5.3.1 暂列金额与暂估价

其他项目预（结）算表由暂列金额（结算书中不应列取）、暂估价、计日工与总承包服务费、索赔费用与现场签证费（两项均在编制结算书中发生）组成。

工程预算书中单独列取暂列金额与暂估价，是工程建设未实施前不可预见的、可能发生的工程变更、合同调整等估算费用，可依据实际工程的情况、未来市场可能的变化进行预测估算。

暂列金额：包括施工合同签订时尚未确定或者不可预见的所需材料、设备、服务的采购，施工中可能发生的工程变更、合同约定调整因素出现时的工程价款调整以及发生的索赔、现场签证确认等的费用。暂列金额一般可按税前造价的5%计算。工程结算时，暂列金额应予取消，另根据工程实际发生项目增加费用。

暂估价：通常分为人工暂估价、材料暂估价与专业工程暂估价。针对工程中必然发生，又具有特殊性、创新性、前瞻性的工艺、材料及整个流程等，暂时无法确定的内容，在预算书中暂定并列取。实际发生后在工程结算时，按实加以调整。

3.5.3.2 计日工

计日工是指工程施工图范围以外可能发生的零星工作，框定单位工程发生零星工作的人工消耗量与对应的日工资单价。工程结算时按实际签证确认的数值进行调整。

3.5.3.3　总承包服务费

总承包服务费是指发包人进行专业工程分包，总承包人向发包人收取的协调、服务与管理费用。其取费标准见表3-12。

总承包服务费=分包项目工程造价×费率

表3-12　总承包服务费的取费标准

类　型	取费标准
总承包人对分包人进行管理和协调（总承包人无偿提供工程范围内临时道路、围墙、脚手架的设施，并进行工程施工程序协调配合）	费率按1%～2%计取
总承包人对分包人进行管理和协调，同时提供相应的服务，如另行搭拆脚手架，提供垂直运输等	费率按1%～4%计取。同时总承包人与分包人自行约定实际发生费用的结算方法
发包人自行提供材料或设备（甲供）	使用或服务人可按材料或设备价值的0.2%～1%向发包方计取费用

3.5.3.4　索赔费用与现场签证费（工程结算时发生）

索赔方应依据合同约定和法律法规的规定，在规定时间内提出工程相关的索赔报告，被索赔方应在法定时间内及时审核索赔内容，核定索赔报告。索赔费用计算方法如下：

（1）合同价款计算法。按合同约定的工程价款计算方法确定索赔费用。

（2）实际额外净支出费用表。按实际费用增加或实际损失，被索赔方应承担的责任与对应的费用。

现场签证费是指工程施工过程中发生的合同约定之外的事件，承、发包之间通过沟通达成共识，双方认可签订的事件证明文件（包括事件相关的工程量、价格方法等），该证明文件也是工程结算书编制的依据之一。

3.5.4　工程预（结）算费用计算表

3.5.4.1　编制工程施工费用

工程施工费用计算方法见表3-13。费率选择参考当地取费定额，并参考附录1（已勘误）。

表3-13　工程施工费用计算方法

费用类型	计算方法	取　费
编制施工组织措施费	施工组织措施费=（人工费+机械费）×费率	分上、中、下三限
编制企业管理费与利润	企业管理费=（人工费+机械费）×费率 利润=（人工费+机械费）×费率	根据不同的工程类别，划分为三级
编制规费与税金	规费=（人工费+机械费）×费率 税金=（直接费+管理费+利润+规费）×费率	规费根据不同工程划分费率。 税率以市区、城镇及其他地区三档划分

3.5.4.2　工程类别划分

（1）综合园林建设：按园林建设规模划分类别，建设面积以工程立项批准文件为准。游乐场及公园式墓园类别划分同综合性园林建设。

（2）在同一个类别工程中，有几个特征时，凡符合其中特征之一者，即为该类工程。

（3）园林景区内按市政标准设计的道路、广场，按市政工程相应类别划分。

课堂笔记

【箴言匠语】刻苦钻研技术，熟练掌握本工种的基本技能，努力学习和运用先进的施工方法，练就过硬本领，立足岗位成才。

任务五　学习其他计价体系下的定额计价

子任务 1　其他计价体系下园林绿化工程的定额计价

任务清单 3.8　掌握园林绿化工程定额的换算与计价（浙江 2018 体系）的方法

1. 任务情境

各地区的计价依据都会每过四到五年进行一个大的变动，如浙江 2018 版计价体系已于 2019 年 1 月 1 日施行。对造价工作者来说，需要不断地与时俱进，学习新的计价体系。而当地的造价站也会在新定额宣贯时期进行一些交底培训，从业者可以参加线上线下培训等形式自行学习更新，而新定额的交底文件中会标明新旧定额的变化，需要进行标注，使用时做灵活处理。一些新定额中未提到的部分，一般可以参照旧的计算规则进行计算。因而，新老定额都需要熟悉和了解，有利于从业者提升自己的再学习深造能力。

2. 任务目标

整理新旧定额的差别，并进行绿化定额的换算和计算。

3. 任务要求

整理新旧定额的差别，进行新定额体系下的定额换算和计价（其他地区的定额体系附在二维码中查阅）。

其他体系下的定额计价视频及交底文件　任务指引 FPT

4. 任务实施

步骤 1：观看《其他体系下的定额计价》微课视频 3.14，查阅“绿化交底”，整理苗木计算规定变化，填入下表。

2010 版定额	2018 版定额	实际购买

步骤 2：整理 2010 版定额和 2018 版定额中说明部分的变化，填入下表。

内容	2010 版定额	2018 版定额
乔木（带土球）起挖、种植		
土球直径		
反季节种植		
养护		

步骤 3：观看《其他体系下的定额计价》微课视频 3.14 - 1～3.14 - 3，依据 2018 版绿化定额完成下面定额的换算。

序号	定额编号	工程项目名称	计量单位	基价（元）	计算式
1		起挖 ϕ15 香樟（带土球四类土）			
2		栽植 ϕ28 香樟（带土球三类土）			
3		栽植 ϕ15 银杏（带土球三类土）			
4		起挖 ϕ25 广玉兰（带土球三类土）			
5		ϕ30 马褂木养护（水按 3.15 元/t）			
6		蓬径 320 含笑球养护（水按 3.15 元/t）			
7		籽播百慕大草坪			
		暖地型草坪播种，养护一年			

步骤 4：观看《其他体系下的定额计价》微课视频 3.15，依据 2018 版绿化定额，根据以下材料，计算定额直接费。

某一绿地（土为二类土）有胸径 28cm 的银杏 3 棵，要求迁移至本施工场地的别处（土为三类土）种植，试计算其定额直接费。

已知：(1) 银杏种植时要求带土球，用购买的种植土回填（种植土的预算价格为 35 元/m^3，人工搬运种植土至树穴距离为 40m）。(2) 每棵树用草绳绕树干 2m，种植后再用长 2.2m 树棍桩三脚支撑，养护两年。将数据汇总到“分部分项工程费计算表”中。

分部分项工程费计算表

单位（专业）工程名称：大树迁移种植工程　　　　第 1 页　共 1 页

序号	定额编号	名称及说明	单位	工程数量	工料单价（元）	合价（元）	备注或计算式

续表

序号	定额编号	名称及说明	单位	工程数量	工料单价（元）	合价（元）	备注或计算式
合计							

步骤 5：继续观看《其他体系下的定额计价》微课视频 3.15，依据 2018 版绿化定额，根据以下材料，计算定额直接费。

某绿地（土为二类土）有胸径 17cm 的银杏 3 棵，要求迁移至本施工场地的别处（土为三类土）种植，试计算其定额直接费，并填入下表中。已知：(1) 银杏种植时要求带土球，用购买的种植土回填（种植土的预算价格为 35 元/m^3，人工搬运种植土至树穴距离为 40m)。(2) 每棵树用草绳绕树干 2m，种植后再用长 2.2m 的树棍桩三脚支撑，养护两年。

分部分项工程费计算表

单位（专业）工程名称：树木迁移种植工程　　　　第 1 页　共 1 页

序号	定额编号	名称及说明	单位	工程数量	工料单价（元）	合价（元）	备注或计算式
合计							

步骤 6：依据 2018 版定额进行工程量的计算。

已知杭州某小区绿化工程，土质为三类土，绿地面积为 360m^2，绿地整理厚度在 30cm 以内，场内无垃圾，无需处理。苗木要求带土球种植，种植后乔木采用树桩三脚支撑，乔木草绳绕树干高度为 2m/株，养护期为一年。试计算其定额直接费，并填入下表中。（其他参数都一样，详见

原来 2010 版定额算法）

分部分项工程费计算表

单位（专业）工程名称：杭州某小区绿化工程　　第 1 页　　共 1 页

序号	定额编号	名称及说明	单位	工程数量	工料单价（元）	合价（元）	备注或计算式
		合计					

5. 任务总结

通过完成上述任务，你学到了哪些知识和技能？在哪些地方还存在疑惑？

6. 实施人员

7. 任务点评

【箴言匠语】贪如火，不遏必自毁；廉似钟，常敲可示警。

子任务2　其他计价体系下园路工程的定额计价

任务清单3.9　掌握园路工程定额的换算（浙江2018版体系）方法

1. 任务情境

园林工程新定额中部分章节的内容、位置等发生了一定的变化，但计价规则基本没有改变。在使用新定额时，要认真对交底文件进行解读，找出其差异点。

2. 任务目标

整理新旧定额的差别，并进行园路定额的换算和计算。

3. 任务要求

整理新旧定额的差别，进行新定额体系下的定额换算和计价。

2018体系下的园路定额换算　　任务指引FPT

4. 任务实施

步骤1：结合下载“绿化交底”，整理园路部分的内容变化，填入下表。

内容	2010版定额		2018版定额	
	原章节	原定额编号	现章节	现定额编号
假山工程				
地面传统工艺（青砖瓦地面、卵石地面）				

步骤2：观看《2018体系下的园路定额换算》微课视频 3.16-1 ～视频 3.16-4，重新用2018版定额进行定额换算。

序号	定额编号	项目名称	计量单位	基价（元）	计算式
1		园路塘渣垫层，夯实机夯实			
2		30mm厚1∶3干性水泥砂浆铺20mm冰梅石板路面（密缝325块/10m^2）			
3		面层为4～6cm粒径的雨花石满铺拼花面（假设雨花石单价为850元/t，雨花石密度与卵石相同）			
4		1∶3水泥砂浆黏结满卵石拼花面			
5		面层为30mm厚1∶2.5水泥砂浆铺4～6cm粒径的素色卵石面彩边素色			
6		面层为30mm厚1∶3水泥砂浆铺4～6cm粒径的素色卵石面彩边素色			

续表

序号	定额编号	项目名称	计量单位	基价（元）	计算式
7		公园内用 1∶2.5 水泥砂浆铺贴 4cm 厚弧花岗岩板地面，花岗岩板损耗率为 15%			
8		1∶3 干硬性水泥砂浆铺 40mm 厚弧形花岗岩机割板路面，面层板损耗为 8%			
9		10cm × 30cm 弧形条石路牙铺筑			
10		1∶2.5 水泥砂浆铺贴预制异形混凝土路面			

5. 任务总结

通过完成上述任务，你学到了哪些知识和技能？在哪些地方还存在疑惑？

6. 实施人员

7. 任务点评

【箴言匠语】真实是人生的命脉，是一切价值的根基。

第 4 章　园林工程工程量清单编制

知识目标

- 了解《建设工程工程量清单计价规范》的相关术语、构成内容、使用方法、注意事项等。
- 掌握《园林绿化工程工程量计算规范》的相关术语、构成内容、使用方法、注意事项等。
- 掌握园林绿化、园路、假山工程工程量清单的编制原理。

技能目标

- 通过对绿化工程清单编制训练，掌握绿化工程工程量清单的编制方法。
- 通过对园路工程清单编制训练，掌握园路工程工程量清单的编制方法。
- 通过对假山工程清单编制训练，掌握假山工程工程量清单的编制方法。

思政目标

- 通过《园林绿化工程工程量计算规范》中的计算规则的学习，培养学生遵守行业标准、实事求是的品格。
- 通过清单编制的计算训练，培养学生的细致耐心的品格。

思行致远

防微杜渐，降低工程量清单漏项漏量风险

工程量清单报价相对于定额计价而言更简洁直观，更符合市场需求。目前建筑市场上，工程量清单报价方式的招投标最常见。发包人与承包人在签订建设工程施工合同时，通常会附一份详细的、编制好的工程量清单。但由于多方面的原因，投标人或者施工合同中的工程量清单常常出现漏项、少算等情况，最终导致发包人与承包人之间出现较大争议。

目前比较主流的工程承包合同模式有总价包干合同和单价合同，而由于工程量清单漏项、少算造成承包单位损失的主要是总价包干合同。在总价包干合同中，针对漏项也有不同处理方法。

一种情况是建设单位主动提供工程量清单，同时并不要求投标单位或承包单位补充。这种情况处理比较简单，应由建设单位负责补充并计入相应费用。另一种情况是建设单位提供工程量清单，同时要求承包单位补充并承担合同工程量及漏项的风险，或是建设单位只提供图纸或工作要求，由承包单位编制工程量清单，并承担报价风险。如果招标文件规定投标人应该补充而投标人考虑竞争的原因没有做补充项，绝大部分招标人会认为该漏项费用已计入其他项目。

但如果合同双方是按照我国现行的《计价规范》要求来进行报价的话，情况则有所不同，《计价规范》规定，除合同另有约定外，若发现清单项目漏项，按如下方式处理：

工程量清单项目漏项或设计变更引起的新的工程量清单项目，以及由于工程变更引起工程量增减的情况，一般都由承包人提出，发包人确定后作为结算依据。可从一定程度上减少承包方的风险。

除了上面的一般处理原则，有经验的承包单位也可以利用对方的原因转嫁合同风险，通过技术方案化解风险，利用有利的谈判地位来降低风险，以及仲裁或诉讼的方式挽回损失。

认识到合同中工程量清单漏项、少算的不利后果以及采取应对方法并不是最终目的，关键是防患于未然：

(1) 承包人在报价时，务必要仔细审阅招标文件、图纸及图说，以免遗漏报价内容。并且，在投标时务必吃透设计意图，详细踏勘现场，对图纸和说明中不明确的地方应及时与招标人沟通，并做好询标答疑的详细记录，以备今后发生争议时有足够的证据。

(2) 如果发包人不是采用施工图报价，而是采用工程量清单报价，且声明由承包人对工程量清单负责时，承包人应将业主提供的工程量清单与施工图纸认真核对，如果发现工程量清单内容有遗漏，应要求发包人明确是否可以在报价时增加。切忌抛开图纸只按工程量清单报价，造成清单报价内容与施工图纸不一致，双方各执一词，产生争议。

(3) 在编制商务标时应采取“背对背”的方法，由两名以上预算员同时计算或审核工程量，以便及时发现工程量漏算和错算之处。

(4) 此外，在合同签订时，尽量避免在合同出现漏算、少算责任完全由承包单位负责的条款，尽可能多地设置“暂定”项目（其本质上就是一种固定单价条款），尽可能采用单价合同，尽可能多地考虑风险，并加强与建设单位的书面澄清等。

任务一　学习工程量清单计价规范

任务清单 4.1　了解工程量清单计价规范基本内容

1. 任务情境

工程量清单编制及工程量清单计价是依据《建设工程工程量清单计价规范》（GB 50500—2013）的要求进行工程计价的一种计价方式。而《建设工程工程量清单计价规范》是 2013 年 7 月 1 日中华人民共和国住房和城乡建设部编写颁发的文件，按照我国工程造价管理改革的总体目标，本着国家宏观调控、市场竞争形成价格的原则制定的。

2. 任务目标

了解《建设工程工程量清单计价规范》的相关术语、构成内容、使用方法注意事项等，为后续专业工程的清量计量与计价打下基础。

《工程量清单计价规范》微课，包括 3 个视频，约 230MB

《工程量清单的组成》微课，包括 3 个视频，约 235MB

任务指引 PPT

3. 任务要求

学习工程量清单计价规范中的术语、构成内容分析等。

4. 任务实施

步骤 1：观看《工程量清单计价规范》微课视频 4.1，结合知识清单 4.1.1 工程量与工程计量，回答以下问题：

1）本课程探讨的工程量是哪个范畴的？

2）工程量计算规则有哪些？

3）分部分项工程量与措施项目工程量的计算，分别采用哪个表格？

4）工程招标时，工程量计算的最终成果是什么？

步骤 2：观看《工程量清单计价规范》微课视频 4.2，结合知识清单 4.1.2 工程量清单与清单计价概述，试写出工程量清单与工程量清单计价的区别与联系。

步骤 3：观看《工程量清单计价规范》微课视频 4.3 ，结合知识清单 4.1.3 工程量清单计价与预算定额计价的比较 ，整理清单计价与定额计价的区别与联系。

步骤 4：观看《工程量清单计价规范》微课视频 4.4 ，结合知识清单 4.2.1 工程量清单的构成内容 ，写出本区域《浙江省建设工程计价规则》（2010 版）规定的工程量清单的构成内容。

步骤 5：观看《工程量清单计价规范》微课视频 4.5 ，结合知识清单 4.2.2 分部分项工程量清单编制 ，完成以下问题。

1）下表中哪个项目名称是正确的？

序号	项目编号	项目名称
1	050102002001	栽植灌木
2	050102002001	栽植红花继木

2）以 m^3、m^2、m 为单位的项目的工程量计算时，在使用 2013 版规范时应该保留小数点后几位？

步骤 6：观看《工程量清单计价规范》微课视频 4.6 ，结合知识清单 4.2.3 措施项目清单～4.2.8 工程量清单的发布、复核澄清与修改 ，完成以下问题。

1）措施项目分为哪两类，其计量单位分别是什么？

2）在其他项目清单中，招标人不可竞争部分的其他项目有哪些？

3）什么是计日工？

4）回顾第 1 章中的材料消耗定额，在“主要材料和工程设备一览表”中的主材的范畴是哪些？

5）什么是工程量清单的澄清？

5. 知识测试与能力训练（注：4 个选项的为单选题，5 个选项的为多选题）

（1）分部工程定额中，每一章均列有分部说明、工程量计算规则和定额表。对于分部分项定额，以下说法错误的是（　　）。

A. 分部说明是对分部的编制内容、编制依据、使用方法和共同性问题所作的说明和规定。

B. 分部说明与定额附注有矛盾时以分部说明为准。

C. 工程量计算规则是对本分部各分项工程量计算所作的统一规定。

D. 定额的工程量计算规则与计价规范的工程量计算规则不完全一致。

（2）根据现行计价依据的规定，下列说法错误的是（　　）。

A.《建设工程工程量清单计价规范》（GB 50500—2013）是统一工程量清单编制、规范工程量清单计价的国家标准，是调整建设工程工程量清单计价活动中发包人与承包人各种关系的规范性依据。

B.《浙江省建设工程计价规则》是我省建设工程计价依据之一，计价规则规定了我省工程造价的计价方法和计价的具体规定。计价规则未考虑工程量清单的计价方式。

第 4 章
更多习题实时测

C. 我省的计价依据是编制工程设计概算、招标控制价（标底）的指导性依据，是承包人投资报价（或编制施工图预算）的参考性依据，也是国有资金投资为主的建设工程造价的控制性标准。

D. 计价活动各方主体必须遵守“计价依据”中的强制性规定。

（3）对工程量清单概念表述不正确的是（　　）。

A. 工程量清单是包括工程数量的明细清单

B. 工程量清单也包括工程数量相应的单价

C. 工程量清单由招标人提供

D. 工程量清单是招标文件的组成部分

（4）下列关于招标工程量清单的描述，说法正确的是（　　）。

A. 招标工程量清单是招标文件的组成部分，可以由招标人委托的工程造价咨询人编制

B. 招标人对工程量清单的准确性和完整性负责

C. 由于措施项目投标人可自行选择，因此招标人无需对措施项目工程量的准确性和完整性负责

D. 招标工程量清单编制前也要进行现场踏勘

E. 拟订常规施工组织设计

（5）在工程量清单计价模式下，（　　）。

A. 招标人承担工程量计算风险，投标人承担单价风险

B. 投标人承担工程量计算风险，招标人承担单价风险
C. 招标人承担工程量计算风险和单价风险
D. 投标人承担工程量计算风险和单价风险
(6) 采用工程量清单计价时，要求投标报价根据（　　）。
A. 业主提供的工程量，按照现行的扩大指标编制得出
B. 业主提供的工程量，结合企业自身所掌握的各种信息、资料及企业定额编制得出
C. 承包商自行计算工程量，参照现行预算定额编制得出
D. 承包商自行计算工程量，结合企业自身所掌握的各种信息、资料及企业定额编制得出
(7) 按照《建设工程工程量清单位计价规范》规定，工程量清单（　　）。
A. 必须由招标人委托具有相应资质的中介机构编制
B. 既可采用工料单价法，也可采用综合单价法计价
C. 是招标文件的组成部分
D. 由总说明和分部分项工程量清单两部分组成
(8) 工程量清单计价模式与定额计价模式的区别有（　　）。
A. 适用范围不同　　B. 采用的消耗量不同
C. 项目划分不同　　D. 工程量计算规则不同
E. 风险分担不同
(9) 关于工程量清单计价模式和定额计价模式的区别和联系，以下说法正确的是（　　）。
A. 全部使用国有资金投资或国有资金投资为主的大中型建设工程项目必须实行工程量清单计价
B. 工程量清单计价模式应用于招标投标的建设工程
C. 定额计价模式只可用于非招标投标的建设工程
D. 工程量清单项目，基本以一个“综合实体”考虑
E. 定额计价的项目所含内容单一，一般一个项目只包含一项工程内容

6. 知识点整理

(1) 工程量清单的编码　　(2) 项目特征

(3) 工程量清单计价　　(4) 计量用工程量、计价用工程量

7. 任务总结

通过完成上述任务，你学到了哪些知识和技能？在哪些地方还存在疑惑？

8. 实施人员

9. 任务点评

知识清单 4.1　工程量清单计价规范

工程量清单编制及工程量清单计价是依据《建设工程工程量清单计价规范》（GB 50500—2013）的要求进行工程计价的一种计价方式。而不同地区会执行当地“计价规则”，以浙江省为例执行的是《浙江省建设工程计价规则》，其制定是为了规范浙江省建设工程计价行为，维护建设工程各方的合法权益，实现建设工程造价全过程管理。由于 13 清单是在浙江省 2010 计价规则之后颁布的，因而为了政策规则的稳定和可操作，浙江省特在 2013 年针对 13 清单的出台，对原 2010 计价规则进行了部分的调整。见［例 4 - 1］文件。而到了 2018 版的浙江省计价规则制定时就将当时的补充文件也一并整理进了新的计价规则。

［例 4 - 1］　选自《关于贯彻〈建设工程工程量清单计价规范〉（GB 50500—2013）等国家标准的通知》（建建发〔2013〕273 号）。

我省自 2014 年 1 月 1 日起实施《规范》，为保持我省现行计价依据（政策、规则）的稳定性和可操作性，本省建设工程发承包及实施阶段的计价规定仍按《浙江省建设工程计价规则》（2010 版）（以下简称计价规则）执行，同时结合《规范》对以下方面做相应调整。

1. 分部分项工程项目清单必须载明项目编码、项目名称、项目特征、计量单位和工程量。分部分项工程项目清单必须根据《房屋建筑与装饰工程工程量计算规范》等国家标准规定的项目编码、项目名称、项目特征、计量单位和工程量计算规则进行编制。

2. 措施项目清单按我省计价规则分为施工技术措施项目清单和施工组织措施项目清单。其中，施工技术措施项目清单按《房屋建筑与装饰工程工程量计算规范》等国家标准规定的项目编码、项目名称、项目特征、计量单位和工程量计算规则进行编制。施工组织措施项目清单按本省现行计价依据编制，并按 44 号文要求取消检验试验费项目（检验试验费并入企业管理费），增加工程定位复测费和特殊地区施工增加费两个措施项目清单。施工技术措施项目清单和施工组织措施项目清单的其他规定按本省现行计价依据执行。

措施项目中的安全文明施工费必须按本省计价依据的规定计算，不得低于《浙江省建设工程施工费用定额》规定的下限费率。

3. 规费和税金必须按我省计价依据规定计算，不得作为竞争性费用。

4. 按 44 号文要求，本省现行规费中取消“意外伤害保险费”项目，“意外伤害保险费”作为企业管理费的内容单独列项计算。其他规费项目仍按我省计价依据规定计算，各市要按我省统一要求加强工伤保险费率的测算和制定。

5. 清单工程量必须按照《房屋建筑与装饰工程工程量计算规范》等国家标准规定的工程量计算规则计算。采用单价合同的工程量必须以承包人完成合同工程应予计量的工程量确定。

4.1.1　工程量与工程计量

4.1.1.1　工程量的内涵

（1）定义。

1）工程量（广义）：是指以物理计量单位或自然计量单位所表示的建筑工程的建筑面积、分部分项工程项目或措施项目的数量。

2）工程量（狭义）：仅指分部分项工程项目或措施项目的数量（本课程探讨对象）。

（2）工程量的作用和地位。工程量是根据设计图规定的尺寸、数量具体计算和统计出来的。工程量是确定建筑安装工程费用，编制施工规划，安排工程施工进度，编制材料供应计划，结算工程价款，进行工程统计和经济核算的重要依据。

工程量是编制工程量清单和进行工程计价的基础数据，同时也是工程计价中最繁琐、最细致的工作。工程量的计算工作占整个工程计价工作量的 80%以上，而且工程量计算项目是否齐全、结果准确与否，都直接影响着工程计价和工程量清单编制的质量和进度。

4.1.1.2 工程计量的含义

（1）工程计量（广义）：是对工程计价活动中所进行的工程量计算的简称，是指建设工程项目以工程设计图、施工组织设计或施工方案及有关技术经济文件为依据，按照相关工程国家标准的计算规则、计量单位等规定，进行工程数量的计算活动。这是工程量计算规范对工程量计算的定义。工程量的计算工作可以发生在工程建设的任何阶段。

（2）工程计量（狭义）：是指施工合同履行期间，发承包双方根据合同约定，对承包人完成合同工程的数量进行的计算和确认。这是施工合同范本和《建设工程工程量清单计价规范》（GB 50500—2013）对工程计量的定义。

4.1.1.3 工程量计算规则

计算工程量要遵循一定的规则。工程量表现的是按一定规则定量描述需求说明的最终结果。这里所说的工程量计算规则，是指大家共同遵守的，在计算工程量时，从设计施工图中摘取数值的方式或方法的具体规定。

目前，同一专业工程的工程量计算规则并行着两个体系（见表 4-1）：一是预算工程量计算规则，如与《浙江省园林绿化工程与仿古建筑工程预算定额》（2010 版）配套的计算规则；二是工程量清单工程量计算规则，如《园林绿化工程工程量计算规范》（GB 50858—2013）附录中明确的规则。同时与基本项的划分方式联系在一起。

表 4-1　工程量计算规则并行的两个体系

工程计价方式	工程量计算规则	基本项的划分方式
施工图预算	预算工程量计算规则	按单一工作内容，以施工过程为对象，按实际施工的工程量进行分解的方式
工程量清单及其计价	工程量清单工程量计算规则	按涵盖了主体工程项目及主体项目以外的综合内容，以最终产品为对象，按实际完成的综合实体的图示净量进行分解的方式

4.1.1.4 工程量的类型

工程量的类型见表 4-2。

表 4-2　工程量的类型

划分方法	类型	定义
按照狭义工程量计算的内容划分	分部分项工程量	是表示工程基本构成要素大小的量。工程基本构成要素是按施工过程、工种、材料品种、构件类型、工程部位等因素对工程对象的细分
	措施项目工程量	是表示施工准备和施工过程中技术、生活、安全、环境保护等方面的非工程实体项目大小的量
按照狭义工程量计算的对象划分	以最终产品（即图示可交付产品，是指按照设计要求，在某一施工项目完成时，必须产生的实物形式的、可验证的成果）为对象的清单项目工程量，即计量用工程量	是工程量清单中反映的各分项工程数量，是以主体项目最终产品为对象、按综合施工内容、以需要完成的可交付综合实体的图示标注尺寸的理论净量计算的，仅作为投标报价的共同基础，实际工程计量和工程价款的支付需要遵循合同条款的约定及技术标准和要求的有关规定

续表

划分方法	类　　型	定　　义
按照狭义工程量计算的对象划分	以施工方案规定的施工过程为对象的预算项目工程量，即计价用工程量	是施工图预算中反映的各分项工程数量，也是清单计价模式下综合单价组价的基础。它是以施工方案规定的施工过程为对象、按单一施工内容、以设计图所标示尺寸为基础，按照确定的施工方案的理论数据计算的，即预算工程量的计算是在设计图所标示尺寸净值的基础上，加上加工余量计算的，这个量随施工方法、措施不同而不同

由于国内目前还没有与工程量计算规则的分项一一对应且计算规则相一致的配套消耗量定额（基价），因此工程量清单计价一般仍要利用预算定额（无论是政府有关部门发的，还是企业自有的）才能实现。故无论采用施工图预算还是工程量清单计价，都需要计算计价用工程量。

［**例 4-2**］　“分部分项工程量”与“措施项目工程量”举例。

分部分项工程量清单与计价表

分部分项工程量

单位及专业工程名称：××公园绿化景观工程——园林绿化工程　　　　第 1 页 共 2 页

序号	项目编码	项目名称	项目特征	计量单位	工程量	综合单价(元)	合价(元)	其中(元)		备注
								人工费	机械费	
		0501 绿化工程								
1	050101010001	整理绿化用地	土壤类别：二类土	m²	495.00					
2	050102001001	栽植乔木	1. 种类：香樟 2. 胸径或干径：10cm 3. 养护期：一年	株	4					

施工技术措施项目清单与计价表

措施项目工程量

单位及专业工程名称：××公园绿化景观工程——园林绿化工程　　　　第 1 页 共 1 页

序号	项目编码	项目名称	项目特征	计量单位	工程量	综合单价(元)	合价(元)	其中(元)		备注
								人工费	机械费	
		0504 措施项目								
1	050403001001	树木 支撑架	1. 支撑类型、材质：四脚支撑树棍桩	株	84					

［**例 4-3**］　“计量用工程量”与“计价用工程量”举例。

工程量清单综合单价计算表

计量用工程量

单位及专业工程名称：××公园绿化景观工程——园林绿化工程　　　　第 4 页 共 4 页

序号	项目编码	项目名称	计量单位	数量	综合单价(元)							合计(元)
					人工费	材料费	机械费	管理费	利润	风险费用	小计	
11	050102012001	铺种草皮 1. 草皮种类：百慕大 2. 铺种方式：满铺 3. 养护期：一年	m²	430	10.65	6.97	1.42	1.95	0.87		21.86	9400
	1-119	栽植草皮满铺	100m²	4.3	792.54	14.75		124.29	55.35		986.93	4244
	1-309	暖地型草坪满铺养护	10m²	43	27.28	5.26	14.16	7.12	3.17		56.99	2451
	主材	百慕大草皮	m²	451.5		6.00					6.00	2709
合　计：												46550

计价用工程量

4.1.1.5 工程量计算成果的表现形式

工程量计算是为计价服务的，工程量计算成果的表现形式与计价模式及工程阶段相关。

(1) 传统计价模式下：工程量计算的最终成果不是一个独立的文件，而是体现在施工图预算计价表中。面对同一套设计施工图，建设单位和不同的施工单位需要分别计算工程量，不同的计算者会在分项及数值上存在着差异。

(2) 清单计价模式下：不同的阶段形成不同的工程量计算成果，见表 4-3。

表 4-3　清单计价模式下工程量计算成果的表现形式

阶　段	工程量计算的最终成果	作　用
招标时	形成招标工程量清单	是一个独立的文件，需要公开提供计价单位
工程履行过程中	形成已完成工程量报告或工程量申请（核准）表	是一个相对独立存在的文件，主要供工程结算计价及价款支付使用

4.1.2 工程量清单与清单计价概述

4.1.2.1 工程量清单概念

(1) 工程量清单的定义。

工程量清单：是表现建设分部分项工程项目、措施项目、其他项目名称和相应数量的明细清单。工程量清单是一个工程计价中反映工程量特定内容的概念，根据不同阶段又可以分为招标工程量清单和结算工程量清单。

招标工程量清单：是按照招标要求和施工设计图纸要求，将拟建招标工程的全部项目和内容依据统一的工程量计算规则、统一的工程量清单项目编制规则要求，计算拟建招标工程的分部分项工程数量的表格。

(2) 工程量清单的作用。

采用工程量清单方式招标发包，招标人必须将工程量清单作为招标文件的组成部分，连同招标文件一并发（或售）给投标人。

招标工程量清单是工程量清单计价的基础，应作为编制招标控制价、投标报价、计算或调整工程量、索赔等的依据之一。

4.1.2.2 工程量清单计价定义

工程量清单计价是建设工程招标中，按照国家统一的工程量清单计价规范，由招标人提供工程数量，投标人自行报价，经评审低价中标的工程造价计价模式。

4.1.3 工程量清单计价与预算定额计价的比较

4.1.3.1 费用组成（见表 4-4）

表 4-4　定额、清单计价模式下的费用组成比较

<table>
<tr><th colspan="3">费用组成</th><th>清单计价模式</th><th>定额计价模式</th></tr>
<tr><td rowspan="3">直接费</td><td>直接工程费</td><td></td><td>一、工程量清单分部分项工程费</td><td rowspan="2">一、预算定额分部分项工程费</td></tr>
<tr><td rowspan="2">措施费</td><td>施工技术措施项目费</td><td rowspan="2">二、措施项目费</td></tr>
<tr><td>施工组织措施项目费：如安全文明施工费、检验试验费等</td><td>二、施工组织措施项目费</td></tr>
</table>

续表

费用组成			清单计价模式	定额计价模式
		暂列金额	三、其他项目费	八、暂列金额
		暂估价		
		计日工		
		总承包服务费		六、总承包服务费
间接费	企业管理费			三、企业管理费
	规费		四、规费	五、规费
利润				四、利润
				七、风险费
税金			五、税金	九、税金

4.1.3.2　两者的区别与联系

清单计价与定额计价的区别见表 4-5。

表 4-5　清单计价与定额计价的区别

项　　目	清　单　计　价	定　额　计　价
适用范围不同	全部使用国有资金投资或国有资金投资为主的建设工程项目必须实行清单计价。 采用工程量清单招标的，应用综合单价法计价	非招标工程既可采用工程量清单综合单价计价，也可采用定额工料单价法计价。 采用施工图预算计价的应按工料单价法计价。
计价方法不同	综合单价法计价：是指项目单价采用全费用单价（不含规费、税金）的一种计价方法	工料单价法：是指项目单价由人工费、材料费、施工机械使用费组成，施工组织措施费、企业管理费、利润、规费、税金、风险费等按规定程序另行计算的一种计价方法
项目划分不同	基本以一个“综合实体”考虑，一般一个项目包括多项工程内容	项目所含内容相对单一，一般一个项目只包括一项工程内容
工程量计算规则不同	工程量计算规则必须按照国家标准《计价规范》规定执行，实行全国统一	同一个地区制定的，在本地区域内统一，具有局限性
采用的消耗量标准不同	工程量清单计价模式下，投标人计价时应采用投标人自己的企业定额。 企业定额是施工企业根据本企业的施工技术和管理水平，以及有关工程造价资料制定的，并供本企业使用的人工、材料、机械台班消耗量。消耗量标准体现投标人个体水平，并且是动态的	工程预算定额计价模式下，投标人计价时须统一采用消耗量定额。 消耗量定额是指由建设行政主管部门根据合理的施工组织设计，按照正常条件下制定的，生产一个规定计量单位工程合格产品所需人工、材料、机械台班等的社会平均消耗量，包括建筑工程预算定额、安装工程预算定额、施工取费定额等。消耗量水平反映的是社会平均水平，是静态的，不反映具体工程中承包人个体之间的变化
风险分担不同	工程量清单由招标人提供，一般情况下，各投标人无需再计算工程量，招标人承担工程量计算风险，投标人则承担单价风险	定额计价模式下的招投标工程，工程数量由各投标人自行计算，工程量计算风险和单价风险均由投标人承担

清单计价与定额计价的联系：工程量清单计价活动中，存在着部分定额计价的成分。定额计价是补充方式。企业不具备自己的企业定额体系，当地的消耗量定额仍然是企业投标报价的主要依据。

知识清单 4.2 工程量清单的组成

4.2.1 工程量清单的构成内容

(1)《建设工程工程量清单计价规范》(GB 50500—2013) 规定构成内容：

1) 封面。

2) 扉页。

3) 总说明。

4) 分部分项工程和单价措施项目清单与计价表。

5) 总价措施项目清单与计价表。

6) 其他项目清单与计价汇总表。

7) 规费、税金项目计价表。

8) 发包人提供主要材料和工程设备一览表。

9) 承包人提供主要材料和工程设备一览表（适用于造价信息差额调整法和价格指数差额调整法）。

(2)《浙江省建设工程计价规则》(2010 版) 规定构成内容：

1) 封面。

2) 总说明。

3) 分部分项工程量清单与计价表。

4) 施工技术措施项目清单与计价表。

5) 施工组织措施项目清单与计价表。

6) 其他项目清单汇总表。

4.2.2 分部分项工程量清单编制

[**例 4-4**] 表 4-6 为 GB 50500—2013 中的清单与计价表。

表 4-6 分部分项工程和单价措施项目清单与计价表

工程名称： 标段： 第 页 共 页

序号	项目编码	项目名称	项目特征	计量单位	工程量	金额（元）		
						综合单价	合价	其中：暂估价
本页小计								
合计								

注 为计取规费等的使用，可在表中增设其中："定额人工费"。

[**例 4-5**] 表 4-7 为《浙江省建设工程计价规则》(2010 版) 中的清单与计价表。

表 4-7　　分部分项工程量清单与计价表

工程名称：　　　　标段：　　　　第　页　共　页

序号	项目编码	项目名称	项目特征	计量单位	工程量	综合单价（元）	合价（元）	其中（元）		备注
								人工费	机械费	
本页小计										
合计										

4.2.2.1　项目编码

工程量清单的编码主要是指分部分项工程工程量清单的编码，分为五级共计 12 位编码。

1～9 位应按 GB 50500—2013 中的相关项目编码分级设置，见图 4-1；10～12 位应根据拟建工程的工程量清单项目名称设置，同一招标工程的项目编码不得有重码。

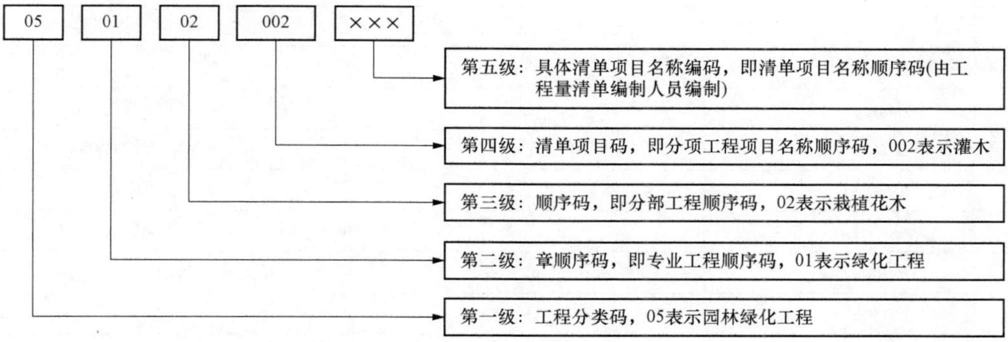

图 4-1　项目编码分级设置

（1）第一级：九类工程分类码，见表 4-8。

表 4-8　　九类工程分类码

序号	规范代码	专业编码名称	主要内容
C1	GB 50854—2013	房屋建筑与装饰工程编码	涉及普通公共建筑物
C2	GB 50855—2013	仿古建筑工程编码	涉及仿古建筑工程
C3	GB 50856—2013	通用安装工程编码	涉及电气、给排水
C4	GB 50857—2013	市政工程编码	涉及市政道路、室外给排水
C5	GB 50858—2013	园林绿化工程编码	
C6	GB 50859—2013	矿山工程编码	
C7	GB 50860—2013	构筑物工程编码	
C8	GB 50861—2013	城市轨道交通工程编码	
C9	GB 50862—2013	爆破工程编码	

（2）第二级：专业工程顺序码，见表 4-9。

表 4-9　　专业工程顺序码

项　目　编　码		项　目　名　称
0501	A	绿化工程
0502	B	园路、园桥工程
0503	C	园林景观工程

（3）第三级：分部工程顺序码，见表 4-10。

表 4-10　　分部工程顺序码

项　目　编　码		项　目　名　称
A 绿化工程		
050101	A. 1	绿地整理
050102	A. 2	栽植花木
050103	A. 3	绿地喷灌
B 园路、园桥、假山工程		
050201	B. 1	园路、园桥工程
050202	B. 2	驳岸、护岸
C 园林景观工程		
050301	C. 1	堆塑假山
050302	C. 2	原木、竹物件
050303	C. 3	亭廊屋面
050304	C. 4	花架
050305	C. 5	园林桌椅
050306	C. 6	喷泉安装
050307	C. 7	杂项

（4）第四级：分项工程项目名称顺序码，见表 4-11。

表 4-11　　分项工程项目名称顺序码

项　目　编　码	项　目　名　称
A. 2 栽植花木	
050102001	栽植乔木
050102002	栽植灌木
050102003	栽植竹类
050102004	栽植棕榈类
050102005	栽植绿篱
……	

（5）第五级：由清单编制人员根据工程量清单编制的需要自行设置。

栽植乔木有 8 种，那么由五级 001～008 列项分别计算工程量。

4.2.2.2　项目名称

项目名称原则上以形成的工程实体命名。清单项目名称应符合 GB 50500—2013 规定，不能变动主体名称。如，项目名称中“楼梯”，编码为 010413001。在清单项目设置时，项目名称不应编为“预制弧形楼梯”，可在项目特征中给予描述。

4.2.2.3　项目特征描述——项目特征+工程内容

(1) 项目特征：是指项目的本体、工艺方面及对工艺或施工方面有影响的工程特征。通过对项目特征的细化描述，使清单项目名称清晰化、具体化，能够反映影响工程造价的主要因素。

[例 4-6]　项目特征填写示意如下：

序号	项目编号	项目名称	项目特征描述
1	050102002001	栽植灌木	红花继木

(2) 工程内容：是指完成该清单项目需要发生的具体工程，是工程施工和报价的主要内容，工程内容与项目特征有着对应的关系。每个工程量清单项目的工程内容的详细描述也是工程量清单编制的主要工作。

4.2.2.4　计量单位

(1) 计量单位应使用基本单位，除各专业另有特殊规定外，均按以下单位计量：

1) 以质量计算的项目：t 或 kg。

2) 以体积计算的项目：m^3。

3) 以面积计算的项目：m^2。

4) 以长度计算的项目：m。

5) 以自然计量单位计算的项目：个、套、块、组、台、樘……

6) 没有具体数量的项目：系统或项。

(2) 规范指出对计算工程量的有效位数应遵守下列规定：

1) 以 t 为单位，保留小数点后三位。

2) 以 m^3、m^2、m 为单位，保留小数点后两位。

3) 以个、项等为单位，应取整数。

4.2.2.5　工程量计算规则与工程量计算

工程数量的计算主要通过工程量计算规则计算确定。工程量计算规则是指对清单项目工程量的计算规定。

除另有说明外，所有清单项目的工程量均应以实体工程量为准，并以完成后的净值计算；投标人投标报价时，应在单价中考虑施工中的各种损耗和需要增加的工程量。

4.2.3　措施项目清单

措施项目组成见表 4-12。

表 4-12　　**措施项目组成**

措施项目	定　义	组　成
施工技术措施项目	可以计算工程量的措施项目清单（量）	脚手架工程
		模板工程
		树木支撑架、草绳绕树干、搭设遮阴（防寒）棚工程
		围堰、排水工程

续表

措施项目	定　　义	组　　成
施工组织措施项目	不能计算出工程量的措施项目（项）	安全文明施工
		夜间施工
		非夜间施工照明
		二次搬运
		冬雨季施工
		反季节栽植影响措施
		地上、地下设施的临时保护设施
		已完工程及设备保护费

4.2.3.1 施工技术措施项目

［例4-7］ 表4-13为GB 50500—2013中的清单与计价表（格式同分部分项工程量清单）。

表4-13　　分部分项工程和单价措施项目清单与计价表

工程名称：　　　　标段：　　　　第　页　共　页

序号	项目编码	项目名称	项目特征	计量单位	工程量	金额（元）		
						综合单价	合价	其中：暂估价
本页小计								
合计								

注　为计取规费等的使用，可在表中增设“其中：定额人工费”。

［例4-8］ 表4-14为《浙江省建设工程计价规则》（2010版）中的清单与计价表。

表4-14　　施工技术措施项目清单与计价表

工程名称：　　　　标段：　　　　第　页　共　页

序号	项目编码	项目名称	项目特征	计量单位	工程量	综合单价（元）	合价（元）	其中（元）		备注
								人工费	机械费	
本页小计										
合计										

4.2.3.2 施工组织措施项目

［例4-9］ 表4-15为GB 50500—2013中的施工组织项目清单与计价表。

表 4-15　　**总价措施项目清单与计价表**

工程名称：　　标段：　　第　页　共　页

序号	项目编码	项目名称	计算基础	费率（%）	金额（元）	调整费率（%）	调整后金额（元）	备注
		安全文明施工费						
		夜间施工增加费						
		二次搬运费						
		冬雨季施工增加费						
		已完工程及设备保护费						
合计								

编制人（造价人员）：　　复核人（造价工程师）：

注　1.“计算基础”中安全文明施工费可为“定额基价”“定额人工费＋定额机械费”，其他项目可为“定额基价”“定额人工费＋定额机械费”。

2. 按施工方案计算的措施费，若无“计算基础”和“费率”的数值，也可只填“金额”数值，但应在备注栏说明施工方案出处或计算方法。

[例 4-10]　表 4-16 为《浙江省建设工程计价规则》(2010 版）中的清单与计价表。

表 4-16　　**施工组织措施项目清单与计价表**

单位（专业）工程名称：　　第　页　共　页

序号	项目名称	计算基数	费率（%）	金额（元）
1	安全文明施工费			
2	建设检验试验费			
3	冬雨季施工增加费			
4	夜间施工增加费			
5	已完工程及设备保护费			
6	二次搬运费			
7	行车、行人干扰增加费（限市政）			
8	提前竣工增加费			
9	其他施工组织措施费			
合计				

4.2.4　其他项目清单

其他项目清单组成见表 4-17。

表 4 - 17　其他项目清单组成

<table>
<tr><th colspan="2">组　成</th><th>定　义</th><th>应 用 说 明</th></tr>
<tr><td rowspan="2">第一部分：招标人部分——不可竞争</td><td>暂列金额</td><td>招标人为可能发生的工程量变更而预留的金额。
工程量变更主要是指工程量清单漏项、有误引起的工程数量的增加和施工中设计变更引起标准提高或数量的增加等</td><td>—</td></tr>
<tr><td>暂估价</td><td>是指招标阶段直至签订合同协议时，招标人在招标文件中提供的用于支付必然要发生但暂时不能确定价格的材料以及需要另行发包的专业工程金额。
（1）材料暂估价：甲方列出暂估的材料单价及使用范围，乙方按照此价格来进行组价，并计入相应清单的综合单价中；其他项目合计中不包括，只是列项。
（2）专业工程暂估价：招标人在工程量清单中提供的用于支付必然发生但暂时不能确定的材料单价以及专业工程的金额</td><td>一般有两种情况需要进行暂估：
（1）没有图纸时：如室外绿化景观、自来水公司、前端供电局供电部分等采用专业工程暂估价。因为拿到这些图纸一般相对较晚，可以按照其他类似项目大概的每平方米单价来暂估。
（2）大型设备需要认质认价的：如电梯等，一般需要进行认质认价才能最终确定价格，可以按照其他类似项目的电梯价格来暂估</td></tr>
<tr><td>第二部分：投标人部分</td><td>总承包服务费</td><td>为配合协调招标人进行的工程分包和材料采购所需的费用</td><td>表中的项目价值、服务内容由招标人填写，但是对于总包服务费费率要根据招标文件的要求来确定。
（1）当招标文件要求投标人根据规定的总包服务内容来自行填报总包服务费费率时（其实这时的总包服务费也是属于一项投标人的可竞争费用），投标人就要根据总包服务的内容，结合项目特点及自身情况来确定费率，并计算出总包服务费金额。这个费率一般在结算时就不再调整，所以要慎重记取。
（2）当招标文件已经给出了总包服务费费率时，投标人就不得更改。这个情况下的总包服务费已经变成了一个招标时必须响应的附加条件</td></tr>
<tr><td>第二部分：投标人部分</td><td>计日工</td><td>指完成招标人提出的、属于工程量清单项目以外的零星工作项目所需的费用</td><td>编制工程量清单时，“项目名称”“计量单位”“暂估数量”由招标人填写</td></tr>
</table>

［例 4 - 11］　表 4 - 18 为 GB 50500—2013 中的其他项目清单与计价汇总表。

表 4 - 18　其他项目清单与计价汇总表

工程名称：　　　　标段：　　　　第　页　共　页

序号	项 目 名 称	金 额（元）	结 算 金 额	备　　注
1	暂列金额			
2	暂估价			
2.1	材料（工程设备）暂估价/结算价			

续表

序号	项 目 名 称	金 额（元）	结 算 金 额	备 注
2.2	专业工程暂估价/结算价			
3	计日工			
4	总承包服务费			
5	索赔与现场签证			
	合计			

［例 4-12］　表 4-19 为《浙江省建设工程计价规则》（2010 版）中的其他项目清单汇总表。

表 4-19　　**其他项目清单汇总表**

工程名称：　　第　页　共　页

序号	项 目 名 称	计 量 单 位	金 额 （元）	备 注
1	暂列金额			
2	暂估价			
2.1	材料暂估价			
2.2	专业工程暂估价			
3	计日工			
4	总承包服务费			
合计				

4.2.5 规费和税金

［例 4-13］　表 4-20 为 GB 50500—2013 中的规费、税金项目计价表。

表 4-20　　**规费、税金项目计价表**

工程名称：　　标段：　　第 页 共 页

序号	项目名称	计算基础	计算基数	计算费率（%）	金额（元）
1	规费	定额人工费＋定额机械费			
1.1	社会保险费	定额人工费＋定额机械费			
(1)	养老保险费				
(2)	失业保险费				
(3)	医疗保险费				
(4)	工伤保险费				
(5)	生育保险费				

续表

序号	项目名称	计算基础	计算基数	计算费率（%）	金额（元）
1.2	住房公积金				
1.3	工程排污费	按工程所在地环境保护部门收取标准，按实计入			
2	税金	分部分项工程费＋措施项目费＋其他项目费＋规费－按规定不计税的工程设备金额			
合计					

编制人（造价人员）： 复核人（造价工程师）：

4.2.6 主要材料、工程设备一览表

［例 4-14］ 表 4-21 为 GB 50500—2013 中的承包人提供材料和工程设备一览表。

表 4-21 发包人提供材料和工程设备一览表

工程名称： 标段： 第 页 共 页

序号	材料（工程设备）名称、规格、型号	单位	数量	单价（元）	交货方式	送达地点	备注

注 此表由招标人填写，供投标人在投标报价、确定总承包服务费时参考。

［例 4-15］ 表 4-22 为 GB 50500—2013 中的承包人提供主要材料和工程设备一览表（适用于造价信息差额调整法）。

表 4-22 承包人提供主要材料和工程设备一览表
（适用于造价信息差额调整法）

工程名称： 标段： 第 页 共 页

序号	名称、规格、型号	单位	数量	风险系数（%）	基准单价（元）	投标单价（元）	发承包人确认单价（元）	备注

注 1. 此表由招标人填写除“投标单位”栏的内容，投标人在投标时自主确定投标单价。
2. 招标人优先采用工程造价管理机构发布的单价作为基准单价，未发布的，通过市场调查确定其基准单价。

［例 4-16］ 表 4-23 为 GB 50500—2013 中的承包人提供主要材料和工程设备一览表（适用于价格指数差额调整法）。

表 4-23 承包人提供主要材料和工程设备一览表
（适用于价格指数差额调整法）

工程名称： 标段： 第 页 共 页

序号	名称、规格、型号	变值权重 B	基本价格指数 F_0	现行价格指数 F_t	备 注

续表

序号	名称、规格、型号	变值权重 B	基本价格指数 F_0	现行价格指数 F_t	备　　注
	定值权重 A				
	合计				

注　1. “名称、规格、型号”“基本价格指数”栏由招标人填写，基本价格指数应首先采用工程造价管理机构发布的价格指数，没有时，可采用发布的价格代替。如人工、机械费也采用本法调整，由招标人在“名称”栏填写。

2. “变值权重”栏由投标人根据该项人工、机械费和材料、工程设备价值在投标总价中所占的比例填写，1 减去其比例为定值权重。

3. “现行价格指数”按约定的付款证书相关周期最后一天的前 42 天的各项价格指数填写，该指数应首先采用工程造价管理机构发布的价格指数，没有时，可采用发布的价格代替。

为解决由于市场价格波动引起合同履行的风险问题，《建设工程施工合同（示范文本）》（GF-2013-0201）中引入了适度风险适度调价的制度，也称为合理调价制度，其法律基础是合同风险的公平合理分担原则。

合同履行期间，因人工、材料、工程设备、机械台班价格波动影响合同价款时，应根据合同约定的方法（如价格指数调整法或造价信息差额调整法）计算调整合同价款。承包人采购材料和工程设备的，应在合同中约定主要材料、工程设备价格变化的范围或幅度；当没有约定，且材料、工程设备单价变化超过 5%时，超过部分的价格应按照价格指数调整法或造价信息差额调整法计算调整材料、工程设备费。

造价信息差额调整法主要适用于使用的材料品种较多，相对而言每种材料使用量较小的房屋建筑与装饰工程。

4.2.7　工程量清单案例

[例 4-17]　表 4-24～表 4-38 为某公园绿化景观工程工程量清单案例。

表 4-24　　　　**××公园绿化景观工程**

工程量清单

招标人：××市园林绿化管理处 （单位盖章）	工程造价 咨询人：××市工程造价咨询事务所 （单位资质专用章）
法定代表人 或其授权人：林绿化 （签字或盖章）	法定代表人 或其授权人：林咨询 （签字或盖章）
编制人：张三 （造价人员签字盖专用章）	复核人：李四 （造价工程师签字盖专用章）
编制时间：2014 年 8 月	复核时间：2014 年 8 月

表 4-25　　工程量清单编制说明

工程名称：××公园绿化景观工程　　第1页　共1页

1. 工程概况

（1）建设单位：××市园林绿化管理处。

（2）工程名称：××公园绿化景观工程。

（3）用地面积：620m²。

（4）施工现场情况："三通一平"已完成，绿化用土已回填到设计要求标高，施工材料和机具均能直接运至现场。

（5）地质状况：由地质报告得知土壤类别为二类土，园路地面标高为±0.000，地下常水位于-1.5m标高处。

（6）乔木卷杆支撑要求：所有乔木均按树棍桩四脚支撑带泥球种植；乔木卷杆按照1m/株考虑。

（7）绿化养护期：养护期一年。

（8）堆砌湖石假山高度为3.5m，工程量暂定为28t。

（9）湖石景石用量：0.6t的共4块，1.8t的汀步共2块，6.2t的共1块，2.7t的共5块。

（10）暂定价：120×150×600桐庐芝麻青火烧面花岗岩侧石暂定材料价36元/m，花岗岩汀步（700×350×70桐庐芝麻青菠萝面）暂定材料价62元/块。

（11）喷泉工程、石桌石凳2套，由于图纸不详，暂估价6600元。

2. 招标范围

施工图纸范围内的园林工程（包括园路、假山、绿化、喷泉、2套石桌石凳等）。

3. 承包方式

包工包料。

4. 工期要求

60日历天。

5. 资金来源及拨付方式

企业自筹，按工程进度付款。

6. 清单编制依据

建设工程工程量清单计价规范、施工设计图纸及文件、施工组织设计、地质报告、招标文件等。

7. 工程质量

合格。

8. 暂列金额

1万元。

9. 其他

（1）本工程无总承包单位。

（2）投标人在投标文件中应按《建设工程工程量清单计价规范》规定的统一格式，提供"分部分项工程量清单综合单价分析表""措施项目费分析表"。

表 4-26　　分部分项工程量清单与计价表（绿化部分）

单位及专业工程名称：××公园绿化景观工程——园林绿化工程　　第　页　共　页

序号	项目编码	项目名称	项目特征	计量单位	工程量	综合单价（元）	合价（元）	其中（元）		备注
								人工费	机械费	
		0501 绿化工程								
1	050101010001	整理绿化用地	土壤类别：二类土	m²	495.00					
2	050102001001	栽植乔木	（1）种类：香樟。 （2）胸径或干径：10cm。 （3）养护期：一年	株	4					
3	050102001002	栽植乔木	（1）种类：香樟。 （2）胸径或干径：8cm。 （3）养护期：一年	株	16					

续表

序号	项目编码	项目名称	项目特征	计量单位	工程量	综合单价（元）	合价（元）	其中（元）		备注
								人工费	机械费	
4	050102001003	栽植乔木	（1）种类：杜英。 （2）胸径或干径：8cm。 （3）养护期：一年	株	14					
5	050102001004	栽植乔木	（1）种类：合欢。 （2）胸径或干径：12cm。 （3）养护期：一年	株	1					
……										
本页小计										
合计										

表 4-27　　施工技术措施项目清单与计价表（绿化部分）

单位及专业工程名称：××公园绿化景观工程——园林绿化工程　　第　页　共　页

序号	项目编码	项目名称	项目特征	计量单位	工程量	综合单价（元）	合价（元）	其中（元）		备注
								人工费	机械费	
		0504 措施项目								
1	050403001001	树木　支撑架	支撑类型、材质：四脚支撑树棍桩	株	84					
2	050403002001	草绳　绕树干	（1）胸径（干径）：10cm 以内。 （2）草绳所绕树干高度：1m	株	83					
3	050403002002	草绳　绕树干	（1）胸径（干径）：10cm 以外。 （2）草绳所绕树干高度：1m	株	1					
本页小计										
合计										

表 4-28　　施工组织措施项目清单与计价表（绿化部分）

单位及专业工程名称：××公园绿化景观工程——园林绿化工程　　第　页　共　页

序号	项　目　名　称	计　算　基　础	费率（%）	金额（元）
1	安全文明施工费			
2	其他组织措施费			
3	夜间施工增加费			
4	二次搬运费			
5	冬雨季施工增加费			

续表

序号	项目名称	计算基础	费率（%）	金额（元）
6	行车、行人干扰增加费			
7	已完工程及设备保护费			
8	提前竣工增加费			
9	工程定位复测费			
10	特殊地区增加费			
合计				

表 4-29　　其他项目清单汇总表（绿化部分）

单位及专业工程名称：××公园绿化景观工程——园林绿化工程　　第　页　共　页

序号	项目名称	计量单位	金额（元）	备注
1	暂列金额			
2	暂估价			
2.1	材料暂估价			
2.2	专业工程暂估价			
3	计日工			
4	总承包服务费			
合计				

表 4-30　　分部分项工程量清单与计价表（景观部分）

单位及专业工程名称：××公园绿化景观工程——园林景观工程　　第　页　共　页

序号	项目编码	项目名称	项目特征	计量单位	工程量	综合单价（元）	合价（元）	其中（元）		备注
								人工费	机械费	
		0502 园路、园桥工程								
1	050201001001	园路	（1）园路土基整理路床。 （2）100 厚碎石垫层。 （3）100 厚 C10 素混凝土。 （4）20 厚菠萝格地板，60 × 60 菠萝格木龙骨间距 600	m^2	30.00					
		0503 园林景观工程								

续表

序号	项目编码	项目名称	项目特征	计量单位	工程量	综合单价（元）	合价（元）	其中（元）		备注
								人工费	机械费	
2	050301005001	点风景石	（1）石料种类：太湖石。（2）石料重量：0.6t/块	块	4					
本页小计										
合计										

表 4-31　施工技术措施项目清单与计价表（景观部分）

单位及专业工程名称：××公园绿化景观工程——园林景观工程　　第　页共　页

序号	项目编码	项目名称	项目特征	计量单位	工程量	综合单价（元）	合价（元）	其中（元）		备注
								人工费	机械费	
本页小计										
合计										

表 4-32　施工组织措施项目清单与计价表（景观部分）

单位及专业工程名称：××公园绿化景观工程——园林景观工程　　第　页共　页

序号	项目名称	计算基础	费率（%）	金额（元）
1	安全文明施工费			
2	其他组织措施费			
3	夜间施工增加费			
4	二次搬运费			
5	冬雨季施工增加费			
6	行车、行人干扰增加费			
7	已完工程及设备保护费			
8	提前竣工增加费			
9	工程定位复测费			
10	特殊地区增加费			
合计				

表 4-33　　其他项目清单汇总表（景观部分）

单位及专业工程名称：××公园绿化景观工程——园林景观工程　　第　页　共　页

序号	项　目　名　称	计量单位	金额（元）	备注
	其他项目		43660.00	
1	暂列金额		10000.00	
2	暂估价		6600.00	
2.1	材料暂估价			
2.2	专业工程暂估价		6600.00	
3	计日工		27060.00	
4	总承包服务费			
合计			43660	

表 4-34　　暂列金额明细表（景观部分）

单位及专业工程名称：××公园绿化景观工程——园林景观工程　　第　页　共　页

序号	项　目　名　称	计量单位	暂定金额（元）	备注
1	政策性调整和材料价格风险	项	5000.00	
2	工程量清单中工程量变更和设计变更	项	4000.00	
3	其他	项	1000.00	
4				
合计			10000.00	

注　此表由招标人填写，如不能详列，也可只列暂定金额总额。

表 4-35　　材料暂估单价表（景观部分）

单位及专业工程名称：××公园绿化景观工程——园林景观工程　　第　页　共　页

序号	材料名称、规格、型号	计量单位	单价（元）	合价（元）	备注
1	桐庐芝麻青菠萝面汀步 700×350×70	块	62		050201013001
2	火烧面桐庐芝麻青花岗岩路牙 120×150×600	m	36		050201003001

注　此表由招标人填写，并在备注栏说明暂估价拟用在哪些清单项目上，投标人应将上述材料暂估价计入工程量清单综合单价报价中。

表 4-36　　专业工程暂估价表（景观部分）

单位及专业工程名称：××公园绿化景观工程——园林景观工程　　标段：　　第　页　共　页

序号	工　程　名　称	工程内容	金额（元）	备注
1	喷泉工程	制作、安装	5000.00	
2	石桌、石凳 2 套	制作	1600.00	
3				
合计			6600.00	

注　此表由招标人填写。

表 4 - 37　　　　计日工表（景观部分）

单位及专业工程名称：××公园绿化景观工程——园林景观工程　　　　第　页　共　页

编号	项 目 名 称	计量单位	指定数量	综合单价（元）	合价（元）
一	人工				
1	技工	工日	50.00		
2					
	人工小计				
二	材料				
1	52.5 级普通水泥	t	16.00		
2					
	材料小计				
三	施工机械				
1	汽车起重机 20t	台班	6.00		
2					
	施工机械小计				
	总计				

注　此表项目名称、计量单位、数量由招标人填写。

表 4 - 38　　　　总承包服务费计价表（景观部分）

单位及专业工程名称：××公园绿化景观工程——园林景观工程　　　　第　页　共　页

序号	项 目 名 称	项目价值（元）	服务内容	费率（%）	金额（元）
1	发包人分包专业工程	6600.00	喷泉、桌凳专业工程		
2	发包人供应材料				
3					
	合计				

注　此表中项目名称、项目价值、服务内容由招标人填写，费率由投标人自主确定，计入投标总价。

4.2.8　工程量清单的发布、复核澄清与修改

(1) 工程量清单的发布。招标工程量清单是招标文件的必然组成部分，需要与招标文件的其他部分一起发售给投标人。按照相关的法律规定，招标人应按照招标公告或投标邀请书规定的时间、地点发售招标文件。招标文件的发售期不得少于 5 天。

(2) 投标人对工程量清单的复核。《房屋建筑和市政工程标准施工招标文件》(2010 版) 中明确要求：投标人应对招标人提供的工程量清单进行认真细致的复核。这种复核包括对招标人提供的工程量清单中的子目编码、子目名称、子目特征描述、计量单位、工程量的准确性及可能存在的任何书写、打印错误进行检查和复核。如果投标人经过检查和复核以后认为招标人提供的工程量清单存在差异，则投标人应将此类差异的详细情况连同按投标人须知规定提交的要求招标人澄清的其他问题一起提交给招标人，招标人将根据实际情况决定是否颁发工程量清单的补充和(或) 修改文件。

（3）工程量清单的澄清与修改。按照法律规定，已经发出的招标文件，招标人可以出于任何理由，主动地或者根据投标人的要求，对一些条款表述不清，或者容易产生误解的内容，甚至涉及实质性内容的错误，在法定的时间里进行澄清或者修改。

1）澄清是指招标人对招标文件中的遗漏、词义表达不清或对比较复杂的事项进行说明，回答投标人提出的各种问题。

2）修改是指招标人对招标文件中出现的错误进行修订。

对工程量清单的澄清和修改，是由招标人自主做出的。如果招标人在检查投标人提交的工程量差异问题后认为没有必要对工程量清单进行补充和（或）修改，或者招标人对工程量清单进行了补充和（或）修改，但投标人认为工程量清单中的工程量依然存在差异，则此类差异不再提交招标人答疑和修正，而是直接按招标人提供的工程量清单（包括招标人可能的补充或修改）进行投标报价。

投标人在按照工程量清单进行报价时，除按照要求对招标人提供的措施项目清单的内容进行细化或增减外，不得改变（包括对工程量清单子目的子目名称、子目特征描述、计量单位及工程量的任何修改、增加或减少）招标人提供的分部分项工程量清单和其他项目清单。即使按照工程设计图和招标范围的约定并不存在的子目，只在招标人提供的分部分项工程量清单中已经列明，投标人也需要对其报价，并纳入投标总价的计算中。

任务二　学习绿化工程工程量清单编制

任务清单 4.2　掌握绿化工程工程量清单编制的编制方法

1. 任务情境

绿化工程的清单项目包括 3 个子分部工程，分别是绿地整理、栽植花木、绿地喷灌，每个子分部二程又包括若干分项工程。在进行工程量计算时，需要依据附录 4 中的《园林绿化工程工程量计算规范》，根据规则逐一进行计算。

2. 任务目标

通过对绿化工程量的计算，掌握绿化工程工程量清单的编制原理。

《绿化工程工程量清单编制》微课，包括 2 个视频，约 175MB　任务指引 PPT

3. 任务要求

通过习题训练，进行工程量的计取。

4. 任务实施

步骤 1：观看《绿化工程工程量清单编制》微课视频 4.7，结合知识清单 4.3.1 绿化工程工程量清单项目，进行下面工程的清单计价。

如图 4-2 所示为一个局部绿化示意图，共有 6 种植物，在图中已有所标注，其中绿篱共 3 排，弧长见图中标记，宽度均为 400mm，其中竹子按 2 株/m^2 计算，胸径 10cm，求绿化工程量（三类土）。

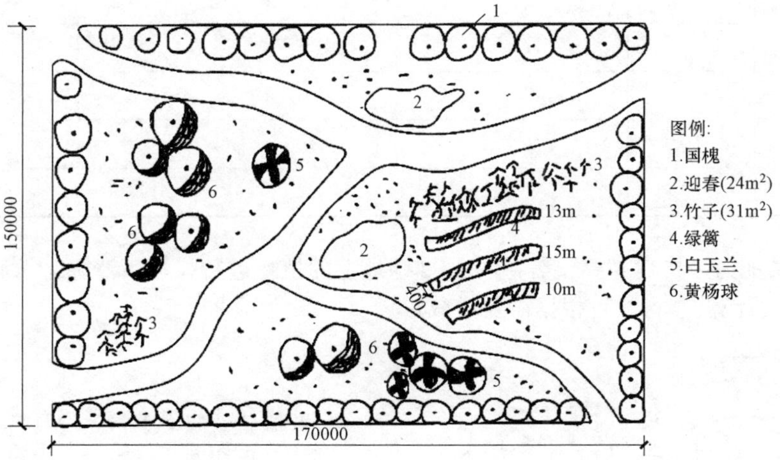

图 4-2　绿化平面图

清单工程量计算书

序号	项目编码	项目名称	单位	工程量
1				
	（此处列出计算式，或计算规则，下同）			
2				

续表

序号	项目编码	项目名称	单位	工程量
3				
4				
5				
6				
7				

分部分项工程量清单与计价表

序号	项目编码	项目名称	项目特征描述	计量单位	工程量
1					
2					
3					
4					
5					
6					
7					

步骤 2：某地为了扩建需要，需将图 4-3 绿地上的植物进行挖掘、清除，求其工程量。试进行清单工程量的计算。（行数可根据需要增减）

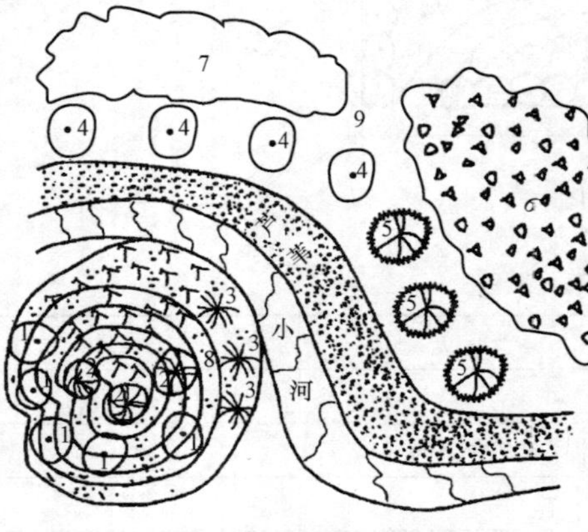

图 4-3　某绿地局部示意图

1—银杏（树干胸径均在 30cm 以内）；2—五角枫（树干胸径均在 30cm 以内）；3—白玉兰（树干胸径均在 30cm 以内）；4—白蜡（树干胸径均在 30cm 以内）；5—木槿（树干胸径均在 30cm 以内）；6—紫叶小檗（丛高 1.6m、480 株丛）；7—大叶黄杨（丛高 2.5m、360 株丛）；8—白三叶及缀花小草（110m²、丛高 0.6m）；9—竹林（竹林 160 株丛、根直径 10cm）；10—芦苇根：8m²、丛高 1.8m

分部分项工程量清单与计价表

序号	项目编码	项目名称	项目特征描述	计量单位	工程量

步骤 3：某小区绿化工程需要整理绿化用地。现场绿化用地基本平整，场地土质为二类土，按设计图示面积为 4385m²，弃渣土运距为 5km。图中显示需要种植国槐，胸径 5cm 以上，100 株。招标文件规定养护期为 2 年。试按规范要求编制分部分项工程量清单。

分部分项工程量清单与计价表

序号	项目编码	项目名称	项目特征描述	计量单位	工程量

步骤 4：如图 4 - 4 所示为一个绿化用地，该地为一个不太规则的绿地，各尺寸在图中已标出，求整理绿化用地工程量（二类土）。

分部分项工程量清单与计价表

序号	项目编码	项目名称	项目特征描述	计量单位	工程量

步骤 5：如图 4 - 5 所示为某屋顶花园，各尺寸如图所示，求屋顶花园基底处理工程量（找平层厚 150mm，防水层厚 140mm，过滤层厚 40mm，需填轻质土壤 150mm）。

分部分项工程量清单与计价表

序号	项目编码	项目名称	项目特征描述	计量单位	工程量

步骤 6：如图 4 - 6 所示为某公园局部绿化示意图，整体为草地及踏步，踏步尺寸为 0.4m×0.8m，厚度为 110mm，灰土厚度为 250mm，其他尺寸见图中标注，求铺植草坪工程量。

分部分项工程量清单与计价表

序号	项目编码	项目名称	项目特征描述	计量单位	工程量

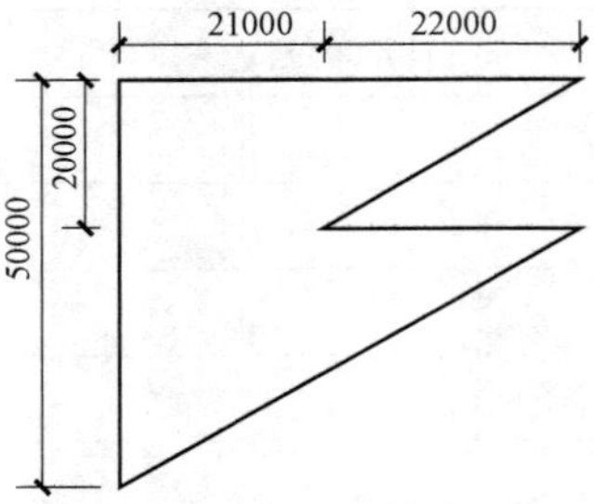

图 4-4　绿化用地示意图

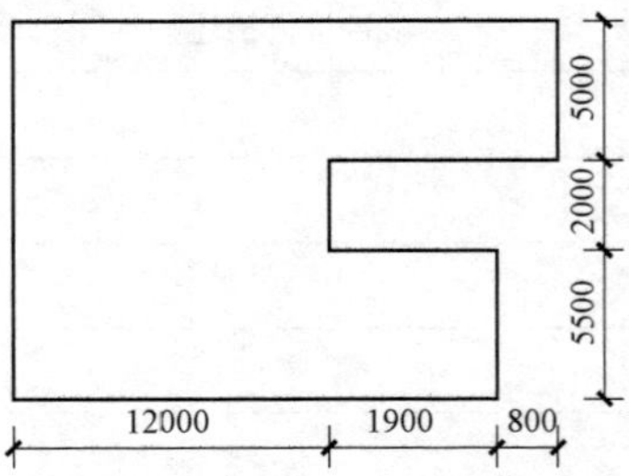

图 4-5　屋顶花园示意图

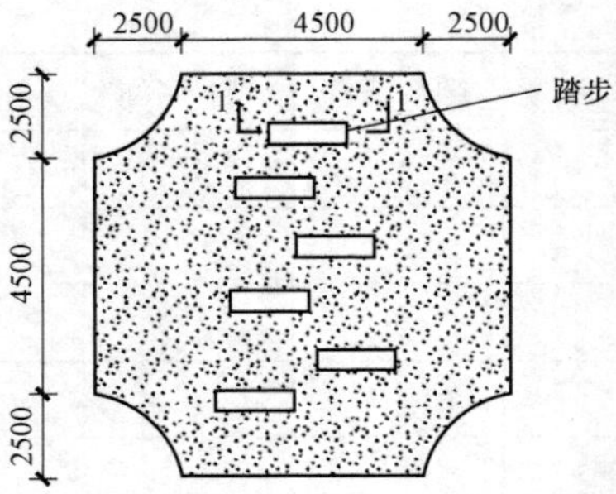

图 4-6　绿化示意图

5. 知识测试与能力训练

第 4 章
更多习题实时测

(1) 绿化工程的清单项目不包括下面哪个子项（　　）。

A. 绿地整理　　B. 栽植花木

C. 绿地喷灌　　D. 栽植树木

(2) 以下哪个清单子项是以体积计算的（　　）。

A. 整理绿化用地　　B. 绿地起坡造型

C. 屋顶花园基底处理　　D. 清除草皮

(3) 以下哪种植物可以采用清单计算规范里的"栽植花卉"子项（　　）。

A. 木芙蓉　　B. 月季　　C. 杜鹃　　D. 一串红

(4) 干径为地表面向上（　　）高处树干直径。

A. 1.2m　　B. 0.1m　　C. 0.3m　　D. 1.1m

6. 知识点整理

(1) 树蔸　　(2) 整理绿化用地

(3) 攀缘植物　　(4) 色带

(5) 花卉、花卉立体布置

7. 任务总结

通过完成上述任务，你学到了哪些知识和技能？在哪些地方还存在疑惑？

8. 实施人员

9. 任务点评

任务清单 4.3　编制综合园林项目中的绿化清单工程量

1. 任务情境

某桥头公园一区块，绿地面积为 265m²，土质为二类土，苗木养护期为一年。观看《绿化工程工程量清单编制》微课视频 4.8，结合知识清单 4.3.2 清单工程量计算 上的任务单中的植物名称及数量统计表，进行综合项目的清单计算。

2. 任务目标

根据所给材料，编制绿化工程工程量清单。学生利用所学知识、工具、参考资料、计算工程量，描述项目特征，填写分部分项工程清单表格。

3. 任务要求

完成清单工程量计算书、分部分项工程和单价措施项目清单与计价表的填写。

《绿化工程工程量清单编制》微课，包括 2 个视频，约 175MB

任务指引 PPT

4. 任务实施

清单工程量计算书

序号	项目编码	项目名称	单位	工程量
1				
	（此处列出计算式，或计算规则，下同）			
2				
3				
4				
5				
6				
7				
8				
9				
10				
11				

分部分项工程和单价措施项目清单与计价表

工程名称：某桥头绿地绿化工程　　标段：　　第1页　共1页

序号	项目编码	项目名称	项目特征描述	计量单位	工程量	金额（元）		
						综合单价	合价	其中：暂估价
1								
2								
3								
4								
5								
6								
7								
8								
9								
10								
11								

5. 任务总结

通过完成上述任务，你学到了哪些知识和技能？在哪些地方还存在疑惑？

6. 实施人员

7. 任务点评

知识清单 4.3　绿化工程工程量清单编制

4.3.1　绿化工程工程量清单项目

绿化工程的清单项目包括 3 个子分部工程，分别是绿地整理、栽植花木、绿地喷灌，每个子分部工程又包括若干分项工程。

4.3.1.1　绿地整理分部工程

（1）砍伐乔木：凡土方开挖深度不大于 50cm 或填方高度较小的土方施工，对于现场及排水沟中的树木应按当地有关部门的规定办理审批手续方可伐除。一般在指定的伐区上，首先确定立木伐倒方向，清理其周围的障碍物（灌木、杂草、积雪等），开辟安全道，然后将立木砍倒或锯倒。伐木法分手工伐木、机械伐木两种，内容包括砍、伐、挖、清除、整理、堆放。对于古树名木，必须加以保护，在不能结合利用的情况下只可移植，不能伐除。

（2）挖树根（蔸）：为方便施工，绿化场地的伐树一般需要连根拔除，清理树墩除用人工挖掘外，直径 50cm 以上的大树墩可用推土机或爆破法清除。在南方的一些地方，“树蔸”是指树干接近根部的部分。建筑物及构筑物基础下土方中不得混有树根、树枝、草及落叶等杂物。

（3）砍挖灌木丛（竹、芦苇）及根：利用一定工具、机械，如刀、斧、铁锹、铲等砍断灌木（竹、芦苇）地面以上枝干、掘土，以清除灌木（竹、芦苇）等的残根，并清运走。

（4）清除草皮：在施工范围内将草连根铲（拔）除，并清运走。目的是土地的耕翻与平整，消灭多年生的杂草。

（5）清除地被植物：在施工范围内将地被植物清除，并清运走。一般株高在 50cm 以下、能覆盖地面的低矮植物称为地被植物。除草本植物外，木本植物中矮小丛木、匍匐性或半蔓性的灌木及藤本植物均可用作园林地被植物。

（6）屋面清理：屋顶绿化施工前，对屋面施工区域的表面进行整理、处理、清扫、整平、清除等，使其适宜施工作业。

（7）种植土回（换）填：将栽植地点或种植穴中回填，或清除原土，更换填入理化性状良好、适宜于园林植物生长的土壤。种植用土壤为自然土壤或人工合成土壤。

（8）整理绿化用地：相当于土建工程中的平整场地，是指将绿化用地施工范围内不利于植物生长的杂草、垃圾、渣土等进行清理，以及自然地坪与设计地平相差±30cm 以内的地坪整理，即包括 300mm 范围以内、厚度 300mm 以上回填土，应按房屋建筑与装饰工程计量规范相应项目编码列项。

（9）绿地起坡造型：是指绿化用地的堆土做坡，以形成有起伏、多层次、各种艺术化的人工地形处理，适用于松填、抛填。

（10）屋顶花园基底处理：屋顶花园是位于建筑物顶部，种植土不与大地土壤连接的花园。屋顶花园基底处理是指铺设找平层，粘贴防水层，做闭水试验，埋设透水管、排水口，填排水材料，剪切、粘接过滤材料，填轻质土等内容。

4.3.1.2　栽植花木分部工程

（1）栽植：农林园艺栽种植株的一种作业，广义的栽植包括掘苗、搬运、种植三个基本环节的作业。

（2）花木：花朵或花序供观赏的乔木和灌木，也称观花树木或花树。其观赏价值集中在花的形色与芳香上，具有美化和改善环境的作用。

（3）乔木：主干明显而直立，植株高大，树干与树冠有明显区别的木本植物，可依其高度分为伟乔、大桥、中乔、小乔四级。

（4）灌木：无明显主干或主干甚短，植株低矮，多呈丛生状态或自基部分枝的木本植物。一般可分为观花、观果、观枝干等几类。常见灌木有玫瑰、杜鹃、牡丹、女贞、小檗、黄杨、沙地柏、铺地柏、连翘、迎春、月季等。

（5）竹类：竹是禾本科竹亚科植物的通称，一般为木本。根据近年来的发现，还包括少数蓝本和近草本的种类，称为蓝本状竹。我国的地下茎合轴丛生竹种主要有青皮竹、撑篙竹、慈竹等，单轴散生竹种主要有毛竹、桂竹，复轴混生竹种主要有茶秆竹。

（6）棕榈类植物：为常绿乔木、灌木或藤本，多为直立单干，不分枝，并具有坚挺的大叶，叶呈掌状或羽状分裂，多具长柄，叶柄基部常扩大成一纤维状鞘。

（7）绿篱：由小乔木或灌木等园林植物以相同的株行距成行密植，作造型修剪而形成的植物带（墙）。

（8）攀缘植物：以某种方式（如吸附、缠绕、卷须、钩刺）攀附于其他物体上生长，主干茎不能直立的植物，又称藤蔓植物，包括缠绕类、卷须类和吸附类。其中属于木本的称作藤本类，属于草本的称作蔓草类。

（9）色带：呈条带状种植的同种或不同种花卉及观叶植物配合起来所形成的具有一定面积的风景带。栽植色带最需要注意的是将所有栽植苗木栽成带状，并且配置有序，使其具有一定的观赏价值。

（10）花卉：计价规范和定额特指具有观赏价值的草本植物，如凤仙、菊花、一串红。

（11）水生植物：自然生长于水中或沼泽地中，在旱地不能生存或生长不良的宿根或球茎、地下根状茎的多年生植物。

（12）垂直墙体绿化种植：垂直墙体绿化又称立体绿化。由于城市土地有限，为此要充分利用空间，在墙壁、阳台、窗台、屋顶、棚架等处栽植各种植物。绿化墙体一般表面覆盖爬墙植物和攀缘植物，常见的适合垂直绿化的藤本植物有爬山虎、常春藤、凌霄、金银花、扶芳藤等。

（13）花卉立体布置：花卉立体布置中所指的“花卉”并不是专指观花植物，而是包括观花、观果、观形的植物，可以是草本，也可以是乔灌木。花卉立体布置是相对于一般平面花卉布置而言的一种园林装饰手法。即通过适当的载体，结合园林色彩美学及装饰绿化原理，经过合理的植物配置，将植物的装饰功能从平面延伸到空间，形成立体或三维的装饰效果。

（14）铺种草皮。草皮是把草坪平铲为平板状或剥离成不同规格和形状，在其上附带一定土壤或基质的草坪建植材料。在土壤含有机质多、结构好、通透性强的条件下，草的根系稠密，草根与土壤交织成软韧的草皮层。铺草皮就是把草皮展开或摊平在场地上。种草皮就是采用播种草籽、栽草、草茎撒播等方式种植草坪。

（15）喷播植草（灌木）籽：喷播是用专用的喷播机进行机械喷播建植草坪（灌木丛）的一种方法。即将草坪草种子（灌木种子）或茎节、黏合剂、覆盖材料、肥料、保水剂、染色剂和水的浆状物等，通过喷播器具高压喷到床土表面的建植方式。用短草保护坡面的工作称作植草。

（16）植草砖内植草：在植草砖格种植土层上铺草皮或播草籽。植草砖是用于专门铺设在城市人行道路、停车场等处，具有植草孔，能够绿化路面及地面工程的砖和空心砌块等。

（17）挂网：垂直绿化等立体布置植物时，选用塑料网等材料沿墙边、桥边、桥柱铺设一定高度的辅助网，利于植物攀缘、布置。

（18）箱/钵栽植：用像箱子的方形或形状像盆子、体积较大的植物种植器种植植物。箱/钵一般置于混凝土等硬质铺地上，且多是可移动性的。按照材质、功能、种类有塑料种植箱/钵、可降解种植箱/钵、立体种植箱/钵、可拆式种植箱/钵、营养液种植箱/钵等。

4.3.1.3 绿地喷灌分部工程

（1）喷灌管线：连接喷灌系统中泵、阀或控制系统，用于输送喷灌用水等的通道，包括各种材质的管道及其管道配件。管道配件是为适应管道变径、伸缩或管线转折、分支及满足管道和管道附件连接的连接件总数，包括三通、四通、异径直通管、减缩管、弯头、堵头、法兰、活接头、外接头等。

（2）喷灌配件：为满足喷灌系统正常运行和维修需要而设置的各类阀门、喷头、计量和测压仪表等的总称。

4.3.2 清单工程量计算

依据任务单（见表 4-39），编制某桥头公园一区块园林工程中园林绿化工程分部分项工程量清单，并完成实施单。

表 4-39　　　　**任　务　单**

班级：　　　　姓名：　　　　学号：　　　　年　月　日

学习情境	园林工程工程量清单编制
任务名称	绿化工程工程量清单编制
目的	根据所给材料，编制绿化工程工程量清单。学生利用所学知识、工具、参考资料，计算工程量，描述项目特征，填写分部分项工程清单表格
工具及参考资料	《建设工程工程量清单计价规范》 计算器 给定材料、数据
图纸或材料	某桥头公园一区块，绿地面积为 $265m^2$，土质为二类土，苗木养护期为一年，植物平面布置图及苗木规格如下表所示
图纸或材料	植物名称及数量统计表（见下表）

植物名称及数量统计表

序号	植物名称	规格（cm）			单位	数量	备注
		胸径	冠幅	高度			
1	香樟	11～13	300	400	株	5	
2	桂花		300	350	株	6	
3	银杏	12		＞400	株	5	
4	白玉兰	12～15		＞300	株	5	
5	鸡爪槭	8			株	7	
6	钢竹	秆径 5			m^2	20	5 株/m^2
7	金丝桃		35	40	m^2	33	20 株/m^2
8	月季		50	60	m^2	30	15 株/m^2
9	红叶石楠		35	40	m^2	75	25 株/m^2
10	马尼拉草				m^2	80	满铺

任务三　学习园路工程工程量清单编制

任务清单 4.4　掌握园路工程工程量清单编制的编制方法

1. 任务情境

园路部分的计算规则在附录 4 中的附录 B 园路、园桥工程的第 1 个子分部“园路、园桥工程”中，在进行程量计算时，除了掌握计算规则外，还需要对园路的一些术语进行了解。

2. 任务目标

通过对园路工程量的计算，掌握园路工程工程量清单的编制方法。

3. 任务要求

通过习题训练，进行工程量的计算。

《园路工程工程量清单编制》微课，包括 2 个视频，约 96MB　　任务指引 PPT

4. 任务实施

步骤 1：观看《园路工程工程量清单编制》微课视频 4.9，结合知识清单 4.4.1 园路工程工程量清单项目，完成清单工程量计算书。

某公园要修建两条园路，园路两端与广场相接，园路原地面高差在 25cm 以内。

园路 1：长 100m、宽 1.5m，道路断面图如图 4－7 所示。

园路 2：方整石板，园路长 120m、宽 1.2m，垫层采用 200mm 厚混凝土垫层。

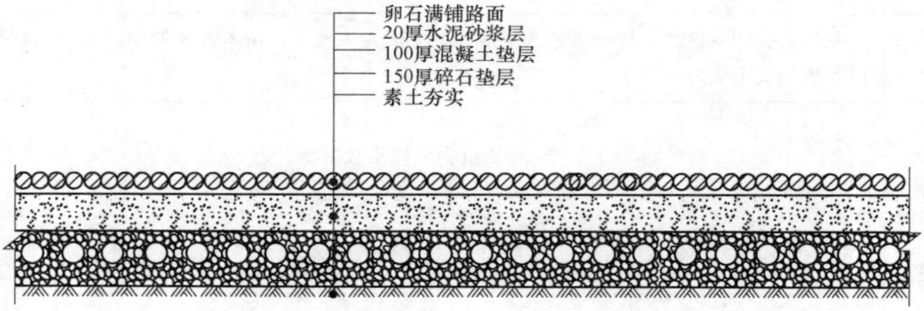

图 4－7　道路断面图

清单工程量计算书

序号	项目编码	项目名称	单位	工程量
1				
2				

分部分项工程量清单与计价表

序号	项目编码	项目名称	项目特征描述	计量单位	工程量
1					
2					

步骤 2：求下列园路工程清单工程量。

1）如图 4-8 所示是某路一边的剖面图，该道路长 8m、宽 3m，路两边均铺有路牙，求路牙工程量。

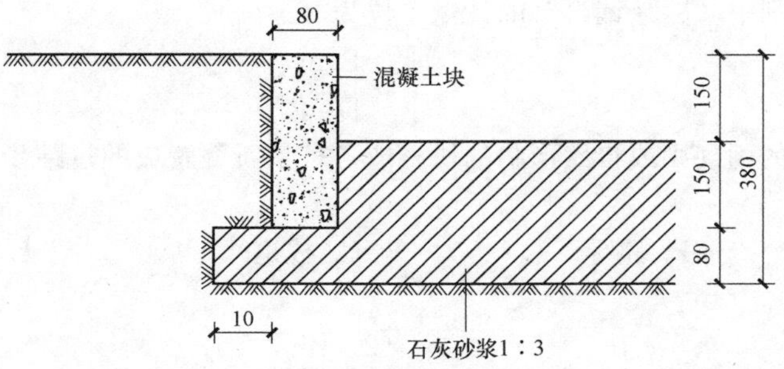

图 4-8　某路一边的剖面图

2）如图 4-9 所示为一个树池平面和围牙立面，求围牙工程量（围牙平铺）。

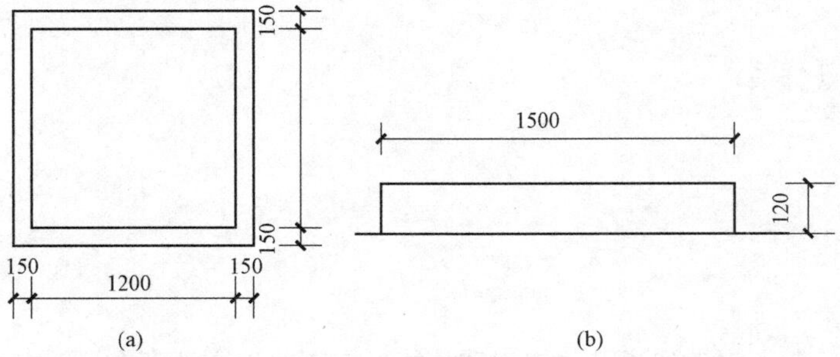

图 4-9　树池平面图和围牙立面图

（a）平面图；（b）围牙立面图

3）如图 4-10 所示为嵌草砖铺装局部示意图，各尺寸如图所示，求工程量。

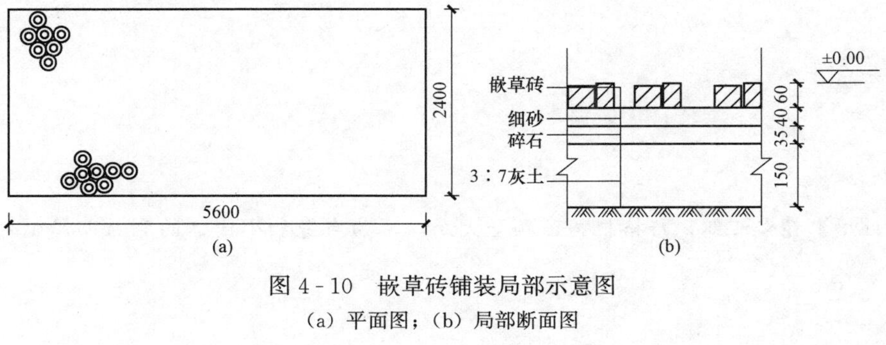

图 4-10　嵌草砖铺装局部示意图

（a）平面图；（b）局部断面图

分部分项工程量清单与计价表

序号	项目编码	项目名称	项目特征描述	计量单位	工程量
1					
2					
3					

5. 知识测试与能力训练

（1）清单计价规则中“路牙铺设”的计量单位为（　　）。

A. m^2　　B. m^3

C. m　　D. 套

（2）设置在水中的用规则或自然形状的块石或各种景石叠置成的过踏步，称为（　　）。

A. 汀步　　B. 路牙　　C. 栈道　　D. 踏道

第 4 章

更多习题实时测

6. 知识点整理

（1）踏垛　　（2）路牙

（3）树池盖板（箅子）

7. 任务总结

通过完成上述任务，你学到了哪些知识和技能？在哪些地方还存在疑惑？

8. 实施人员

9. 任务点评

【箴言匠语】精心组织，严格把关，顾全大局，不为自身和小团体的利益而降低对工程质量的要求。

任务清单 4.5　编制综合园林项目中的园路清单工程量

1. 任务情境

某场地中有一个木桥、一条汀步、一条弧形卵石路。地质状况：由地质报告得知土壤类别为二类土，园路地面标高为±0.000，地下常水位于－1.5m 标高处。观看《园路工程工程量清单编制》微课视频 4.10 ，结合知识清单 4.4.2 园路工程工程量清单编制综合实训 的任务单中的图纸，进行综合项目的清单计算。

1）弧形卵石路长 23m。

2）700×350×70 桐庐芝麻青菠萝面汀步数量如图所示。

3）木桥平面尺寸为 1.5m×3m。

2. 任务目标

根据所给材料，编制园路工程工程量清单。学生利用所学知识、工具、参考资料，计算工程量，描述项目特征，填写分部分项工程清单表格。

3. 任务要求

完成清单工程量计算书、分部分项工程和单价措施项目清单与计价表的填写。

《园路工程工程量清单编制》微课，包括 2 个视频，约 96MB

任务指引 PPT

4. 任务实施

清单工程量计算书

序号	项目编码	项目名称	单位	工程量
1				
	(此处列出计算式，或计算规则，下同)			
2				
3				
4				

分部分项工程和单价措施项目清单与计价表

标段：　　　　工程名称：某桥头绿地绿化工程　　　　第 1 页　共 1 页

序号	项目编码	项目名称	项目特征描述	计量单位	工程量	金额（元）		
						综合单价	合价	其中：暂估价
1								

续表

序号	项目编码	项目名称	项目特征描述	计量单位	工程量	金额（元）		
						综合单价	合价	其中：暂估价
2								
3								
4								

5. 任务总结

通过完成上述任务，你学到了哪些知识和技能？在哪些地方还存在疑惑？

6. 实施人员

7. 任务点评

【箴言匠语】加强劳动保护措施，对国家财产和施工人员的生命安全高度负责。不违章指挥，及时发现并坚决制止违章作业，检查和消除各类事故隐患。

知识清单 4.4　园路工程工程量清单编制

4.4.1　园路工程工程量清单项目

(1) 踏（蹬）道：踏道即石台阶，宋代称踏道，清代称踏垛。它是坡地、室内外地坪或楼层不同标高处的阶梯踏级，可供人上下。蹬道即局部利用天然山石、露岩等凿出踏脚的踏步或穴，或用混凝土仿树桩、假石塑成的穴，或条石、石块、预制混凝土条板及其他形式铺筑成的有踏级的上山道，在石壁上装有铁链，可以抓住铁链攀登而上。

(2) 路牙：指埋置在道路两侧边缘的封边块材。一般用凿打成长条形的石材、长条形混凝土预制块或砖，铺装在道路边缘，起保护路面的作用。机制标准砖铺装路牙，有立栽和侧栽两种形式。

(3) 树池围牙、盖板（箅子）：当在有铺装的地面上栽种树木时，应在树木的周围保留一块没有铺装的土地，通常把它称作树池或树穴。树池围牙是埋置在树池四周边缘的封边块材，用料尺寸一般比路牙要小些，对树池起封边和围护作用。树池盖板（箅子）也称树池透气格栅，是指在树池之上装设的防护性覆盖物，主体是由两块或四块对称的板体对接构成，盖板体的中心处设有树孔，树孔的周围设有多个漏水孔。

(4) 嵌草砖（格）：嵌草路面属于透水透气性铺地之一。有两种类型：一种是在块料路面铺装时，在块料与块料之间，留有空隙，在其间种草，如冰裂纹嵌草路、空心砖纹嵌草路、人字纹嵌草路等；另一种是制作或可以种草的各种纹样的混凝土路面砖（格）。嵌草砖（格）路面铺装一般为分层构造。

(5) 石汀步（步石、飞石）：汀步又称飞石，是设置在水中的用规则或自然形状的块石或各种景石叠置成的踏步，一般可以在浅滩、溪、涧中设置。步石是置于地上的石块，多用于草坪、林间、岸边或庭院的桥梁。

(6) 木制步桥：指建在庭园内、由木材加工制作、主桥孔洞 5m 以内，供游人通行兼有观赏价值的桥梁。

(7) 栈道：指架设于陡峻地段提供给行人、物资运输的狭窄通道。在悬崖绝壁上的栈道多通过傍山凿孔架木而成，又称阁道、复道。我国古代高楼间架空的通道也称栈道。

4.4.2　园路工程工程量清单编制综合实训

依据任务单（见表 4-40），编制某公园园林工程中园路、园桥分部分项工程量清单，并完成实施单。

表 4-40　　　　任　务　单

班级：　　　　姓名：　　　　学号：　　　　　　　　年　月　日

学习情境	园林工程工程量清单编制
任务名称	园路、园桥工程工程量清单编制
目的	根据所给材料，编制园路、园桥工程工程量清单。学生利用所学知识、工具、参考资料，计算工程量，描述项目特征，填写分部分项工程清单表格
工具及参考资料	《建设工程工程量清单计价规范》； 计算器； 给定材料、数据

续表

<table>
<tr><td>学习情境</td><td>园林工程工程量清单编制</td></tr>
<tr><td rowspan="2">图纸或材料</td><td>地质状况：由地质报告得知土壤类别为二类土，园路地面标高为±0.000m，地下常水位于－1.5m 标高处</td></tr>
<tr><td>弧形卵石路长 23m。
700mm×350mm×70mm 桐庐芝麻青菠萝面汀步数量如图 4-11 和图 4-12 所示。
木桥平面尺寸为 1.5m×3m。
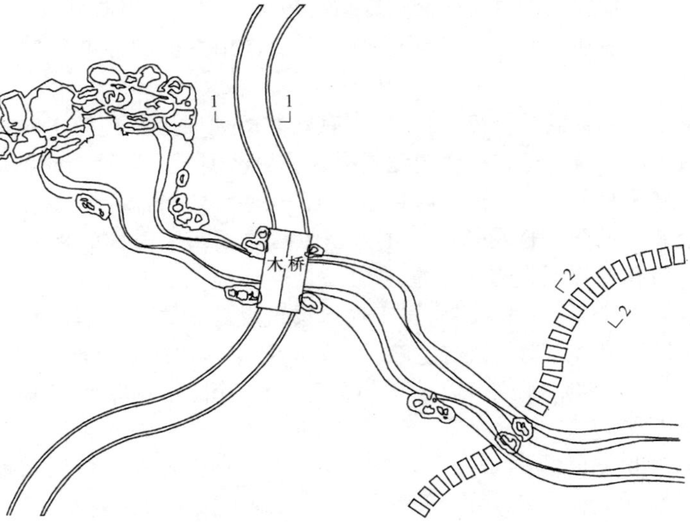

图 4-11
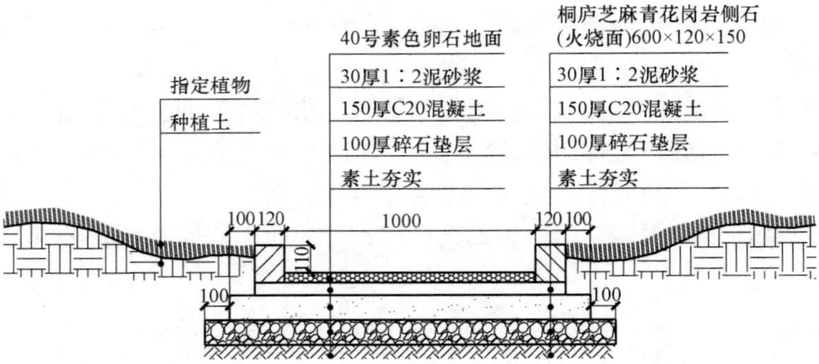

1—1（园路）剖面图
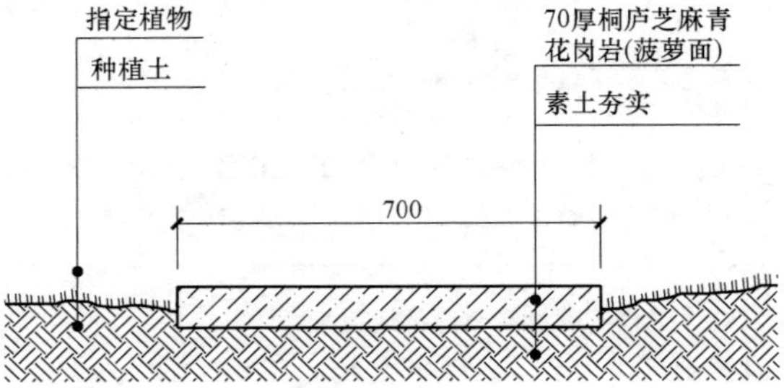

2—2（步石）剖面图
图 4-12</td></tr>
</table>

任务四　学习假山工程工程量清单编制

任务清单 4.6　掌握假山工程工程量清单编制的编制方法

1. 任务情境

假山部分的计算规则在附录 4 中的园林景观工程的第 1 个子分部“堆塑假山”中，在浙江省使用时应注意 2010 版绿化定额中的假山工程放在第二章与清单不符，因而在 2018 版定额修订时，将其章节变更到第三章景观工程里，使之与清单计算规则中的章节分布一致。

2. 任务目标

通过对假山工程量的计算，掌握假山工程工程量清单的编制原理。

3. 任务要求

通过习题训练，掌握工程量的计算。

4. 任务实施

《假山工程工程量清单编制》微课，包括 2 个视频，约 82MB

任务指引 PPT

步骤 1：观看《假山工程工程量清单编制》微课视频 4.11，结合知识清单 4.5.1 假山工程工程量清单项目，计算下面案例的假山工程量。

在某妇幼医院园林工程中，从广西运来黄蜡石六块共 12t，每块重量都在 5t 以内，分别布置在各景点。又为了屏蔽配电箱以砖为骨架塑了一块高 1.2m、长 0.8m、厚 0.6m 的假山石，请求该工程中假山工程的工程量，并完成下表。

清单工程量计算书

序号	项目编码	项目名称	单位	工程量
1				
2				

分部分项工程量清单与计价表

序号	项目编码	项目名称	项目特征描述	计量单位	工程量
1					
2					

步骤 2：求下列假山工程清单工程量。

1）小游园内有一土筑假山。山丘水平投影外接矩形长 8m，宽 5m，假山高 6m。试求其工程量。

2）某庭院为了分隔空间，在一定位置堆筑了一个高 2m 的土山丘，具体造型如图 4 - 13 所示，试求其工程量。（注：山丘、假山的高度，如设计有多个山头时，以最高的山头进行描述。）

3）某校园一角有一块黄石景石，如图 4 - 14 所示。经测量可知：长度方向的平均值为 2m，宽度方向的平均值为 1.5m，求工程量。

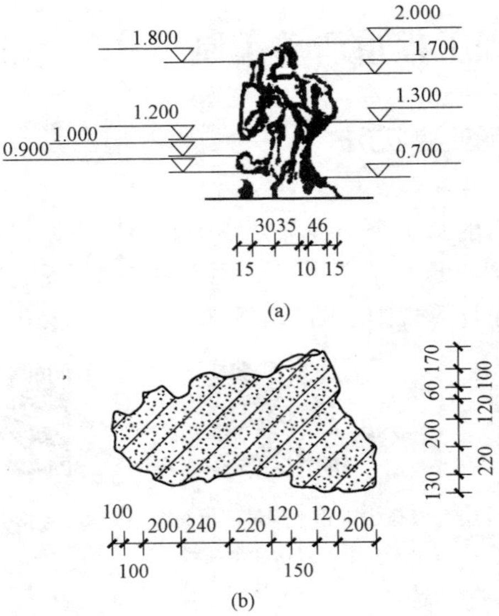

图 4-13 土山丘立面图和平面图

图 4-14 景石图

分部分项工程量清单与计价表

序号	项目编码	项目名称	项目特征描述	计量单位	工程量
1					
2					
3					

5. 知识测试与能力训练

（1）以砖、钢筋混凝土框架或型钢挂钢筋网等为骨架，用水泥砂浆（加玻璃纤维）等掺色分层塑成的，仿各类景石或假山的作品称为（　　）。

A. 堆筑土山丘　　B. 堆砌石假山　　C. 塑假山　　D. 点风景石

（2）清单项“山坡（卵）石台阶”的工程量计算规则为（　　）。

A. 以块计量，按设计图示数量计算　　B. 按设计图示尺寸以体积计算

C. 按设计图示尺寸以水平投影面积计算　　D. 按设计图示尺寸以展开面积计算

第 4 章
更多习题实时测

6. 知识点整理

（1）堆筑土山丘　　（2）山（卵）石护角

7. 任务总结

通过完成上述任务，你学到了哪些知识和技能？在哪些地方还存在疑惑？

8. 实施人员

9. 任务点评

任务清单 4.7　编制综合园林项目中的假山清单工程量

1. 任务情境

某场地中有湖石场地、景石若干。地质状况：由地质报告得知土壤类别为二类土，园路地面标高为±0.000，地下常水位于−1.5m 标高处。观看《假山工程工程量清单编制》微课视频 4.12，结合知识清单 4.5.2 假山工程工程量清单编制综合实训 的任务单中的图纸，进行综合项目的清单计算。

1）堆砌湖石假山高度为 3.5m，工程量暂定为 28t。

2）湖石景石用量如下：0.6t 的共 4 块，1.8t 的汀步共 2 块，6.2t 的共 1 块，2.7t 的共 5 块。

2. 任务目标

根据所给材料，编制假山工程工程量清单。学生利用所学知识、工具、参考资料，计算工程量，描述项目特征，填写分部分项工程清单表格。

《假山工程工程量清单编制》微课，包括 2 个视频，约 82MB

任务指引 PPT

3. 任务要求

完成清单工程量计算书、分部分项工程和单价措施项目清单与计价表的填写。

4. 任务实施

清单工程量计算书

序号	项目编码	项目名称	单位	工程量
1				
	（此处列出计算式，或计算规则，下同）			
2				
3				
4				
5				

分部分项工程和单价措施项目清单与计价表

工程名称：某桥头绿地绿化工程　　标段：　　第 1 页　共 1 页

序号	项目编码	项目名称	项目特征描述	计量单位	工程量	金额（元）		
						综合单价	合价	其中：暂估价
1								
2								
3								

续表

序号	项目编码	项目名称	项目特征描述	计量单位	工程量	金额（元）		
						综合单价	合价	其中：暂估价
4								
5								

5. 任务总结

通过完成上述任务，你学到了哪些知识和技能？在哪些地方还存在疑惑？

6. 实施人员

7. 任务点评

【箴言匠语】深入基层，深入现场，理论和实际相结合，科研和生产相结合，把施工生产中的难点作为工作重点，知难而进，百折不挠，不断解决施工生产中的技术难题，提高生产效率和经济效益。

知识清单 4.5　假山工程工程量清单编制

4.5.1　假山工程工程量清单项目

（1）堆筑土山丘：以泥土作为基本堆山材料，在陡坎、陡坡处可以块石做护坡、挡土墙或蹬道，但不用自然山石在山上造景。这种类型的假山往往占地面积很大，是构成园林基本地形和基本景观背景的重要构成因素。

（2）堆砌石假山：堆山材料主要是自然山石，只在石间空隙处填土配植植物。这种假山一般规模都比较小，主要用在庭院、水池等空间比较闭合的环境中，或者作为瀑布、滴泉的山体应用。

（3）塑假山：以砖、钢筋混凝土框架或型钢挂钢筋网等为骨架，用水泥砂浆（加玻璃纤维）等掺色分层塑成，仿各类景石或假山的作品。

（4）石笋：石形修长呈条柱状，因立地似竹笋而得名。常见的石笋产于浙江与江西交界的常山、玉山一带。其石质类似青石者称为“慧剑”，对含有白色小砾石或小卵石者称为“白果笋”或“子母剑”，对色黑如炭者称为“乌炭笋”。

（5）点风景石：以山石为材料，零星地布置、独立且不具备山形，但以奇特的形状为审美特征的石质观赏品。

（6）池石、盆景置石：池石是布置在水池中的点风景石。盆景置石也称盆景山，是在园林露地庭院中布置的大型山水盆景。盆景中的山水景观大多数都是按照真山真水形象塑造的，而且有着显著的小中见大的艺术效果，能够让人感觉到咫尺千里的山水意境。

（7）山（卵）石护角：指土山或堆石山堆砌所用的山（卵）石，起挡土石的点缀作用。

（8）山坡（卵）石台阶：随山坡而砌的台阶，多使用不规整的块石，每步台阶的高度一般无严格统一的限制，踏步和踢脚无需石表面加工或有少许加工（打荒）。

4.5.2　假山工程工程量清单编制综合实训

依据任务单（见表 4-41），编制某公园园林工程中假山工程分部分项工程量清单，并完成实施单。

表 4-41　　**任　务　单**

班级：　　姓名：　　学号：　　年　月　日

学习情境	园林工程工程量清单编制
任务名称	园路、园桥工程量清单编制
目的	编制所给材料，编制假山工程工程量清单。学生利用所学知识、工具、参考资料、计算工程量，描述项目特征，填写分部分项工程清单表格
工具及参考资料	《建设工程工程量清单计价规范》； 计算器； 给定材料、数据
图纸或材料	地质状况：由地质报告得知土壤类别为二类土，园路地面标高为±0.000m，地下常水位于−1.5m标高处
	堆砌湖石假山高度为 3.5m，工程量暂定为 28t。 湖石景石用量如下：0.6t 的共 4 块，1.8t 的汀步共 2 块，6.2t 的共 1 块，2.7t 的共 5 块

第 5 章　园林工程清单计价

知识目标

- 了解工程量清单计价的类型、工程量清单计价的基本程序、清单计价的组成等。
- 了解承包人的工程量清单计价方法和投标报价中的工作内容。

技能目标

- 能整理工程量清单计价所需表格，对发包人工程计价的基本内容进行分析。
- 掌握园林绿化工程量清单计价表的编写和汇总的方法。
- 掌握园路、假山工程量清单计价表的编写和汇总的方法。
- 能整理承包人的工程量清单计价方法和承包人的投标报价要点。

思政目标

- 通过清单计价的学习，培养学生细心耐心的品质。
- 通过计算，培养学生举一反三的能力。

思行致远

招标控制价的推行优势和问题

招标控制价也称拦标价或最高限价，广泛应用于投资决策、项目预算，尤其在工程建设项目招投标中发挥着重要作用。

2008年12月1日我国正式实施的《建设工程工程量清单计价规范》中明确规定：国有资金投资的工程建设项目应实行工程量清单招标，并应编制招标控制价。该规范的颁布为招标控制价应用于招投标中提供了法理依据。此后又历经修改完善，招标控制价一直作为一项重要内容列入其中，使其在招投标中得到广泛应用，实行招标控制价，避免投标人串标、哄抬标价，为项目控制投资奠定了基础。

招标控制价是以国家为控制主体，应对国内招投标市场不和谐竞争状态而催生的矛盾节点体系。该体系以设立标底而引发的矛盾关联项作为核心因素，可以有效控制投标人串标、围标，投标人之间因哄抬投标价等不良现象带来的投资风险，促进投标人之间的公平竞争并减少在编制标底的招标过程中发生标底泄露和暗箱操作等行为，有利于造价咨询机构的发展并使招标人降低高价中标的风险。

招标控制价在招投标中的作用体现了公开、公平、公正的原则。它促进了投标人理性选择、良性竞争，有利于精确管控项目投资，促使评标工作更加科学合理，有利于遏制招投标过程中的违法违规行为，提高了招投标的成功率。

可以看到，招标控制价在招投标中确实有着其他方式不可替代的重要作用，尤其在防范超预算投资、保障公平竞争、引导合理报价等方面更是发挥了巨大作用。不但克服和纠正了之前其他招标模式的一些弊端，还遏制了部分违法违规行为的蔓延滋生，是一个多赢的局面和结果。但是在推行招标控制价时也存在一定的问题。

(1) 就招标控制价本身而言，其编制存在较多的问题，严谨性和科学性有待提升。

招标控制价对招标的结果有重大的影响，因此对招标的控制价进行编制需要非常严谨、科学。但是，由于主客观的原因，招标控制价的编制并不够科学，这会影响招标控制价的运用。招标控制价的编制会采用必要的定额水平，但是由于技术的发展和社会的变化，定额水平往往落后于市场的真实情况，二者滞后的时间越长差距越大。另外，招标控制价的编制中所使用的人工、材料、机械的价格都是相关的主管机构发布的，这些信息有一定的滞后性和不准确性，这些价格可能会偏离市场的价格。而编制人员的素质、经验、责任心等也会影响编制的质量。

(2) 就招标控制价的运用而言，容易出现新的不公平现象，造成招标无效。

招标控制价的高低会影响中标价的高低。如果在招标控制价的运用过程中缺乏必要的控制，例如必要的监督和审核，可能导致招标人随意更改最高限价，从而产生新的问题。在运用的时候，招标方在招标控制价和标底的把握上并不准确，很多招标人员将招标控制价当成是复合标底计算的依据，这就会造成招标工作的混乱。对于一些新产生的不公平现象可以从招标控制价过低和过高进行分析。

任务一　学习工程量清单计价原理

任务清单 5.1　了解工程清单计价的基本原理

1. 任务情境

工程量清单计价的编制程序可以分为工程量清单的编制和工程量清单计价两个阶段，工程量清单的编制已经在第 4 章进行了系统的学习。在工程交易阶段，工程量清单计价主要表现为招标标底、招标控制价和投标报价等类型。在工程量清单计价环节所用的表格比在工程量清单编制的环节的表格要多，填写的内容增加了价格方面的内容，最后可以计算得出工程的造价。

2. 任务目标

了解工程量清单计价的类型、工程量清单计价的基本程序、清单计价的组成等。

3. 任务要求

整理工程量清单计价所需表格，发包人工程计价的基本内容进行分析。

《工程量清单计价原理》微课，约 87MB

《发包人的工程量清单计价》微课，包括 5 个视频，约 330MB

任务指引 PPT

4. 任务实施

步骤 1：观看《工程量清单计价原理》微课视频 5.1，结合知识清单 5.1 工程量清单计价原理，根据 GB 50500—2013 整理编制招标控制价需要的表格。

步骤 2：措施项目费的计算方法是什么？

步骤 3：其他项目清单费由哪些组成？

步骤 4：观看《发包人的工程量清单计价》微课视频 5.2，结合知识清单 5.2.1 发包人工程计价的基本内容，回答编制标底、编制招标控制价和施工图预算分别适合哪种类型的招标。

步骤 5：写出招标控制价和投标报价的区别。

步骤 6：观看《发包人的工程量清单计价》微课视频 5.3，结合知识清单 5.2.4 招标控制价案例，分别找出园林绿化工程和园林景观工程部分的工程量清单分部分项工程费是多少。

5. 知识测试与能力训练

(1) 工程施工招标的标底可由（　　）编制。

A. 招标人　　　　B. 施工单位

C. 招标管理机构　　　　D. 定额管理单位

(2) 不符合编制招标控制价的规定的是（　　）。

A. 招标控制价必须由招标人编制

第 5 章
更多习题实时测

B. 招标控制价应在招标文件中公布

C. 招标控制价超过批准的概算时，招标人应将其报原概算审批部门审核

D. 国有资金投资的工程建设项目应实行工程量清单招标，招标人应编制招标控制价

（3）其他项目清单中的材料购置费，在投标时（　　）。

A. 计入投标人的报价，但不成视为投标人所有

B. 计入投标人的报价，应视为投标人所有

C. 不计入投标人的报价，但应视为投标人所有

D. 不计入投标人的报价，也不应视为投标人所有

（4）以下不属于招标控制价编制原则的是（　　）。

A. 招标控制价应具有权威性

B. 招标控制价应具有完整性和一致性

C. 招标控制价应具有合理性

D. 一个工程可编制不同的招标控制价

6. 知识点整理

（1）施工招标标底

（2）招标控制价

（3）工程成本

（4）工程总价

（5）工程单价

7. 任务总结

通过完成上述任务，你学到了哪些知识和技能？在哪些地方还存在疑惑？

8. 实施人员

9. 任务点评

【箴言匠语】积极推广和应用新技术、新工艺、新材料、新设备，大力发展建筑科技，不断提高建筑科学技术水平。

知识清单5.1　工程量清单计价原理

5.1.1　工程量清单计价的类型

招标投标实行工程量清单计价是指招标人公开提供招标工程量清单，投标人自主报价或招标人编制标底、招标控制价及双方签订合同价款、工程结算等活动。在工程交易阶段，工程量清单计价主要表现为招标标底、招标控制价和投标报价等类型。

5.1.1.1　施工招标标底和招标控制价

(1) 施工招标标底：是招标人对拟建工程的预测价格，通过编制标底让招标人对工程交易价格心中有数，避免盲目决策。标底是评议投标报价的尺度，是选择合适工程建设中标人的重要参考依据。

(2) 招标控制价：是实行无标底招标时编制的招标工程的最高投标限价。

招标标底和招标控制价都属于招标人的预测价格。

5.1.1.2　招标人预估价和投标人报价

招标人预估价不同于投标人报价，虽然两者都必须充分考虑工程技术复杂程度、施工工艺、工程量大小、施工条件优劣、竞争激烈程度等情况，但投标人报价以自身拥有的施工机械、技术优势和管理水平确定人工、材料、机械的消耗数量，以自己的采购优势确定材料价格，以自己的管理水平确定各项取费费率，即投标人报价是体现具体施工企业工效和管理水平的竞争价格。而招标人的预测价格是按社会平均工效和管理水平编制的价格。

5.1.2　工程量清单计价的基本程序

工程量清单计价的编制程序可以分为工程量清单的编制和工程量清单计价两个阶段。标底、招标控制价和投标报价都是在发包人提供的工程量计算结果基础上，根据各种信息、资料结合相应的定额编制得出的。

投标总价应当与分部分项工程费、措施项目费、其他项目费和规费、税金的合计金额一致，即投标人在投标报价时，不能进行投标总价优惠（或降价、让利），投标人对招标人的任何优惠均应反映在相应清单项目的综合单价中。除规范强制性规定外，投标价由投标人自主确定，但不能低于工程成本。工程成本是指承包人为实施合同工程并达到质量标准，在确保安全施工的前提下，必须消耗或使用的人工、材料、工程设备、施工机械台班及其管理等方面发生的费用和按规定缴纳的规费和税金。

5.1.3　工程量清单的价格

工程量清单的价格包括两重含义：一是工程总价；二是工程单价。

(1) 工程总价，即工程量清单计价的总金额，它包括完成招标文件规定的工程量清单项目所需的全部费用；分部分项工程费、措施项目费、其他项目费和规费、税金；完成每个分项工程所含全部工作内容的费用；完成每项工作内容所需的全部费用（规费、税金除外）；工程量清单项目中没有体现的、施工中必须发生的工作内容所需的费用；考虑一定范围内的风险因素而增加的费用。

(2) 工程单价：即完成一个规定清单项目所需的人工费、材料和工程设备费、施工机具使用费和企业管理费、利润，以及一定范围内的风险费用。

5.1.4　工程量清单计价的组成

工程量清单计价，即对工程量清单所列的各分项给定单价、计算合价并汇总价。

建设工程工程量清单计价表格见表5-1。

表 5-1　　建设工程工程量清单计价表格（见 GB 50500—2013）

<table>
<tr><th>序号</th><th>表名</th><th>工程量清单</th><th>招标控制价</th><th>投标报价</th><th>竣工结算</th></tr>
<tr><td>1</td><td>附录B工程计价文件封面
××封面</td><td>封-1</td><td>封-2</td><td>封-3</td><td>封-4</td></tr>
<tr><td>2</td><td>附录C工程计价文件扉页
××扉页</td><td>扉-1</td><td>扉-2</td><td>扉-3</td><td>扉-4</td></tr>
<tr><td>3</td><td>附录D工程计价总说明</td><td colspan="4">表-01</td></tr>
<tr><td rowspan="3">4</td><td>附录E工程计价汇总表
建设项目××汇总表</td><td>—</td><td colspan="2">表-02</td><td>—</td></tr>
<tr><td>单项工程××汇总表</td><td>—</td><td colspan="2">表-03</td><td>—</td></tr>
<tr><td>单位工程××汇总表</td><td>—</td><td colspan="2">表-04</td><td>—</td></tr>
<tr><td rowspan="3">5</td><td>建设项目竣工结算汇总表</td><td>—</td><td>—</td><td>—</td><td>表-05</td></tr>
<tr><td>单项工程竣工结算汇总表</td><td>—</td><td>—</td><td>—</td><td>表-06</td></tr>
<tr><td>单位工程竣工结算汇总表</td><td>—</td><td>—</td><td>—</td><td>表-07</td></tr>
<tr><td rowspan="3">6</td><td>附录F分部分项工程和措施项目计价表
分部分项工程和单价措施项目清单与计价表</td><td colspan="4">表-08</td></tr>
<tr><td>综合单价分析表</td><td>—</td><td colspan="3">表-09</td></tr>
<tr><td>综合单价调整表</td><td>—</td><td>—</td><td>—</td><td>表-10</td></tr>
<tr><td>7</td><td>总价措施项目清单与计价表</td><td colspan="4">表-11</td></tr>
<tr><td rowspan="9">8</td><td>附录G其他项目计价表
其他项目清单与计价汇总表</td><td colspan="3">表-12（含12-1～5）</td><td>表-12（含12-1～8）</td></tr>
<tr><td>暂列金额明细表</td><td colspan="3">表12-1</td><td>表12-1</td></tr>
<tr><td>材料（工程设备）暂估单价及调整表</td><td colspan="3">表12-2</td><td>表12-2</td></tr>
<tr><td>专业工程暂估价及结算价表</td><td colspan="3">表12-3</td><td>表12-3</td></tr>
<tr><td>计日工表</td><td colspan="3">表12-4</td><td>表12-4</td></tr>
<tr><td>总承包服务费计价表</td><td colspan="3">表12-5</td><td>表12-5</td></tr>
<tr><td>索赔与现场签证计价汇总表</td><td colspan="3">—</td><td>表12-6</td></tr>
<tr><td>费用索赔申请（核准）表</td><td colspan="3">—</td><td>表12-7</td></tr>
<tr><td>现场签证表</td><td colspan="3">—</td><td>表12-8</td></tr>
<tr><td>9</td><td>附录H规费、税金项目计价表</td><td colspan="4">表-13</td></tr>
<tr><td>10</td><td>附录J工程计量申请（核准）表</td><td>—</td><td>—</td><td>—</td><td>表-14</td></tr>
<tr><td rowspan="5">11</td><td>附录K合同价款支付申请（核准）表
预付款支付申请（核准）表</td><td>—</td><td>—</td><td>—</td><td>表-15</td></tr>
<tr><td>总价项目进度款支付分解表</td><td>—</td><td>—</td><td colspan="2">表-16</td></tr>
<tr><td>进度款支付申请（核准）表</td><td>—</td><td>—</td><td>—</td><td>表-17</td></tr>
<tr><td>竣工结算款支付申请（核准）表</td><td>—</td><td>—</td><td>—</td><td>表-18</td></tr>
<tr><td>最终结清支付申请（核准）表</td><td>—</td><td>—</td><td>—</td><td>表-19</td></tr>
<tr><td rowspan="2">12</td><td>附录L主要材料、工程设备一览表
发包人提供材料和工程设备一览表</td><td colspan="4">表-20</td></tr>
<tr><td>承包人提供主要材料和工程设备一览表</td><td colspan="4">表-21或表-22</td></tr>
</table>

5.1.4.1　分部分项工程量清单项目费

(1) 企业管理费费率和利润率：根据投标人的企业定额或参照本省“计价依据”，并结合工程实际、市场竞争情况，分析确定企业管理费费率和利润率。

(2) 风险费用：按照工程施工招标文件约定的风险分担原则，结合自身实际情况，投标人防范、化解、处理应由其承担的、施工过程中可能出现的人工、材料和施工机械台班价格上涨，人员伤亡，质量缺陷，工期拖延等不利事件所需的费用。

由于国内目前还没有与工程量清单计算规则完全一致的配套消耗量定额（基价），因此工程量清单计价一般仍要利用预算定额才能实现。同时，清单工程量与预算工程量在计算规则和项目设置上有一定的差异，应利用预算定额完成工程量清单计价。

5.1.4.2　措施项目费

(1) 施工技术措施清单项目金额＝Σ（技术施工计价工程量×综合单价）。

(2) 施工组织措施清单项目金额＝（人工费＋机械费）×费率。

(3) 对清单中已列入，但投标人认为未发生的措施项目，一律以“0”表示。

5.1.4.3　其他项目清单费

其他项目清单组成见表 5-2。

表 5-2　**其他项目清单组成**

项目		投标报价	结算价
第一部分：招标人部分——不可竞争	暂列金额 暂估价	均为估算、预测数，虽在工程招标时计入投标人的报价中，但不为投标人所有	结算时，应按承包人实际完成的工作量计算，剩余部分仍为招标人所有
第二部分：投标人部分	总承包服务费	按分包工程的具体内容，参考费用定额的规定计算	—
	计日工	1. 编制招标控制价时，人工、材料、机械台班单价由招标人按有关计价规定填写并计算合价。 2. 编制投标报价时，人工、材料、机械台班单价由投标人自主确定，按已给暂估数量计算合价计入投标总价中	结算时，工程量按承包人实际完成的工作量计算，单价按承包人中标的报价不变

5.1.5　规费

在工程计价时，规费必须按该省建设工程施工费用定额的有关规定计取。

5.1.6　税金

按该省建设工程施工费用定额的有关规定计取。

知识清单 5.2　发包人的工程量清单计价

建设工程工程量清单计价招标控制价表格见表 5-3。

表 5-3　**建设工程工程量清单计价招标控制价表格［《浙江省建设工程计价规则》(2010 版)］**

序号	招标控制价表格
1	附表 3-1 封面
2	附表 3-2 总说明

续表

序号	招标控制价表格
3	附表3-3工程项目招标控制计价汇总表
4	附表3-4单位（专业）工程招标控制价计算表
5	附表3-5分部分项工程量清单与计价表
	附表3-5-1工程量清单综合单价计算表、附表3-5-2工程量清单综合单价计算表——安装工程
	附表3-5-1-1工程量清单综合单价工料机分析表、附表3-5-2-1工程量清单综合单价工料机分析表——安装工程
6	附表3-6施工技术措施项目清单与计价表
	附表3-6-1措施项目清单综合单价计算表
	附表3-6-1-1措施项目清单综合单价工料机分析表
7	附表3-7施工组织措施项目清单与计价表
8	附表3-8其他项目清单与计价汇总表
	附表3-8-1暂列金额明细表
	附表3-8-2材料暂估价表
	附表3-8-3专业工程暂估价表
	附表3-8-4计日工表
	附表3-8-5总承包服务费计价表
9	附表3-9主要工日价格表
10	附表3-10主要材料价格表
11	附表3-11主要机械台班价格表

5.2.1 发包人工程计价的基本内容

发包人在工程交易阶段的工程计价内容，根据所采用的计价模式和定标方式不同，可分为编制标底、编制招标控制价和施工图预算这几部分内容，分别适用于有标底招标、无标底招标和非工程量清单发包的方式。

发包人与投标人的工程计价在原理上是一致的，其区别主要体现在计价的某些依据、价格形成方式以及管理要求等方面，见表5-4。

表5-4　　招标控制价（标底）与投标报价的主要区别

项目	招标控制价（标底）	投标报价
编制人	由具有编制能力的招标人或受其委托具有相应资质的工程造价咨询人编制。工程造价咨询人接受招标人委托编制招标控制价，不得再就同一工程受投标人委托编制投标报价	由投标人或受其委托具有相应资质的工程造价咨询人编制
作用	招标工程的最高投标限价（标底是招标工程的参考价格，或定标的参考依据）	投标人的发盘价，投标人在已标价工程量清单中标明的总价

续表

项目	招标控制价（标底）	投　标　报　价
编制依据	国家或省级、行业建设主管部门颁发的计价定额和计价办法； 施工现场情况、工程特点及常规施工方案； 工程造价管理机构发布的工程造价信息； 工程造价信息没有发布的，参照市场价	企业定额，国家或省级、行业建设主管部门颁发的计价定额； 施工现场情况、工程特点及拟订的投标施工组织设计或施工方案； 市场价格信息或工程造价管理机构发布的工程造价信息
资源单价的确定方式	人工单价和施工机械台班单价应按省级、行业主管部门（或其授权机构）公布的单价计算，材料应按照造价管理机构发布的工程造价信息中的材料单价计算，工程造价信息没有发布的，其价格按照市场调查确定的单价计算	自主确定
编制过程	计价工程量计算—资源价格（单价）确认—计价—成果文件	清单工程量复核—计价工程量计算—资源价格（单价）确认—初步计价—最终报价—成果文件
价格形成	一个项目只允许编制一个控制价（一个标底）； 按规定编制，不应上调或下浮（有的地方规定，非国有资金投资的工程，招标控制线可以下浮一定比例，作为判断中标人价格合理性的基准价）	一个投标人只允许有一个报价； 投标人应依据规定自主确定投标报价； 投标人必须按招标工程量清单填报价格
管理要求	国有资金投资的建设工程招标，招标人必须编制招标控制价； 当招标控制价超过批准的概算时，招标人应将其报原概算审批部门审核； 招标人应在发布招标文件时公布招标控制价（标底开标前保密）； 同时应将招标控制价及有关资料报送管理机构备查	投标报价不得低于工程成本； 投标人的投标报价高于招标控制价的应给予废标

按照规定，国有资金投资的建设工程招标，招标人必须编制招标控制价。招标控制价和标底比较，具有以下优势：

（1）招标人通过合理编制的招标控制价作为投标报价的最高限价，可以有效避免利用围标和串标抬高工程投标价的现象发生，有效遏制围标、串标行为，从利益的分配上消除了投标人为获得超额利润而进行合谋的驱动力。

（2）投标人通过分析公开的招标控制价，可以避免投标决策的盲目性，增强投标活动的选择性和经济性。投标人可以根据企业的技术实力和管理水平，对工程的招标控制价进行合理评估，考虑其可接受性并决定是否继续参与投标。

（3）招标控制价与经评审的合理最低价评标方法配合，能促使投标人加快技术革新和提高管理水平。在有招标控制价限制且采用经评审的合理最低价法的情况下，能够促进建筑企业降低内部成本，真正走向管理要效益、向生产技术要利润之路，提高企业先进水平，否则就要被市场淘汰，符合优胜劣汰的发展规律。

5.2.2　招标控制价的公开与备案

按照规定，招标人应在发布招标文件时公布招标控制价，关于公布的具体要求（如公布方式、内容）全国没有统一规定，各地的规定也不相同。例如，天津市规定，招标控制价在招标文件中公布，公布的内容包括总价、各专业工程价格、风险费用内容及其范围和幅度的相关计算说明；广州市规定，施工招标工程的招标控制价应当在发出招标文件时发布，发布的内容包括工程总价、编制说明、工程概况、工程项目招标控制价汇总表、单项工程招标控制价汇总表、单位工程招标控制价汇总表、分部分项工程计价表、措施项目计价表、其他项目计价表、暂列金额明细表、材料设备暂估价明细表、专业工程暂估价明细表、计日工计价表、总承包服务费计价表、规费和税金项目计算表、人材机单价表。

招标控制价及有关资料需要在公布的同时报送工程所在地或有该工程管辖权的行业管理部门工程造价管理机构备查。

5.2.3　招标控制价的复核、投诉与处理

投标人有权对招标控制价的合理性进行复核与质疑。

投标人经复核认为招标人公布的招标控制价未按照规定进行编制的，应当在招标控制价公布后5日内向招投标监督机构和工程造价管理机构投诉。投诉人投诉时，应当提交由单位盖章和法定代表人或其委托人签名或盖章的书面投诉书。

5.2.4　招标控制价案例

［例5-1］　招标控制价封面如下：

××公园绿化景观　工程

招 标 控 制 价

招标控制价(小写)：148367元

(大写)：壹拾肆万捌仟叁佰陆拾柒元整

招标人：××市园林绿化管理处
(单位盖章)

工程造价咨询人：××市工程造价咨询事务所
(单位资质专用章)

法定代表人或其授权人：林绿化
(签字或盖章)

法定代表人或其授权人：林咨询
(签字或盖章)

编 制 人：张三
(造价人员签字盖专用章)

复 核 人：
(造价工程师签字盖专用章)

编制时间：2014年8月

复核时间：2014年8月

［例5-2］　总说明如下：

总　说　明

工程名称：××公园绿化景观工程　　　　　　　　　　　　第1页　共1页

本报价按照工程量清单总说明及工程量清单计价要求编制。

1. 本工程绿化用土的标高已达到设计要求，不再计取场地平整费用；土方类别为二类。

2. 所有乔木均按树棍桩四脚支撑带泥球种植考虑，乔木卷杆按照1米/株考虑。

3. 苗木养护期一年。

4. 堆砌湖石假山高度为3.5m，工程量为28t。

5. 湖石景石用量如下：0.6t的共4块；1.8t的汀步共2块；6.2t的共1块；2.7t的共5块。

6. 120mm×150mm×600mm桐庐芝麻青火烧面花岗岩侧石暂定材料价为36元/m；花岗岩汀步（700mm×350mm×70mm桐庐芝麻青菠萝面）暂定材料价为62元/块。

7. 本清单报价参照《浙江省建设工程施工取费定额（2010版）》（浙建站计〔2013〕64号），按照园林工程二类中值计取，管理费的费率为6.647%，工程定位复测费的费率为0.04%，已完工程及设备保护费的费率为0.08%。

8. 施工技术措施费按本省相关规定计算；组织措施费费率按照市区一般工程中值计取。

9. 规费：工程排污费、社会保障费、住房公积金的费率为13.19%；农民工工伤保险费按5%计取；危险作业意外伤害保险费暂不计取；专业工程总承包服务费按1%计。

税金费率按3.577%计取。

10. 暂列金额为1万元。

11. 喷泉工程暂估价5000元，石桌石凳2套暂估价1600元。

12. 材料价格先后按照杭州造价信息（2014年8月）、浙江省造价信息（2014年8月）、市场价计补价差。

13. 人工单价按照2014年3季度杭州市人工信息价计补价差；花岗岩汀步（700mm×350mm×70mm桐庐芝麻青菠萝面）的安装人工费按10元/块计取。

[例5-3] 工程项目招标控制价汇总表见表5-5。

表5-5　　工程项目招标控制价汇总表

工程名称：××公园绿化景观工程

序号	单位工程名称	金额（元）
一	××公园绿化景观工程	148367
1	园林绿化工程	53212
2	园林景观工程	95155
	其他项目	0
合计		148299

[例5-4] 单位工程招标控制价计算表见表5-6。

表5-6　　单位工程招标控制价计算表

单位工程名称：××公园绿化景观工程　　　　　　第1页　共1页

序号	汇总内容	计算公式	金额（元）
1	工程量清单分部分项工程费	Σ（分部分项工程量×综合单价）	93258
2	措施项目费	2.1+2.2	4327

续表

序号	汇 总 内 容	计 算 公 式	金 额 （元）
2.1	施工技术措施项目	Σ（技术措施工程量×综合单价）	3033
2.2	施工组织措施项目	Σ（人工费＋机械费）×费率	1294
其中	安全文明施工费	（人工费＋机械费）×费率	1264
	其他措施项目费	（人工费＋机械费）×费率	30
3	其他项目	3.1＋3.2＋3.3＋3.4	43726
3.1	暂列金额		10000
3.2	暂估价		6600
3.3	计日工		27060
3.4	总承包服务费		66
4	规费	4.1＋4.2	2506
4.1	排污费、社保费、公积金	（人工费＋机械费）×费率	2506
4.2	农民工工伤保险费	按各地市相关规定记取	
5	危险作业意外伤害保险费	按各地市相关规定记取	
6	税金	（1＋2＋3＋4＋5）×费率	4551
	合计	1＋2＋3＋4＋5	148367

［例 5-5］ 专业工程招标控制价计算表见表 5-7。

表 5-7　　专业工程招标控制价计算表

单位及专业工程名称：××公园绿化景观工程——园林绿化工程　　第 1 页　共 1 页

序号	费 用 名 称	计 算 公 式	金 额 （元）
1	工程量清单分部分项工程费	Σ（分部分项工程量×综合单价）	46550
2	措施项目费	2.1＋2.2	3643
2.1	施工技术措施项目	Σ（技术措施工程量×综合单价）	3033
2.2	施工组织措施项目	Σ（定额人工费＋定额机械费）×费率	610
其中	安全文明施工费	（定额人工费＋定额机械费）×费率	596
	其他措施项目费	（定额人工费＋定额机械费）×费率	14
3	其他项目	3.1＋3.2＋3.3＋3.4	
3.1	暂列金额		
3.2	暂估价		
3.3	计日工		
3.4	总承包服务费		
4	规费	4.1＋4.2	1182
4.1	排污费、社保费、公积金	（定额人工费＋定额机械费）×费率	1182
4.2	农民工工伤保险费	按各地市相关规定记取	
5	危险作业意外伤害保险费	（定额人工费＋定额机械费）×费率	
6	税金	（1＋2＋3.3＋3.4＋4＋5）×费率	1838
	合计	1＋2＋3＋4＋5	53212

［例 5-6］ 分部分项工程量清单与计价表见表 5-8。

表 5-8　　分部分项工程量清单与计价表

单位及专业工程名称：××公园绿化景观工程——园林绿化工程

序号	项目编码	项目名称	项目特征	计量单位	工程量	综合单价（元）	合价（元）	其中（元）		备注
								人工费	机械费	
		0501 绿化工程					46549.67	10866.93	2233.64	
1	050101010001	整理绿化用地	土壤类别：二类土	m^2	495.00	2.95	1460.25	1188.00	0.00	
2	050102001001	栽植乔木	种类：香樟 胸径或干径：10cm 养护期：一年	株	4	258.90	1035.60	214.88	88.56	
3	050102001002	栽植乔木	种类：香樟 胸径或干径：8cm 养护期：一年	株	16	218.50	3496.00	859.52	354.24	
……										
合计							46549.67	10866.93	2233.64	

［例 5-7］ 工程量清单综合单价计算表见表 5-9。

表 5-9　　工程量清单综合单价计算表

单位及专业工程名称：××公园绿化景观工程——园林绿化工程

序号	编码	名称	计量单位	数量	综合单价（元）							合计（元）
					人工费	材料费	机械费	管理费	利润	风险费用	小计	
		0501 绿化工程										
1	050101010001	整理绿化用地 土壤类别：二类土	m^2	495	2.40			0.38	0.17		2.95	1460
	1-210	绿地平整	$10m^2$	49.5	24.00			3.76	1.68		29.44	1457
2	050102001001	栽植乔木 种类：香樟 胸径或干径：10cm 养护期：一年	株	4	53.72	164.56	22.14	12.79	5.69		258.90	1036
	1-58	栽植乔木 土球直径：80cm 以内	10 株	0.4	332.64	1620.43	175.61	86.60	38.57		2253.85	902
	主材	香樟	株	10.1		160.00					160.00	1616
	1-240	常绿乔木养护 胸径：10cm 以内	10 株	0.4	204.56	25.12	45.78	41.26	18.37		335.09	134
……												
合计												46550

［例 5-8］ 工程量清单综合单价工料机分析表见表 5-10、表 5-11。

表 5-10　　工程量清单综合单价工料机分析表（一）

单位及专业工程名称：××公园绿化景观工程——园林绿化工程　　第 1 页　共 11 页

项目编号		050101010001	项目名称	整理绿化用地	计量单位	m^2
清单综合单价组成明细						
序号	名称及规格		单位	数量	金额（元）	
					单价	合价
1	人工	一类人工	工日	0.0381	63.00	2.40
	人工费小计					2.40
2	材料					
	材料费小计					
3	机械					
	机械费小计					
4	直接工程费（1+2+3）					2.40
5	管理费					0.38
6	利润					0.17
7	风险费用					
8	综合单价（4+5+6+7）					2.95

表 5-11　　工程量清单综合单价工料机分析表（二）

单位及专业工程名称：××公园绿化景观工程——园林绿化工程　　第 2 页　共 11 页

项目编号		050102001001	项目名称	栽植乔木	计量单位	株
清单综合单价组成明细						
序号	名称及规格		单位	数量	金额（元）	
					单价	合价
1	人工	一类人工	工日	0.8527	63.00	53.72
	人工费小计					53.72
2	材料	香樟 ϕ10	株	1.0100	160.00	161.60
		肥料	kg	0.6880	0.29	0.20
		药剂	kg	0.0635	30.00	1.91
		水	m^3	0.2490	2.95	0.73
		其他材料费	元	0.1150	1.00	0.12
	材料小计					164.55
3	机械	汽车式起重机 5t	台班	0.0169	405.15	6.85
		载货汽车 4t	台班	0.0296	361.95	10.71
		洒水汽车 4000L	台班	0.0097	471.97	4.58
	机械费小计					22.14
4	直接工程费（1+2+3）					240.42
5	管理费					12.79
6	利润					5.69
7	风险费用					
8	综合单价（4+5+6+7）					258.90

［例 5 - 9］　施工技术措施项目清单与计价表见表 5 - 12。

表 5 - 12　　施工技术措施项目清单与计价表

单位及专业工程名称：××公园绿化景观工程——园林绿化工程　　　　第 1 页　共 1 页

序号	项目编码	项目名称	项目特征	计量单位	工程量	综合单价（元）	合价（元）	其中（元）		备注
								人工费	机械费	
		0504 措施项目					3033	432.19	0.00	
1	050403001001	树木支撑架	支撑类型、材质：四脚支撑树棍桩	株	84	32.69	2746	288.12	0.00	
……										
合计							3033	432.19		

［例 5 - 10］　措施项目清单综合单价计算表见表 5 - 13。

表 5 - 13　　措施项目清单综合单价计算表

单位及专业工程名称：××公园绿化景观工程——园林绿化工程　　　　第 1 页　共 1 页

序号	编码	名称	计量单位	数量	综合单价（元）							合计（元）
					人工费	材料费	机械费	管理费	利润	风险费用	小计	
		0504 措施项目										
1	050403001001	树木支撑架 支撑类型、材质：四脚支撑树棍桩	株	84	3.43	28.48		0.54	0.24		32.69	2746
	1 - 190	支撑树棍桩、四脚桩	10 株	8.4	34.27	284.80		5.37	2.39		326.83	2745
……												
合计												3033

［例 5 - 11］　措施项目清单综合单价工料机分析表见表 5 - 14。

表 5 - 14　　措施项目清单综合单价工料机分析表

单位及专业工程名称：××公园绿化景观工程——园林绿化工程　　　　第 1 页　共 3 页

项目编号	050403001001		项目名称	树木支撑架	计量单位	株
清单综合单价组成明细						
序号	名称及规格		单位	数量	金额（元）	
					单价	合价
1	人工	一类人工	工日	0.0544	63.00	3.43
	人工费小计					3.43
2	材料	树棍长 2.2m	根	5.0000	5.50	27.50
		镀锌铁丝 12 号	kg	0.1000	4.80	0.48
		其他材料费	元	0.5000	1.00	0.50
	材料小计					28.48

续表

项目编号	050403001001	项目名称	树木支撑架	计量单位	株
3	机械				
	机械费小计				
4	直接工程费（1+2+3）				31.91
5	管理费				0.54
6	利润				0.24
7	风险费用				
8	综合单价（4+5+6+7）				32.69

［例 5-12］ 施工组织措施项目清单与计价表见表 5-15。

表 5-15　　施工组织措施项目清单与计价表

单位及专业工程名称：××公园绿化景观工程——园林绿化工程　　第 1 页　共 1 页

序号	项目名称	计算基础	费率（%）	金额（元）
1	安全文明施工费	定额人工费＋定额机械费	6.65	595.95
2	其他组织措施费			14.33
2.1	夜间施工增加费	定额人工费＋定额机械费	0.04	3.58
2.2	二次搬运费	定额人工费＋定额机械费		
2.3	冬雨季施工增加费	定额人工费＋定额机械费		
2.4	行车、行人干扰增加费	定额人工费＋定额机械费		
2.5	已完工程及设备保护费	定额人工费＋定额机械费	0.08	7.17
2.6	提前竣工增加费	定额人工费＋定额机械费		
2.7	工程定位复测费	定额人工费＋定额机械费	0.04	3.58
2.8	特殊地区增加费	定额人工费＋定额机械费		
合计				610.28

［例 5-13］ 其他项目清单汇总表见表 5-16。

表 5-16　　其他项目清单汇总表

单位及专业工程名称：××公园绿化景观工程——园林绿化工程　　第 1 页　共 1 页

序号	项目名称	计量单位	金额（元）	备注
1	暂列金额			
2	暂估价			
2.1	材料暂估价			
2.2	专业工程暂估价			
3	计日工			
4	总承包服务费			
合计（元）			0	

［例5-14］ 主要工日价格表见表5-17。

表5-17 主要工日价格表

单位及专业工程名称：××公园绿化景观工程——园林绿化工程 第1页 共1页

序号	工种	单位	数量	单价（元）
1	一类人工	工日	179.39	63.00

［例5-15］ 主要材料价格表见表5-18。

表5-18 主要材料价格表

单位及专业工程名称：××公园绿化景观工程——园林绿化工程 第1页 共1页

序号	编码	材料名称	规格型号	单位	数量	单价（元）	备注
1	主材	香樟	ϕ10	株	4.04	160.00	
2	主材	香樟	ϕ8	株	16.16	120.00	
3	主材	杜英	ϕ8	株	14.14	135.00	
4	主材	合欢	ϕ12	株	1.01	720.00	
5	主材	垂柳	ϕ10	株	9.09	220.00	
6	主材	桂花	p200	株	10.10	350.00	
7	主材	桂花	p250	株	8.08	630.00	
8	主材	红枫	D6	株	22.22	420.00	
9	主材	百慕大草皮		m^2	451.50	6.00	
10	主材	夏鹃	H30P30	株	918.75	2.00	

［例5-16］ 主要机械台班价格表见表5-19。

表5-19 主要机械台班价格表

单位及专业工程名称：××公园绿化景观工程——园林绿化工程 第1页 共1页

序号	机械设备名称	单位	数量	单价（元）
1	汽车式起重机 5t	台班	1.07	405.15
2	载货汽车 4t	台班	1.87	361.95
3	洒水汽车 4000L	台班	2.38	471.97

［例5-17］ 专业工程招标控制价计算表见表5-20。

表5-20 专业工程招标控制价计算表

单位及专业工程名称：××公园绿化景观工程——园林景观工程 第1页 共1页

序号	费用名称	计算公式	金额（元）
1	工程量清单分部分项工程费	Σ（分部分项工程量×综合单价）	46708
2	措施项目费	2.1+2.2	684
2.1	施工技术措施项目	Σ（技术措施工程量×综合单价）	
2.2	施工组织措施项目	Σ（定额人工费+定额机械费）×费率	684

续表

序号	费用名称	计算公式	金额（元）
其中	安全文明施工费	（定额人工费＋定额机械费）×费率	668
	其他措施项目费	（定额人工费＋定额机械费）×费率	16
3	其他项目	3.1＋3.2＋3.3＋3.4	43726
3.1	暂列金额		10000
3.2	暂估价		6600
3.3	计日工		27060
3.4	总承包服务费		66
4	规费	4.1＋4.2	1324
4.1	排污费、社保费、公积金	（定额人工费＋定额机械费）×费率	1324
4.2	农民工工伤保险费	按各地市相关规定计取	
5	危险作业意外伤害保险费	（定额人工费＋定额机械费）×费率	
6	税金	（1＋2＋3.3＋3.4＋4＋5）×费率	2713
	合计	1＋2＋3＋4＋5	95155

［例 5－18］ 分部分项工程量清单与计价表见表 5－21。

表 5－21 **分部分项工程量清单与计价表**

单位及专业工程名称：××公园绿化景观工程——园林景观工程 第 1 页 共 1 页

序号	项目编码	项目名称	项目特征	计量单位	工程量	综合单价（元）	合价（元）	其中（元）		备注
								人工费	机械费	
		0502 园路、园桥工程					22477.02	7450.70	33.65	
1	050201001001	园路	园路土基 整理路床 100 厚碎石垫层 100 厚 C10 素混凝土 20 厚菠萝格地板，60×60 菠萝格木龙骨间距 600	m^2	30.00	208.58	6257.40	1772.70	20.70	
		0503 园林景观工程					24231.07	3847.07	3532.82	
2	050301005001	点风景石	石料种类：太湖石 石料重量：0.6t/块	块	4	494.81	1979.24	417.32	316.00	
……										
合计							46708.09	11297.77	3566.47	

［例 5－19］ 工程量清单综合单价计算表见表 5－22。

表 5-22　　工程量清单综合单价计算表

单位及专业工程名称：××公园绿化景观工程——园林景观工程　　第 1 页　共 3 页

序号	编码	名称	计量单位	数量	综合单价（元）							合计（元）
					人工费	材料费	机械费	管理费	利润	风险费用	小计	
		0502 园路、园桥工程										
1	050201001001	园路 园路土基、整理路床 100 厚碎石垫层 100 厚 C10 素混凝土 20 厚菠萝格地板，60×60 菠萝格木龙骨间距 600	m^2	30	59.09	135.53	0.69	9.18	4.09		208.58	6257
	2-44	整理园路土基层路床	$10m^2$	4.2	28.15			4.33	1.93		34.41	145
	2-47	铺设园路碎石垫层	$10m^3$	0.311	456.85	1365.00		70.32	31.32		1923.49	598
	2-48 换	C10 铺设园路混凝土垫层	$10m^3$	0.311	1138.98	2765.09	51.82	185.69	82.69		4224.27	1314
	7-34	企口木地板铺在小木楞上	$100m^2$	0.3	3859.65	9269.99	15.69	592.16	263.72		14001.21	4200

[例 5-20]　工程量清单综合单价工料机分析表见表 5-23。

表 5-23　　工程量清单综合单价工料机分析表

单位及专业工程名称：××公园绿化景观工程——园林景观工程　　第 1 页　共 9 页

项目编号		050201001001	项目名称	园路	计量单位	m^2
清单综合单价组成明细						
序号	名称及规格		单位	数量	金额（元）	
					单价	合价
1	人工	二类人工	工日	0.2970	69.00	20.49
		三类人工	工日	0.4765	81.00	38.60
	人工费小计					59.09

续表

项目编号		050201001001	项目名称	园路	计量单位	m^2
2	材料	长条实木地板	m^2	1.0500	55.00	57.75
		其他材料费	元	0.2333	1.00	0.23
		白回丝	kg	0.0100	9.23	0.09
		防腐油	kg	0.1200	1.60	0.19
		镀锌铁丝 10 号	kg	0.3015	4.80	1.45
		地板钉	kg	0.1587	5.00	0.79
		碎石 38～63	t	0.1654	85.00	14.06
		杉木枋 50×60	m^3	0.0158	2050.00	32.29
		水	m^3	0.0709	2.95	0.21
		碎石综合	t	0.1270	85.00	10.80
		黄砂（净砂）综合	t	0.1046	105.00	10.98
		水泥 42.5	kg	17.1354	0.39	6.68
	材料小计					135.53
3	机械	双锥反转出料混凝土搅拌机 500L	台班	0.0035	152.42	0.54
		木工圆锯机 $\phi500$	台班	0.0059	26.68	0.16
	机械费小计					0.69
4	直接工程费（1＋2＋3）					195.31
5	管理费					9.18
6	利润					4.09
7	风险费用					
8	综合单价（4＋5＋6＋7）					208.58

［例 5-21］ 施工组织措施项目清单与计价表见表 5-24。

表 5-24　　施工组织措施项目清单与计价表

单位及专业工程名称：××公园绿化景观工程——园林景观工程　　第 1 页　共 1 页

序号	项目名称	计算基础	费率（%）	金额（元）
1	安全文明施工费	定额人工费＋定额机械费	6.65	667.61
2	其他组织措施费			16.07
2.1	夜间施工增加费	定额人工费＋定额机械费	0.04	4.02
2.2	二次搬运费	定额人工费＋定额机械费		
2.3	冬雨季施工增加费	定额人工费＋定额机械费		
2.4	行车、行人干扰增加费	定额人工费＋定额机械费		
2.5	已完工程及设备保护费	定额人工费＋定额机械费	0.08	8.03

续表

序号	项目名称	计算基础	费率（%）	金额（元）
2.6	提前竣工增加费	定额人工费＋定额机械费		
2.7	工程定位复测费	定额人工费＋定额机械费	0.04	4.02
2.8	特殊地区增加费	定额人工费＋定额机械费		
合计				683.68

[例 5-22]　其他项目清单汇总表见表 5-25。

表 5-25　　其他项目清单汇总表

单位及专业工程名称：××公园绿化景观工程——园林景观工程　　　　第 1 页　共 1 页

序号	项目名称	计量单位	金额（元）	备注
	其他项目		43660.00	
1	暂列金额		10000.00	
2	暂估价		6600.00	
2.1	材料暂估价			
2.2	专业工程暂估价		6600.00	
3	计日工		27060.00	
4	总承包服务费			
合计			43660	

[例 5-23]　暂列金额明细表见表 5-26。

表 5-26　　暂列金额明细表

单位及专业工程名称：××公园绿化景观工程——园林景观工程　　　　第 1 页　共 1 页

序号	项目名称	计量单位	暂定金额（元）	备注
1	政策性调整和材料价格风险	项	5000.00	
2	工程量清单中工程量变更和设计变更	项	4000.00	
3	其他	项	1000.00	
合计			10000.00	

[例 5-24]　材料暂估单价表见表 5-27。

表 5-27　　材料暂估单价表

单位及专业工程名称：××公园绿化景观工程——园林景观工程　　　　第 1 页　共 1 页

序号	材料名称、规格、型号	计量单位	工程量	单价	合价（元）	备注
1	桐庐芝麻青菠萝面汀步 700mm×350mm×70mm	块	26.00	62	1612.00	暂估材料
2	火烧面桐庐芝麻青花岗岩路牙 120mm×150mm×600mm	m	75.71	36	2725.38	暂估材料

[例 5-25]　专业工程暂估价表见表 5-28。

表 5-28　专业工程暂估价表

单位及专业工程名称：××公园绿化景观工程——园林景观工程　　标段：　　第1页　共1页

序号	工程名称	工程内容	金额（元）	备注
1	喷泉工程	制作、安装	5000.00	
2	石桌石凳2套	制作	1600.00	
3				
合计			6600.00	

［**例 5-26**］　计日工表见表 5-29。

表 5-29　计 日 工 表

单位及专业工程名称：××公园绿化景观工程——园林景观工程　　第1页　共1页

序号	项目名称	单　　位	暂定数量	综合单价（元）	合价（元）
一	人工				5500.00
1	技工	工日	50.00	110.00	5500.00
2					
人工小计					5500.00
二	材料				6560.00
1	52.5级普通水泥	t	16.00	410.00	6560.00
2					
材料小计					6560.00
三	施工机械				15000.00
1	汽车起重机 20t	台班	6.00	2500.00	15000.00
2					
施工机械小计					15000.00
总计					27060.00

［**例 5-27**］　总承包服务费计价表见表 5-30。

表 5-30　总承包服务费计价表

单位及专业工程名称：××公园绿化景观工程——园林景观工程　　第1页　共1页

序号	项目名称	项目价值（元）	服务内容	费率（%）	金额（元）
1	发包人分包专业工程	6600.00	喷泉、桌凳	1.00	66.00
2	发包人供应材料				
合计					66.00

［**例 5-28**］　主要工日价格表见表 5-31。

表5-31　　主要工日价格表

单位及专业工程名称：××公园绿化景观工程——园林景观工程　　第1页　共1页

序号	工种	单位	数量	单价（元）
1	二类人工	工日	140.52	69.00
2	三类人工	工日	16.57	81.00

[例5-29]　主要材料价格表见表5-32。

表5-32　　主要材料价格表

单位及专业工程名称：××公园绿化景观工程——园林景观工程　　第1页　共1页

序号	编码	材料名称	规格型号	单位	数量	单价（元）	备注
1	0401031	水泥	42.5	kg	3051.00	0.39	
2	0403043	黄砂（净砂）	综合	t	11.19	105.00	
3	0405001	碎石	综合	t	7.04	85.00	
4	0405002	碎石	38～63	t	14.12	85.00	
5	0405045	园林用卵石	本色	t	2.52	128.00	
6	0411011	块石	200～500	t	2.77	63.00	
7	0433003	非泵送商品混凝土	C20	m^3	7.71	374.00	
8	0503103	杉木枋	50×60	m^3	0.47	2050.00	
9	0711051	湖石		t	40.00	216.00	
10	0741001	长条实木地板		m^2	31.50	55.00	

[例5-30]　主要机械台班价格表见表5-33。

表5-33　　主要机械台班价格表

单位及专业工程名称：××公园绿化景观工程——园林景观工程　　第1页　共1页

序号	机械设备名称	单　位	数　量	单价（元）
1	汽车式起重机 5t	台班	8.53	405.15
2	汽车式起重机 12t	台班	0.11	717.24
3	双锥反转出料混凝土搅拌机 500L	台班	0.11	152.42
4	灰浆搅拌机 200L	台班	0.15	85.03
5	木工圆锯机 ϕ500	台班	0.18	26.68

课堂笔记

【箴言匠语】深入施工现场，调查研究，掌握第一手资料，积极主动为基层单位服务，为工程项目服务，急基层单位和工程项目之所急。

任务二　学习绿化工程工程量清单计价与管理

任务清单 5.2　掌握绿化工程工程量清单计价方法

1. 任务情境

在第 4 章的学习中，已经学会了绿化工程量清单的学习，而清单编制时只需要填到工程数量，工程的价格并没有填写。而在清单计价编制时，需要根据定额算出价格，再加上管理费、利润、风险费等，把综合单价求出来，填到之前未填写的价格表格中。

2. 任务目标

掌握园林绿化工程量清单计价表的编写和汇总的方法。

3. 任务要求

在第 4 章清单编制案例计算的基础上，用附录中的浙江 2010 版园林绿化定额完成后面的计价的计算。

《发包人的工程量清单计价》微课，括 5 个视频，约 330MB

任务指引 PPT

4. 任务实施

步骤 1：观看《发包人的工程量清单计价》微课视频 5.4，完成下面的计价表。

已知杭州某小区绿化工程，土质为三类土，绿地面积为 360m²，绿地整理厚度在 30cm 以内，场内无垃圾，无需处理。苗木要求带土球种植，种植后乔木采用树桩三脚支撑，乔木草绳绕树干高度为 2m/株，养护期为一年。其中苗木到场价如下：鹅掌楸 480 元/株，红花继木球 90 元/株，百慕大草皮 4 元/m²，凌霄 2 元/株，小叶栀子 2 元/株。除苗木价格按照上述到场价计取外，人工、机械、其他材料费均按照定额相应价格计取。

管理费按 13%计取，利润按 22%计取，风险费不计。

植物名称及数量统计表

序号	植物名称	规格（cm）			单位	数量	备注
		胸径（地径）	冠幅	高度			
1	鹅掌楸	10	300	500	株	4	
2	红花继木球		120	100	株	9	
3	凌霄	2			株	6	三年生 3 株/m²
4	小叶栀子		35	40	m²	24	16 株/m² 苗高 50cm 内
5	百慕大草皮				m²	32	满铺

分部分项工程量清单与计价表

序号	项目编码	项目名称	项目特征	计量单位	工程量	综合单价（元）	合价（元）	其中（元）		备注
								人工费	机械费	
本页小计										
合计										

施工技术措施项目清单与计价表

序号	项目编码	项目名称	项目特征	计量单位	工程量	综合单价（元）	合价（元）	其中（元）		备注
								人工费	机械费	
本页小计										
合计										

工程量清单综合单价计算表

单位（专业）工程名称：　　　　　　　　　　　　　　　　　　　　第　页　共　页

序号	编码	名称	计量单位	数量	综合单价（元）							合计（元）
					人工费	材料费	机械费	管理费	利润	风险费用	小计	
1												
2												
3												
4												
5												

续表

序号	编码	名称	计量单位	数量	综合单价（元）							合计（元）
					人工费	材料费	机械费	管理费	利润	风险费用	小计	
6												
合计												

措施项目清单综合单价计算表

单位（专业）工程名称：　　　　第　页　共　页

序号	编码	名称	计量单位	数量	综合单价（元）							合计（元）
					人工费	材料费	机械费	管理费	利润	风险费用	小计	
1												
2												
合计												

步骤 2：根据材料完成绿化工程清单计价，填写相应的表格。

某一绿地（土为二类土）有胸径 28cm 的银杏 3 棵、胸径 17cm 的银杏 3 棵，要求迁移至本施工场地的别处（土为三类土）种植。已知：（1）银杏种植时要求带土球，用购买的种植土回填（种植土的预算价格为 35 元/m^2，人工搬运种植土至树穴距离为 40m）。（2）每棵树用草绳绕树干 2m，种植后再用长 2.2m 树棍桩三脚支撑，养护二年。

管理费按 13％计取，利润按 22％计取，风险费不计。

分部分项工程量清单与计价表

序号	项目编码	项目名称	项目特征	计量单位	工程量	综合单价（元）	合价（元）	其中（元）		备注
								人工费	机械费	
		合计								

施工技术措施项目清单与计价表

序号	项目编码	项目名称	项目特征	计量单位	工程量	综合单价（元）	合价（元）	其中（元）		备注
								人工费	机械费	
		合计								

工程量清单综合单价计算表

单位（专业）工程名称：　　　　　　　　　　　　　　　　第　页　共　页

序号	编码	名称	计量单位	数量	综合单价（元）							合计（元）
					人工费	材料费	机械费	管理费	利润	风险费用	小计	
1												
2												

续表

序号	编码	名称	计量单位	数量	综合单价（元）							合计（元）
					人工费	材料费	机械费	管理费	利润	风险费用	小计	
合计												

措施项目清单综合单价计算表

单位（专业）工程名称：　　　　　　　　　　　　　　　　　　　第　页　共　页

序号	编码	名称	计量单位	数量	综合单价（元）							合计（元）
					人工费	材料费	机械费	管理费	利润	风险费用	小计	
1												
2												
3												
合计												

5. 任务总结

通过完成上述任务，你学到了哪些知识和技能？在哪些地方还存在疑惑？

6. 实施人员

7. 任务点评

任务三　学习园路、假山工程工程量清单计价与管理

任务清单 5.3　掌握园路、假山工程工程量清单计价方法

1. 任务情境

在第 4 章的学习中，已经学会了园路、假山工程量清单的学习，其工程量清单计价方法与绿化工程的清单计价方法是一致的，把综合单价再求出来，填到之前未填写的价格的表格中。因为园路的不同层面的材料工程量计算方法较复杂，可以整理一个工程量计算表先对每一层的工程量进行计算。

2. 任务目标

掌握园路、假山工程量清单计价表的编写和汇总的方法。

3. 任务要求

在第 4 章清单编制案例计算的基础上，完成后面的计价的计算。

《发包人的工程量清单计价》微课，包括 5 个视频，约 330MB

任务指引 PPT

4. 任务实施

步骤 1：观看《发包人的工程量清单计价》微课视频 5.5，完成下表的计价表。

依据本省工程量清单计价要求，按规范计算分部分项工程量，编制该园路的分部分项工程量清单计价、分部分项工程量清单项目综合单价计算表（企业管理费、利润、风险费按人工费与机械使用费之和的 16.50%、11.50%、5%计算）。

工程名称：某景区园林景观工程

序号	项目编号	工程项目名称	计量单位	工程数量
1	050201001001	园路： 黄沙干铺土青砖席纹侧铺，路面（宽 1.25m；长 12m）； 100 厚 15（40）混凝土垫层； 150 厚碎石垫层； 整理路床（宽 2.25m，长 13m）	m^2	15

分部分项工程量清单与计价表

序号	项目编码	项目名称	项目特征	计量单位	工程量	综合单价（元）	合价（元）	其中（元）		备注
								人工费	机械费	
1										

工程量计算表

序号	项目说明	单位	工程数量	计算式
1				
2				
3				
4				

工程量清单综合单价计算表

序号	编码	名称	计量单位	数量	综合单价（元）							合计（元）
					人工费	材料费	机械费	管理费	利润	风险费用	小计	

步骤 2：观看视频[5.6]，完成下表。

管理费按 13%计取，利润按 22%计取，风险费不计。

工程量清单综合单价计算表

序号	编码	名称	计量单位	数量	综合单价（元）							合计（元）
					人工费	材料费	机械费	管理费	利润	风险费用	小计	
1	050301001001	堆筑土山丘 土山丘场外取土、运土距离为1000m，坡度为30%，高 1.5m	m^3	400.00								

5. 任务总结

通过完成上述任务，你学到了哪些知识和技能？在哪些地方还存在疑惑？

6. 实施人员

7. 任务点评

任务四　学习承包人的工程量清单计价和投标报价

任务清单 5.4　了解承包人的工程量清单计价和投标报价的方法

1. 任务情境

任务二和任务三主要学习了发包人工程计价中的招标控制价的编制方法，而承包人在招投标环节中需要编制的是投标报价类型的工程计价即工程估价。在承包人参与环节中主要包括工程估价和投标决策。

2. 任务目标

了解承包人的工程量清单计价方法和投标报价中的工作内容。

3. 任务要求

整理承包人的工程量清单计价方法和承包人的投标报价要点。

《承包人的工程量清单计价》微课，约 110MB

《承包人的投标报价》微课，约 87MB

任务指引 PPT

4. 任务实施

步骤 1：观看《承包人的工程量清单计价》微课视频 5.7，结合知识清单 5.3 承包人的工程量清单计价，找出 2013 版计价规范或浙江省计价规则中投标报价表与招标控制价用的表有哪几个是不同的。

步骤 2：试论述编制承包人的工程量清单计价的步骤。

步骤 3：介绍工程询价的渠道有哪些。

步骤 4：观看《承包人的工程量清单计价》微课视频 5.8 ，结合知识清单 5.4 承包人的投标报价 ，整理工程投标的策略。

步骤 5：结合知识清单 5.5 营改增给造价行业带来的新变化 ，回答以下问题。

1）简易计税法和一般计税方法的区别是什么？

2）营改增之后，采用一般计税法时，材料费应如何计取？

5. 知识测试与能力训练（注：4 个选项的为单选题，5 个选项的为多选题）

（1）投标单位应按招标单位提供的工程量清单，注意填写单价和合价。在开标后发现有的分项投标单位没有填写单价或合价，则（　　）。

A. 允许投标单位补充填写

B. 视为废标

C. 认为此项费用已包括在其他项的单价和合价中

D. 由招标人退回招标书

第 5 章
更多习题实时测

（2）在工程招投标阶段，下列哪些内容是由投标人填入到分部分项工程量清单中（　　）。

A. 项目编号　　B. 项目名称　　C. 定额编号　　D. 单价

E. 合价

（3）在技术规范、工程图和工程量清单分析时，以下哪项工作是错误的（　　）。

A. 根据招标说明、设计施工图、地质资料、现场踏勘资料等复核工程量清单，误差大可要求自行改动工作量

B. 彻底理解、仔细审查招标文件中的技术规范，并通过与招标工程量清单中的项目和招标工程图进行比较，找出偏差和矛盾

C. 对清单子目的工程量进行重新计算和校核

D. 存在的差距，考虑相应的投标策略，决定投标尺度

（4）工程现场勘察或调查是投标人必须经过的投标程序，以下哪项不是工程现场勘察的内容（　　）。

A. 气象、水文、地震洪水及其他自然灾害情况调查

B. 当地供电方式、方位、距离、电压

C. 工程现场附近治安情况如何，是否需要采用特殊加强施工现场保卫工作，如修建临时围墙或增加临时照明

D. 提出某些特殊条件下保证正常施工的措施，以及种植成活养护措施

(5) 编制工程施工招标标底的主要依据包括（　　）。

A. 招标文件

B. 市场价格信息

C. 投标文件

D. 工程施工图纸、编制标底价格前的施工图纸设计交底

E. 工程建设地点的现场地质、水文以及地上情况的有关资料，施工组织设计或施工方案等

(6) 当发现招标文件中有不明确之处并有可能据此索赔时，可报低价先争取中标，再寻找索赔机会。这种报价策略称为（　　）。

A. 以信取胜　　　　B. 以廉取胜

C. 采用以退为进的策略　　　　D. 长远发展的策略

(7) 与正常的估算相比较，有些分项的投标报价明显过高，而有些则过低的投标文件，目的一般是通过调整内部各个项目的报价，以期既不提高总报价、不影响中标，又能在结算时得到更理想的经济效益的报价技巧为（　　）。

A. 灵活报价法　　B. 不平衡报价法　　C. 突然降价法报价　　D. 增加建议法

(8) 标价经过一系列的计算、评估和分析后，由投标决策人单独或召集估价人员和咨询顾问人员共同研究，就标价计算结果进行讨论，作出调整计算标价的最后决定，形成最终报价的过程为（　　）。

A. 投标报价决策　　B. 投标报价　　C. 报价策略　　D. 标价评估

(9) 影响投标成功的因素有哪些（　　）。

A. 竞争程度　　B. 企业实力　　C. 标价估算的准确性　D. 加价的水平与差异

E. 改进估价和提高竞争优势的策略

(10) 编制工程施工招标标底时，分部分项工程量的单价为直接费。直接费以人工、材料、机械的消耗量及其相应价格确定；间接费、利润、税金按照有关规定另行计算。此种方法称为（　　）。

A. 工料单价法　　B. 综合单价法　　C. 清单单价法　　D. 其他方法

6. 知识点整理

(1) 投标估价　　　　(2) 风险费

(3) 工程询价　　　　(4) 投标报价

7. 任务总结

通过完成上述任务，你学到了哪些知识和技能？在哪些地方还存在疑惑？

8. 实施人员

9. 任务点评

【箴言匠语】深入基层，深入现场，理论和实际相结合，科研和生产相结合，把施工生产中的难点作为工作重点，知难而进，百折不挠，不断解决施工生产中的技术难题，提高生产效率和经济效益。

知识清单 5.3　承包人的工程量清单计价

工程量清单计价主要用于编制投标报价和招标控制价（标底），两者计算程序基本相同。

承包人的工程计价（即工程估价）是指在施工总进度计划、主要施工方法和资源安排确定之后，承包人根据自身实际的消耗水平，结合工程询价结果，对完成招标工作所需要的各项费用进行分析计算，并提出承建该工程的初步报价。工程估价最基本的原则是按实估算和合理补偿成本，不考虑其他因素，不涉及投标决策问题。

以浙江省 2010 计价规则为例，建设工程工程量清单计价投标报价表格见表 5-34。

表 5-34　建设工程工程量清单计价投标报价表格［《浙江省建设工程计价规则》（2010 版）］

<table>
<tr><th>序号</th><th>投标报价表格</th></tr>
<tr><td>1</td><td>附表 4-1 封面</td></tr>
<tr><td>2</td><td>附表 4-2 总说明</td></tr>
<tr><td>3</td><td>附表 4-3 工程项目投标报价汇总表</td></tr>
<tr><td>4</td><td>附表 4-4 单位（专业）工程投标报价计算表</td></tr>
<tr><td rowspan="3">5</td><td>附表 4-5 分部分项工程量清单与计价表</td></tr>
<tr><td>附表 4-5-1 工程量清单综合单价计算表　附表 4-5-2 工程量清单综合单价计算表——安装工程</td></tr>
<tr><td>附表 4-5-1-1 工程量清单综合单价工料机分析表　附表 4-5-2-1 工程量清单综合单价工料机分析表——安装工程</td></tr>
<tr><td rowspan="3">6</td><td>附表 4-6 施工技术措施项目清单与计价表</td></tr>
<tr><td>附表 4-6-1 措施项目清单综合单价计算表</td></tr>
<tr><td>附表 4-6-1-1 措施项目清单综合单价工料机分析表</td></tr>
<tr><td>7</td><td>附表 4-7 施工组织措施项目清单与计价表</td></tr>
<tr><td rowspan="5">8</td><td>附表 4-8 其他项目清单与计价汇总表</td></tr>
<tr><td>附表 4-8-1 暂列金额明细表</td></tr>
<tr><td>附表 4-8-2 专业工程暂估价表</td></tr>
<tr><td>附表 4-8-3 计日工表</td></tr>
<tr><td>附表 4-8-4 总承包服务费计价表</td></tr>
<tr><td>9</td><td>附表 4-9 主要工日价格表</td></tr>
<tr><td>10</td><td>附表 4-10 主要材料价格表</td></tr>
<tr><td>11</td><td>附表 4-11 主要机械台班价格表</td></tr>
</table>

5.3.1　研究招标文件

研究招标文件是为了正确理解招标文件和发包人意图，是使投标文件满足招标文件要求、投标有效的前提。估价人员必须对所收到的合同文件进行检查，确保已经收到所有招标文件，这样做的目的一是为了确保收到的设计施工图均按通知进行修订，二是为了确保投标邀请函中的所有其他文件齐全。估价人员应对投标人须知、合同条件、技术规范、设计施工图和工程量清单重点进行研究，并注意侧重点。任何异常或可疑之处均应列出清单，以便向发包人代表提交一份正式的疑问清单，并要求予以解答。

5.3.1.1 投标人须知

投标人须知反映了招标人对投标人的要求，主要注意项目资金来源、质量要求、分包要求、投标保证金、投标书的编制与递交、投标货币、更改或备选方案、评标方法等。

5.3.1.2 合同分析

（1）合同背景分析。了解与自己承包工程内容有关的其他合同，如设计合同、发包人与其他承包人签订的承包合同，需要理解监理方式、合同的法律背景，为报价和合同实施及索赔提供依据。

（2）合同形式分析。

1）合同的承包方式（与估价的内容和方法相关）：单项承包还是施工总包；包工包料还是包工不包料或其他。

2）合同的计价方式（风险因素的多少和风险费的大小）：支付或结算方式；总价合同、单价合同还是成本加酬金合同。

3）是否使用的是非标准合同格式，是否修订了标准合同格式中的条件。

（3）合同条款分析。估价阶段的合同条款分析相对来说比较粗略，除了考虑合同语言、验收和保修、违约责任、货币和汇率、合同争端处理等条款外，主要分析与估价结果直接有关的条款。具体内容包括：

1）承包人的任务、工作范围和责任。这是估价最基本的依据，通常由招标工程量清单、设计施工图、工程说明、技术规范所定义。

2）工程变更及相应的合同价款调整。工程变更几乎是不可避免的，承包人有义务按规定完成，但同时也有权利得到合理补偿。工程变更包括工程数量增减和工作内容变化。估价人员应预先估计哪些分项工程的工程量可能发生变化，增加还是减少，其幅度大小如何，并内定相应的合同价款调整计算方法和幅度。

3）付款方式、时间。应注意关于工程预付款、工程进度款的规定。

4）施工工期。合同条款中关于合同工期、工程竣工日期、部分工程交付工期等规定，是投标人制定施工进度计划的依据，也是估价的重要依据。

5）发包人责任。发包人有责任及时向承包人提供施工场地、设计图和说明，及时做出承包人履行合同所必需的决策，及时提供应由发包人负责的材料和设备，办理有关手续，按合同规定支付工程款。

6）此外还要注意：是否包含非标准的付款或预留保修金条款；是否要求提供投标担保、履约担保或母公司保函；是否遵循指定程序，不作任何修改等。

5.3.1.3 技术规范、工程图和工程量清单分析

（1）技术规范：是按工程类型来描述工程技术和工艺的内容和特点，对设备、材料、施工和安装方法等所规定的技术要求，有的是对工程质量进行检验、试验和验收所规定的方法和要求。必须彻底理解、仔细审查招标文件中的技术规范，并通过与招标工程量清单中的项目和招标工程图进行比较，找出偏差和矛盾。

（2）工程图分析：分析重点应放在有错漏的质疑处。

（3）工程量清单的分析：认真复核工作量。根据招标说明、设计施工图、地质资料、现场踏勘资料等复核工程量清单，包括对招标工程量清单中的子目编码、子目名称、子目特征描述、计量单位、工程量的完整性和准确性，以及对可能存在的任何书写、打印错误进行检查和复核，特别是对清单子目的工程量进行重新计算和校核。对于存在的差距，考虑相应的投标策略，决定投标尺度。误差大的可要求澄清，但不得擅自改动工作量。

5.3.1.4　招标文件经常出现的问题

估价人员在研究招标文件之后，应将所发现的问题分类列出，单独写成一份备忘录，并对不同类的问题制定相应的对策。

（1）发现明显错误、含糊不清或相互矛盾之处，以及明显对投标人不利或不合理之处，应与现场调查所发现的问题在投标预备会议上一起向招标人提出质询，根据招标人的答复再在估价时进一步考虑。

（2）对投标人有利，在投标时是不提的，可以在估价时加以利用或在合同执行过程中提出索赔要求，在估价和报价时通过适当的方法加以利用。

（3）投标人准备通过修改招标文件的某些条款或希望补充某些规定，以使自己在履行合同时能处于较主动的地位的，待合同谈判时使用。

5.3.2　现场实际勘察与沟通

工程现场勘察或调查是投标人必须经过的投标程序，一旦报价后，投标人就无权因为现场调查不同、情况了解不详细或其他因素考虑不全面而提出修改报价、调整报价或给予补偿等要求。

（1）自然条件调查：气象、水文、地震、洪水及其他自然灾害情况、地质情况。

（2）施工条件调查：

1）工程现场的用地范围、地形、地貌、地物（包括树木和植被）、标高，地上或地下障碍物，现场的“三通一平”或清理情况（是否可能按时达到开工要求），工地的围墙或临时围挡。

2）工程现场周围的道路、进出场条件（材料运输、大型施工机具）、有无特殊交通限制（如单向行驶、夜间行驶、转弯方向限制，货载重量、高度、长度限制等规定）。

3）工程现场施工临时设施、大型施工机具、材料堆放场地安排的可能性，是否需要二次搬运，现场空间对邻近建筑和静态设施（如起重机、脚手架）是否存在限制。

4）工程现场邻近建筑物与招标工程的间距、结构形式、基础埋深、新旧程度、高度和必要的拆除或防护及其他临时工作。

5）市政给水及污水、雨水排放管线位置、标高、管径、压力、废水、污水处理方式，市政消防供水管道管径、压力、位置，以及用泵抽水、排水的要求等。

6）当地供电方式、方位、距离、电压等。

7）当地煤气供应能力，管线位置、标高等。

8）工程现场通信线路的连接和铺设。

9）当地政府有关部门对施工现场管理的一般要求、特殊要求及规定，是否允许节假日和夜间施工等。

（3）其他条件调查：

1）种植用土、植物、建筑构件和半成品的加工、制作和供应条件，商品混凝土的供应能力和价格。

2）是否可以在工程现场安排工人住宿，对现场住宿条件有无特殊规定和要求。

3）是否可以在工程现场或附近搭建食堂，自己供应施工人员伙食；若不可能，通过什么方式可以解决施工人员餐饮问题，其费用如何。

4）工程现场附近治安情况如何，是否需要采用特殊措施加强施工现场保卫工作，如修建临时围墙或增加临时照明。

5）工程现场附近的生产厂家、商店、各种公司和居民的一般情况，工程施工可能对他们所造成的不利影响程度。

6）工程现场附近各种社会服务设施和条件，如当地的卫生、医疗、保健、通信、公共交通、文化、娱乐设施情况，其技术水平、服务水平、费用，有无特殊的地方病、传染病等。

7）区域内处理废弃土石的设施和条件。

8）当地劳务、材料、设备租赁与分包商的情况及可用性。

9）其他特殊困难。

需要说明的是，有些调查内容仅仅通过现场走访或踏勘是不可能获得实质性内容的，比如地质资料，需要获得类似比较详尽的地质勘察报告才行，这些属于与招标人的沟通内容。与招标人沟通的内容还包括要求招标人对招标文件及现场勘察中发现问题的澄清与修改等。

现场考察期间，承包人往往还会为了完成施工任务而与共同工作的当地公司或机构建立联系。这些当地公司或机构一般包括材料供应商、当地劳务机构、运输公司和施工设备租赁公司等。

5.3.3 确定施工方案

施工方案选择是否恰当与工程成本和投标报价有密切关系。投标报价所制定的施工方案与编制标底所制定的施工方案有较大的区别，招标控制价所依据的是施工方案，主要体现合理性，而投标报价应体现针对性或称适用性和先进性，这也是投标报价是否具有竞争性的一个重要方面。

制定施工方案要从工期要求、技术可行性、质量保证、成本降低等方面综合考虑，其内容应包括以下几个方面：

（1）选择和确定各项工程的主要施工方法（如确定采用人工或者机械施工、劳动力）。

（2）选择相应的施工机具及其来源。

（3）确定分包内容和方式。

（4）考虑人员、材料来源和分批进场安排。

（5）考虑材料供应的运输方式及其来源。

（6）考虑其他临时工程、临时设施的需要、建设方案和安排。

（7）提出某些特殊条件下保证正常施工的措施，以及种植成活养护措施。

5.3.4 确定清单项目的组价子项

由于国内目前还没有与工程量计算规范项目完全对应的计价定额，因此工程量清单计价一般仍要利用预算定额（无论是政府有关部门发布的，还是企业自有的）才能实现，但清单工程量与预算工程量在计算规则和项目设置上有一定的差异，所以利用预算定额（基价）完成工程量清单计价，需要按设计文件、施工方案或施工组织设计、清单项目包括的工作内容及项目特征等确定清单项目的组价子项。

5.3.5 重新计算计价工程量

对于分部分项工程量清单项目（单价措施项目亦同），除了清单项目的工作内容、计量单位及工程量计算规则与定额项目一致，只与一个定额项目对应时，组价项的工程量不需要重新计算外，其他情形都需要按照预算定额工程量计算规则中的规定重新计算计价子项的工程量。

其他情形可以分成清单对应项目、组价相关项目两种情况。当清单对应项目的预算定额计算规则与清单计算规则不同时，需要重新计算清单对应项目的工程量；而对于组价相关项目，即工程量清单“工作内容”中包括的其他内容，一般均需单独计算一次工程量。

5.3.6 询价并确定资源单价

5.3.6.1 工程询价的概念

询价即打听价格，货比三家。由于工程建设所需耗费的人工、材料和机械设备等生产要素的价格已经实现完全市场化定价，其价格可能会随时间、地点、供求关系在一个很大的范围内上下浮动。生产要素价格的准确性直接影响估价的准确程度，因此在估价前相关人员必须通过各种渠道，采用可能手段对工程所需的各种资源，特别是价高、量大资源的价格、质量，甚至供应时间、供应数量等各方面进行系统全面的了解，这一工作就称为工程询价。

5.3.6.2　询价的渠道

询价要依据“货问三家不吃亏”的原则进行，但要特别注意招标人在招标文件中有无明确规定采用某厂生产的某种牌号产品或招标人供货的条文。

询价的渠道主要有：

（1）直接与生产厂商联系。

（2）了解生产厂商的代理人或从事该项业务的经纪人。

（3）了解经营该产品的销售商。

（4）向咨询单位进行询价。

（5）通过互联网了解。

（6）自行进行市场调查或信函询价。

（7）通过政府管理部门了解。

（8）从专业价格信息资料或信息平台了解。

5.3.6.3　询价范围与内容

询价是估价的基础。询价不能只单纯地了解生产要素的价格，对影响生产要素价格的各个方面都应作全面、准确的了解，为工程估价提供可靠的依据。

工程询价包括生产要素询价和分包询价两个方面。

（1）生产要素询价：包括材料询价、施工机械询价和劳务询价。

1）材料询价。材料价格在工程造价中占有很大比例，对材料进行询价是工程询价最主要的工作。准备并发出询价单是询价的主要方法。材料、设备询价单的内容一般包括：规格、质量、数量；供应计划，工程地点或到货地点及当地各种交通限制，运输方式及可提供的条件，报价的形式（固定价还是提货价）及计价货币、贸易条件、支付方式、所报单价的有效时间；递交报价单或收取报价单的具体日期。

2）施工机械询价。对于租赁的施工机械，可向专门从事租赁业务的机构询价，并应详细了解其计价方法。例如，各种机械每台时的租赁费、最低计费起点、燃料费和机械进出场运费，以及机上人员工资是否包括在台时租赁之内，如需另行计算，这些费用项目的具体数额为多少等。

3）劳务询价。对于雇佣的劳动力则必须通过询价，了解高级技工、熟练工、半熟练工和普工等各种技术等级工人的工资标准，不同的技术等级支付标准不同，另外不同季节的人工工资也可能变化。

（2）分包询价：包括对分包项目的分包形式、分包范围、分包人报价、分包人履约能力及信誉做全面调查。

对于一些专业性较强或风险较大的工程，通常采取分包的形式。分包商不是总承包人的雇佣人员，其赚取的不只是工资，还有利润，分包工程报价的高低必然对总包的估价有一定影响。

1）分包形式。对应发包人另行分包或指定分包形式，总包单位仅负责在现场为分包提供必要的工作条件、协调施工进度和照管器材，并向发包人收取一定数量的管理费和利润。

2）分包范围。除由发包人指定的分包工程项目外，总承包人应在确定施工方案的初期就定出需要分包的工程范围。在决定了分包工作内容后，承包人应备函将准备发交分包的专业工程图和技术说明送交预先选定的几个分包商，请他们在约定的时间内报价，以便进行比较选择。分包询价单内容实际上与工程招标书基本一致。

3）分包人履约能力及信誉。当总承包人收到来自各分包商的报价单之后，必须对这些报价单进行比较分析，选择合适的分包商。分析分包询价一般应注意以下几点：分包标函是否完整；核实分项工程的单价；保证措施是否有力；确认工程质量及信誉和可信赖的程度；分包报价的合理性。

总承包人确定了分包商后，在分包报价的基础上加上适当的管理费后即可纳入向发包人的工程总报价。

5.3.6.4 确定资源单价

（1）人工日工资单价。人工日工资单价可以根据其构成，按照询价或市场价格自主确定或参照当地预算基价中的人工工日单价及编制期造价信息公布的人工费指数确定。人工日工资单价根据项目特点进行调整的基本思路是：对于以人力施工为主或人工费比例较高的项目，人工日工资单价可相对降低；而对于工人技术熟练程度要求较高的项目，人工日工资单价可相对提高。

（2）材料价格。施工企业编制投标报价时，应按企业自有采购渠道自主确定或参考编制期造价信息发布的市场价格计算，也可参照编制期的造价信息发布的市场价格和辅助材料价格指数进行调整，缺项可参考编制期的实际市场价格计算。

凡是本施工项目中用量多或总价值高的材料，均应作为主要材料逐一落实价格。通过询价获得的材料价格信息需要处理后才能作为计价的材料单价。

（3）施工机械台班单价。投标报价应根据询价或参考市场施工机械租赁价格自主确定或参考编制期造价信息发布的指导价格计算。

5.3.7 确定管理费、风险费和利润

5.3.7.1 管理费

对于承包人的管理费从费用性质上可分为公司管理费和现场管理费，其主要内容和各自所占比例见表5-35和表5-36。公司管理费即公司总部的管理费，是施工企业用来维持公司营业和总部为全部合同提供服务的一项费用。现场管理费是施工现场项目经理部组织和管理施工所支出的费用。目前国内在工程报价中不区分公司管理费和现场管理费，而是作为一项企业管理费计算。

表5-35　公司管理费的主要内容和占公司管理费总额的比例　%

序号	内容	比例	序号	内容	比例
1	企业管理人员的工资	15～20	6	工会经费	2～3
2	企业办公费	10～15	7	职工教育经费	3～4
3	差旅交通费	10～12	8	财务费	10～15
4	固定资产使用费	5～6	9	保险费	2～3
5	工具用具使用费	4～5	10	税金	25～30

表5-36　现场管理费的主要内容和占公司管理费总额的比例　%

序号	内容	比例	序号	内容	比例
1	现场管理人员的工资	25～30	6	保险费	2～5
2	现场办公费	4～7	7	工程保修费	5～7
3	差旅交通费	5～7	8	工程审计费	10～15
4	固定资产使用费	3～5	9	招待费	15～20
5	工具、用具使用费	2～4	10	其他费用	3～5

在工程估价时，管理费是以费率的形式摊入分部分项单价和措施项目费中的。投标报价可参照预算基价中的企业管理费自主确定调整系数。

5.3.7.2　风险费

风险费是指预期承包过程中由于各种不可预见的风险因素发生而增加的费用。我国工程量清单计价规范规定，在综合单价中应考虑一定范围的风险因素。同时，国内的工程计价，风险费多是隐含于已标价工程量清单综合单价中的。风险费是需要估算的，一般可以采用系数方法。风险费用对于投标人来说是个未知数，如果预计的风险事件没有全部或足额发生，则预计的风险费有剩余，可以加大盈余；反之，如果风险费用估计不足，则需要用盈余来弥补。

承包人投标时不确定的因素较多，而对承包影响最大、出现频率最高的因素是工程材料涨价、设备材料到货时间延误、气候条件恶劣等，特别是工程设备和材料，其价值通常会占总投资的 70%以上，因此考虑风险时主要应结合招标文件、合同条款一并考虑。投标人应经过对具体工程项目的招标文件、合同条款、风险因素分析之后确定一个比较合理的风险系数。

5.3.7.3　利润

工程估价中的利润是预期盈利，即承包经营活动预期的总收益与预期总成本的差额。承包人在投标时所确定的价格，应使承包人在补偿工程成本投入量的耗费之后，能对各种不确定性给承包人带来的损失加以补偿，并能获得合理的利润，这是确定风险利润的最基本要求。投标报价要能适应市场供需状况的要求和竞争的特点，能为发包人所接受，一般应该遵循保本微利的原则，这是竞争力的主要表现，有利于中标。因此，投标报价的利润应参考政府的指导利润率、项目具体情况和市场供求状况来确定。

5.3.8　清单项目组价

具体子项应根据清单项目的项目特征、工作内容确定清单项目的合价与单价。投标价格应该是子目投标范围内，支付投标人为完成承包工作应付的总金额。

工程施工招标文件一般都规定，关于投标价格，除非合同中另有规定，具有标价的工程量清单中所报的单价和合价，以及报价汇总表中的价格，应包括施工设备、劳务、管理、材料、安装、维护、保险、利润、税金、政策性文件规定及合同包含的所有风险、责任等各项应有费用。投标人应按招标人提供的工程量计算工程的单价和合价。

工程量清单中的每一单项均需计算填写单价和合价，投标单位没有填写出单价和合价的项目将不予支付，并认为此项费用已包括在工程量清单的其他单价和合价中。同时，在工程实施时，承包人也不可能以未报价为理由拒绝施工。因为多数施工合同条件中均会明确规定：承包人必须按照发包人现场代表或发包人授权的监理工程师指令完成工程量清单中未填入单价或合价的工程项目，但不能得到另外的结算和支付。

知识清单 5.4　承包人的投标报价

报价是在估价的基础上，考虑本公司在该招标工程上的竞争地位，分析竞争对手的情况，从本公司的经营目标出发，确定在该工程上的预期利润水平。不难看出，报价实质上是投标决策问题，并要考虑运用适当的投标技巧或策略，与估价的任务和性质是不同的。因此，报价通常是由承包人主管经营管理的负责人做出的。

报价的编制与提交包括以下工作：估价的分析与随后的调整；评估该工程的内在有形风险和商务风险；编制提交给发包人的报价文件。

5.4.1　工程估价自评

5.4.1.1　标价评估

在计算出分部分项工程综合单价、编制出单价汇总表以后，即可结合工程量清单进行标价试算，经过初步检查，可能需对某些项目的单价作必要的调整，然后形成基础标价，再经盈亏分析，提出可能的低标价和可能的高标价，也就是测定基础标价可以上下浮动的界限，供决策人选择。

由于利润、风险和管理费分摊额即使不是全部至少也是部分取决于施工成本，因此估价人员对施工成本不断地进行检查和调整是绝对必要的。即便是估价人员为标价审定会议做出施工总成本和综合报表，也不可避免地要在会议上对施工成本进行调整。

评估就是对盈亏进行预测，目的是使投标班子对标价心中有数，以便做出报价决策。虽然这种预测不可能十分准确，但毕竟要比凭个人主观愿望盲目压价或层层加码有科学根据。

5.4.1.2 竞争对手分析

竞争对手情况是影响承包人报价的重要因素之一。所有的公司都会在一定程度上监视其竞争对手的投标工作情况，从而预测对手的报价水平及报价策略。同时，可以利用投标获得的历史数据对拟报标价进行趋势评估。这些历史数据往往来源于公司收集的各个竞争对手对于每一项本公司也曾参加过投标的工程报价及其对每次投标报价的得失分析资料；把自己曾经报出的标价或基本估价同其他投标人的报价进行比较的结果；将自己的估价或报价同获胜标价或平均标价进行比较的结果；每次的平均标价和最低标价的平均差额计算结果；获胜标价与第二最低标价的差额计算结果。利用这些历史数据进行评估，可以更准确地表明本公司的估价是如何随着市场趋势而变动的。

5.4.1.3 标价的动态分析

标价的动态分析是假定某些因素的变化，测算标价的变化幅度，特别是这些变化对工程目标利润的影响。该项分析类似于项目投资的敏感性分析，主要考虑延误工期、物价和工资上涨及其他可变因素的影响，对各种价格构成因素的浮动幅度进行综合分析，从而为选定标书报价的浮动方向和浮动幅度提供一个科学、符合客观实际的范围，并为盈亏分析提供量化依据，明确投标项目预期利润的受影响水平。

5.4.1.4 标价的宏观审核

根据长期工程实践中积累的经验数据或类似工程的历史资料，可以帮助估价人员从宏观上审核标价水平的高低和合理性，并在进行盈亏分析时作为有效的参考。

5.4.1.5 标价盈亏分析

标价的盈余与亏损分析是在初定报价的基础上，对标价进行定量的分析计算，得出盈亏幅度的具体数值，找出工程的保本点，然后求出修正系数，以供最后报价决策使用。

5.4.2 投标报价策略

5.4.2.1 报价的基本策略

报价策略是指承包人在投标竞争中的指导思想与系统工作部署及其参与投标竞争的方式和手段。如果承包人既想要中标得到承包项目，又要从项目中盈利，就需要研究投标策略，以指导其投标全过程。在投标和报价中，选择有效的报价技巧和策略，往往能取得较好的效果。

如何在激烈的投标竞争中战胜对手，是所有投标人都关注的问题，但是至今还没有一个完整或可操作的答案。事实上，也不可能有答案。因为建筑市场的投标竞争千姿百态，无统一的模式可循。投标人及其对手们往往不可能用同一手段或策略来参加竞争，不同项目有不同的“招数”。

在当今的投标竞争中，面对变幻莫测的投标策略，应掌握一些信息和资料，估计可能发生的情况，并认真仔细地分析，找出规律加以研究，这对投标人的决策是十分有益的，并能从中受到启发或提示。

由于招标内容不同、投标人性质不同，所采取的策略也不相同。工程投标的策略主要有以下内容：

（1）以信取胜。这是依靠单位长期形成的良好社会信誉、技术和管理上的优势、优良的工程质量和服务措施、合理的价格和工期等因素争取中标。

（2）以快取胜。通过采取有效措施缩短施工工期，并能保证进度计划的合理性和可行性，从而使招标工程早投产、早收益，以吸引招标人。

（3）以廉取胜。以廉取胜的前提是保证施工质量，这对招标人一般都具有较强的吸引力。从投标人的角度出发，采取这一策略也可能有长远的考虑，即通过降价扩大任务来源，从而降低固定成本在各个工程上的摊销比例，既降低工程成本，又为降低新投标工程的承包价格创造了条件。

（4）靠改进设计取胜。通过仔细研究原设计图，若发现明显不合理之处，可提出改进设计的建议和能切实降低造价的措施。在这种情况下，一般仍然要按原设计报价，再按建议的方案报价。

（5）采用以退为进的策略。当发现招标文件中有不明确之处并有可能据此索赔时，可报低价先争取中标，再寻找索赔机会。采用这种策略一般要在索赔事务方面具有相当成熟的经验。

（6）采用长远发展的策略。采用这种策略的目的是不求在当前的招标工程上获利，而着眼于发展，争取将来的优势，如为了开辟新市场、掌握某种有发展前途的工程施工技术等，而在当前招标工程上以微利甚至无利的价格参与竞争。

以上这些策略不是互相排斥的，根据具体情况，可以综合灵活运用。

5.4.2.2　报价技巧

投标报价技巧是指在投标报价中采用一定的手法或技巧使招标人可以接受，而中标后又能获得更多利润的手段。

具体估价时，虽然要贯彻总的报价策略意图，如整个投标采用“低利政策”，则利润率要定得较低或很低，甚至管理费率也要定得较低，但是报价还有它自己的技巧，两者必须相辅相成、互相补充。

常用的工程投标报价技巧主要有：

（1）灵活报价法：是指按照招标工程的不同特点、类别、施工条件等灵活报价。

（2）不平衡报价法：或称前重后轻的报价，这是指与正常的估算相比较，有些分项的投标报价明显过高，而有些则过低。投标人采用不平衡报价的目的一般是通过调整内部各个项目的报价，以期既不提高总报价、不影响中标，又能在结算时得到更理想的经济效益。

（3）突然降价法报价：是一件保密的工作，但是对手往往通过各种渠道、手段来刺探情况，因此在报价时可以采取迷惑对手的方法，即先按一般情况报价或表现出自己对该工程兴趣不大。到投标快截止时，再突然降价。突然降价法是针对竞争对手的，其运用的关键在于突然性，且需保证降价幅度在自己的承受范围之内。

（4）增加建议法：在一般的招标中一个投标人只能投一份投标文件，即“一标一投”，这是招标投标活动的惯例。但在一些招标中，招标文件规定投标人“除按原方案报价外，允许投标人提出新的建议方案和报价”，即投标人在一个项目中，可以提供两份投标文件。但必须注意的是，两份投标文件中一份是对招标文件所提供方案的投标，另一份是对投标人自己所提方案的投标，而不能对招标文件所提供方案投两个标。

（5）分包商报价：由于现代工程的综合性和复杂性，总承包人不可能将全部工作内容完全独家包揽，特别是有些专业性较强的工作内容，必须分包给其他工程公司施工，还有些招标项目，发包人规定某些工作内容必须由他指定的几家分包商承担。因此，总承包人通常应在投标前先取得分包商的报价，并增加总承包人摊入的一定的管理费，而后作为自己投标总价的一个组成部分一并列入报价单中。

5.4.3 投标报价决策

5.4.3.1 投标报价决策的含义

投标报价决策是指标价经过上述一系列的计算、评估和分析后，由投标决策人单独或召集估价人员和咨询顾问人员共同研究，就标价计算结果进行讨论，做出调整计算标价的最后决定，形成最终报价的过程。

报价的编制和提交是在投标日期之前很短的时间内进行的。一般需要在企业负责人或总经理的指导下召开一次标价审定会议，所有对报价编制工作起过主要作用的职员均参加会议。企业负责人或总经理通常应对这些职员进行质疑，以便使这些职员的估价基础能够保证报给招标人的总标价中确已包括了各项恰当的金额，其中也包括利润。

工程估价的作用是为了使承包人尽可能准确地做出费用预测。投标报价则是为了使承包人能够确定某特定项目最合适的价格。通常标价是在投标组织的上层管理会议上最终确定的，在这个会议（过程）中，综合经营目标和现有的信息确定最终的投标价。因此，报价确定会议的主要内容是将估算（费用预测）转换成标价的过程，即决定报什么样的标价。

为了在竞争中取胜，决策者应当对报价计算的准确度、期望利润是否合适、报价风险及本单位的承受能力、当地的报价水平，以及竞争对手优势劣势的分析等进行综合考虑，才能决定最后的报价金额。

会议通过了总报价金额之后，则必须把准备提交给招标人的各种文件具体编制出来。

5.4.3.2 报价决策应注意的问题

（1）报价决策的依据。决策的主要资料依据应当是自己估价人员的计算书和分析指标，至于其他途径获得的所谓“标底价格”或竞争对手的“标价信息”等，只能作为参考。参加投标的承包人当然希望自己中标。

（2）在可接受的最小预期利润和可接受的最大风险范围内做出决策。由于投标情况纷繁复杂，投标中碰到的情况并不相同，很难界定需要决策的问题和范围。一般来说，报价决策并不仅限于具体计算，而是应当由决策人与估价人员一起，对各种影响报价的因素进行恰当的分析，并做出果断的决策。除了对估价时提出的各种方案、基价、费用摊入系数等予以审定和进行必要的修正外，更重要的是决策人应全面考虑期望的利润和承担风险的能力。承包人应当尽可能避免较大的风险，采取措施转移、防范风险，并获得一定利润。决策者应当在风险和利润之间进行权衡，做出选择。

（3）低报价不是得标的唯一因素。招标文件中一般明确申明“本标不一定授给最低报价者或其他任何投标人”，所以决策者可以在其他方面战胜对手。例如，可以提出某些合理的建议，使招标人能够降低成本、缩短工期。如果可能的话，还可以提出对招标人优惠的支付条件等。低报价是得标的重要因素，但不是唯一因素。

5.4.4 影响投标成功的因素

（1）标价估算的准确性。在估算标价时，需要估价人员做出许多定量和定性的评估。不同的估价人员对估价因素、数据的权衡也各不相同，因此对于特定的一项工程往往会有许多估价。

（2）加价的水平与差异。报价数字是由工程直接成本、管理费、利润、规费和税金所构成的。一般情况下，管理费、利润、规费和税金等是以估算的工程直接成本为依据估算的。站在定价高度看，工程直接成本之外的部分相当于成本之外的加价，其核心内容是期望利润。加价主要是在估算成本中加上一笔管理费、风险费和利润的金额。

(3) 市场条件。从宏观角度看，市场条件包括所有工程的订单总数、每个产品部门的工程订单总数、预期将来的订单数、现行及预期的政府政策与法规、施工的价格水平及资金费用；从微观角度看，还包括当地的全国甚至国际的投标机会、竞争者的活动能力、在建工程的工程量及工程订单。

(4) 竞争程度。竞争的程度作为决定性因素，对一个承包人的投标成功与否显然是一个极为关键的因素。当建筑需求下降时，由于市场中潜在的投标人数量很多，因此竞争程度就会加剧，这只不过是对市场压力的一种反应。

(5) 企业实力。由于施工企业的性质及其前期历史等原因，每一家企业在不同类型的工种和企业实力方面都具有自己独特的竞争能力。不同的竞争程度，造成了一些企业对某些产业部门的工程或者某些类型工程的擅长或偏爱，从以前实施过的工程中得到的具体经验使得这些企业在参加类似工程投标时处于有利地位。另外，这些企业的库房里很可能就配有该类工程需要的各种专用施工机械。

(6) 改进估价和提高竞争优势的策略。如前所述，企业为了持续开展业务并使投入的资金产生适当的收益，其报价必须低于其他竞争者但又必须高到足以包含施工成本、管理费和利润。要想把投标过程的随机性质弄清楚，是一件很困难的工作。因此，为了确保其估价稳妥可靠，应对竞争情况进行监视。

知识清单5.5 营改增给造价行业带来的新变化

2016年3月18日召开的国务院常务会议决定，自2016年5月1日起，中国将全面推开营改增试点，将建筑业、房地产业、金融业、生活服务业全部纳入营改增试点，至此，营业税退出历史舞台，增值税制度将更加规范。

营改增完全颠覆了原来建筑产品的造价构成，不仅对建筑企业自身产生影响，而且通过企业对整个产业链、上下游产生影响。营改增将冲击原有造价模式，解构目前的造价体系，其课税对象、计税方式以及计税依据都将发生重大变化，工程计价规则、计价依据、造价信息、合约规划等都将发生深刻的变革。

5.5.1 营改增相关基础知识

(1) 营业税：是指对我国境内提供应税劳务、转让无形资产或销售不动产的单位和个人所取得的营业额征收的一种流转税。营业税是价内税，道道征收，全额征税。建筑业营业税为3%。

营业税应纳税额计算公式如下：

营业税应纳税额=营业额×税率

营业税的具体计算方法示例见表5-37。

表5-37　营业税计算方法示例（假设营业税率为3%）

环节	进价（含税）	销售额（含税）	增值额	本环节应纳税额
1	0	100	100	100×3%=3
2	100	150	50	150×3%=4.5
3	150	300	150	300×3%=9
合计	250	550	300	16.5

(2) 增值税：是以商品（含应税劳务）在流转过程中产生的增值额作为计税依据而征收的一种税。从计税原理上说，增值税是对商品生产、流通、劳务服务中多个环节的新增价值或商品的附加值征收的一种流转税。有增值才征税，没增值不征税。增值税是价外税，差额征税，环环征

收，层层抵扣。建筑业增值税为3%或11%。

增值税应纳税额计算公式如下：

增值税应纳税额=当期销项税额−当期进项税额

进项税额是指纳税人购进货物或者接受增值税应税劳务和服务而支付或者负担的增值税额；销项税额是指纳税人提供应税服务按照销售额和增值税税率计算的增值税额。

含税价=不含税价+不含税价×税率

不含税价=含税价/（1+税率）

增值税的具体计算方法示例见表5-38。

表5-38　增值税计算方法示例（假设增值销项税率为11%，进项税率为11%）

环节	进价（含税）	销售额（含税）	增值额	本环节应纳税额
1	0	100	100	100÷(1+11%)×11%−0=9.9
2	100	150	50	150÷(1+11%)×11%−100÷(1+11%)×11%=4.95
3	150	300	150	14.86
合计	250	550	300	29.7

（3）营业税和增值税的区别，见表5-39。

表5-39　营业税和增值税的区别

项目	营业税	增值税	
特点	便于计算和征收	是所有税种中最复杂的	
	是价内税，价税合一，全额征收	是价外税，价税分离，差额征收，只对不含税部分征税，不产生重复征税	
	是地方税	是共享税（中央75%，地方25%）	
	不抵扣	可抵扣	
	项目亏损也要纳税	亏损不交税；不足抵扣可继续抵扣	
	—	是流转税，交税的并不一定是实际负税人，其实最终端的消费者才是税负的实际承担者	
计税方法	应纳营业税=营业额（收入额）×税率（3%）	简易计税方法	小规模纳税人发生应税行为适用
			一般纳税人发生财政部和国家税务总局规定的特定应税行为，可以选择适用简易计税方法计税，但一经选择，36个月内不得变更
		一般计税方法	一般纳税人发生应税行为适用一般计税方法计税

在增值税下，纳税人可以分为小规模纳税人与一般纳税人，其区别见表5-40。

表5-40　小规模纳税人与一般纳税人的区别

项目	小规模纳税人	一般纳税人
金额	年销售额小于500万元的	年销售额超过500万元的
条件	符合条件可以申请为一般纳税人	一经登记为一般纳税人后，不得转为小规模纳税人

续表

项目	小规模纳税人	一般纳税人
征收率	适用简易计税方法计税，征收率为 3%	适用一般计税方法计税，增值税率为 6%、11%、17%
能否抵扣	进项税额不可抵扣	进项税额可抵扣
增值税计税公式	增值税＝销售额×征收率（3%） 以税前销售额作为计税基数	增值税＝销项税额－进项税额 销项税额＝销售额×增值税率（11%） 进项税额＝销售额×增值税率 以税前销售额作为计税基数
销售额计税公式（税前）	销售额＝含税销售额÷（1＋征收率）	
简易计税方法和一般计税方法的特殊情况选择	小规模纳税人税务部门代开的增值税专用发票可以被一般纳税人抵扣	以下情况可以选择适用简易计税方法计税： （1）一般纳税人发生特定应税行为，可以选择适用简易计税方法计税，但一经选择，36 个月内不得变更。 （2）一般纳税人为建筑工程老项目提供的建筑服务。 （3）一般纳税人为甲供工程提供的建筑服务。 （4）一般纳税人以清包工方式提供的建筑服务

名词解释：

1）建筑工程老项目：是指“建筑工程施工许可证”注明的合同开工日期在 2016 年 4 月 30 日前的建筑工程项目，以及未取得“建筑工程施工许可证”的，建筑工程承包合同注明的开工日期在 2016 年 4 月 30 日前的建筑工程项目。

2）甲供工程：是指全部或部分设备、材料、动力由工程发包方自行采购的建筑工程。

3）清包工方式提供建筑服务，是指施工方不采购建筑工程所需的材料或只采购辅助材料，并收取人工费、管理费或者其他费用的建筑服务。

5.5.2　营改增后的工程造价组成

营业税和增值税下的造价组成也发生了变化，见表 5-41。

表 5-41　　营业税和增值税下的造价组成对比

项目	价税分离（营业税下）	价税分离（增值税下）
税前造价	人工费（含税）	人工费（除税）
	材料费（含税）	材料费（除税）
	施工机具费（含税）	施工机具费（除税）
	管理费（含税）	管理费（除税）
	规费（含税）	规费（除税）
	利润	利润
税额	应纳税额：含税再计税	应纳税额＝销项税额－进项税额 销项税额＝税前造价×税率
	地方水利建设基金 城市建设维护税及教育费附加	地方水利建设基金

5.5.3　营改增工程量清单计价的主要调整

在《建设工程工程量清单计价规范》（GB 50500—2013）规定下的调整见表 5-42。

表 5 - 42　　营改增后 GB 50500—2013 规定下两种类型计税类型的变化对比

<table>
<tr><th>序号</th><th colspan="2">费用项目</th><th colspan="2">一般计税</th><th>简易计税</th></tr>
<tr><td rowspan="5">一</td><td colspan="2" rowspan="5">工程量清单分部分项工程费</td><td>人工费</td><td>人工费不变</td><td rowspan="9">可按原合同约定或营改增前的计价依据执行，并执行财税部分的有关规定（信息价可取含税信息价）</td></tr>
<tr><td>材料费</td><td>（1）材料费均按增值税下不含进项税额的价格或费用确定（信息价取除税信息价）。
（2）定额中以“元”为单位出现的其他材料费、摊销材料费等乘以调整系数 0.93。
（3）目前尚未发布信息价的材料按基期价格统一乘以调整系数 0.93</td></tr>
<tr><td>机械使用费</td><td>（1）机械使用费均按增值税下不含进项税额的价格或费用确定（信息价取除税信息价）。
（2）定额中以“元”为单位出现的其他机械费等乘以调整系数 0.93。
（3）施工机械台班单价在扣除机上人工费和燃料动力费后乘以调整系数 0.95</td></tr>
<tr><td>企业管理费</td><td>（1）均按增值税下不含进项税额的价格或费用确定。
（2）企业管理费的组成内容增加城市维护建设税、教育费附加以及地方教育附加。
（3）套用时不再区分工程所在地，按统一费率执行。
（4）费率改变（浙建站定〔2016〕23 号）</td></tr>
<tr><td>利润</td><td>按原规定费率计算</td></tr>
<tr><td rowspan="2">二</td><td rowspan="2">措施项目费</td><td>（一）施工技术措施项目费</td><td colspan="2">同工程量清单分部分项工程费计取方法</td></tr>
<tr><td>（二）施工组织措施项目费</td><td colspan="2">（1）均按增值税下不含进项税额的价格或费用确定。
（2）安全文明施工费已包括了《关于规范建设工程安全文明施工费计取的通知》（建建发〔2015〕517 号）中的安全文明施工费的基本费和施工扬尘污染防治增加费的内容。
（3）费率改变（浙建站定〔2016〕23 号）</td></tr>
<tr><td>三</td><td colspan="2">其他项目费</td><td colspan="2">按原规定计算</td></tr>
<tr><td>四</td><td colspan="2">规费</td><td colspan="2">按原规定费率计算</td></tr>
<tr><td>五</td><td colspan="2">税金</td><td colspan="2">税金由增值税销项税额和地方水利建设基金构成。其中：
增值税销项税额＝税前工程造价×11％
地方水利建设基金＝税前工程造价×1‰
（一＋二＋三＋四）×11.1％，即税前造价×11.1％</td><td>（一＋二＋三＋四）×3.577％</td></tr>
<tr><td>六</td><td colspan="2">建设工程总造价</td><td colspan="2">（一＋二＋三＋四＋五）×费率，即税前造价×（1＋11.1％）</td><td></td></tr>
</table>

注　一般计税方法中税前造价的各费用项目均不包含增值税进项税额；简易计税方法下的直接工程费、措施费、企业管理费、利润和规费中均包含增值税进项税额。

5.5.4　营改增前后造价变化的举例说明

某土建工程类别为二类、市区（非特殊地区）项目。其直接费 1200 万元，其中人工费 250 万元、机械费 180 万元；技术措施费项目清单费暂不计；其他项目清单费暂不计；合同要求工期比国家定额工期缩短 8%；施工组织措施费根据浙江省 2010 版《建设工程施工费用定额》内容及规定分别列项计算，以弹性区间费率编制费用的项目采用下限费率；企业管理费和利润费率取中值；意外伤害保险等单列项目不考虑。根据上述条件，采用综合单价法列出费用计算表，计算建筑工程造价。备注：本例中机械台班的价格包含进项税额，营改增后不含进项税额的价格暂按照调整系数 0.95 计算；本例中材料的价格包含进项税额，营改增后不含进项税额的价格暂按照调整系数 0.93 计算。举例见表 5 - 43。

表 5 - 43　　清单计价模式下营业税和增值税的计算对比

序号	费用项目		造价举例（单位：万元）	
			营业税下	增值税下
一	工程量清单分部分项工程费		直接费：1200 企业管理费：430×（33.8%＋26%）/2＝128.57 利润：430×(6%＋11%)/2＝36.55	直接费：250＋(1200－250－180)×0.93＋180×0.95＝1137.1 企业管理费：421×（28.29%＋36.78%）/2＝136.97 利润：421×(6%＋11%)/2＝35.79
	其中	1. 人工费＋机械费	250＋180＝430	250＋180×0.95＝421
二	措施项目费		(一)＋(二)＝67.68	(一)＋(二)＝67.84
	（一）施工技术措施项目费		0	0
	其中	2. 人工费＋机械费	0	0
	（二）施工组织措施项目费		3＋4＋5＋6＋7＋8＝67.68	3＋4＋5＋6＋7＋8＝61.84
	其中	3. 安全文明施工费	(1＋2)×14.87%＝63.94	(1＋2)×13.82%＝58.18
		4. 工程定位复测费	(1＋2)×0.03%＝0.13	(1＋2)×0.03%＝0.13
		5. 冬雨季施工增加费	(1＋2)×0.1%＝0.43	(1＋2)×0.1%＝0.42
		6. 已完工程及设备保护费	(1＋2)×0.02%＝0.09	(1＋2)×0.02%＝0.08
		7. 二次搬运费	(1＋2)×0.71%＝3.05	(1＋2)×0.71%＝2.99
		8. 提前竣工增加费	(1＋2)×0.01%＝0.04	(1＋2)×0.01%＝0.04
三	其他项目费			
四	规费		(1＋2)×10.4%＝44.72	(1＋2)×10.4%＝43.78
五	税金		(一＋二＋三＋四)×3.577%＝52.85	(一＋二＋三＋四)×11.1%＝157.12
六	建设工程总造价		一＋二＋三＋四＋五＝1530.37	一＋二＋三＋四＋五＝1572.61

5.5.5　与建筑营改增相关计价文件

营改增相关条文见表 5 - 44。

表 5-44　　营改增相关条文举例

序号	名称	提示
1	住房和城乡建设部办公厅关于做好建筑业营改增建设工程计价依据调整准备工作的通知（建办标〔2016〕4号）	工程造价可按以下公式计算：工程价＝税前工程造价×（1＋11%）。其中，11%为建筑业拟征增值税税率，税前工程造价为人工费、材料费、施工机具使用费、企业管理费、利润和规费之和，各费用项目均以不包含增值税可抵扣进项税额的价格计算，相应计价依据按上述方法调整
2	关于建筑业实施营改增后浙江省建设工程计价规则调整的通知（建建发〔2016〕144号）	（1）营改增后的工程造价组成。 （2）营改增后有关要素价格的调整。 （3）营改增后工程计价的有关规定
3	关于发布营改增后浙江省建设工程施工取费费率的通知（浙建站定〔2016〕23号）	（1）安全文明施工费费率变化。 （2）企业管理费费率变化。 （3）税金费率变化
4	关于营改增后浙江省建设工程材料价格信息发布工作调整的通知（浙建站信〔2016〕25号）	（1）材料价格信息调整内容。 （2）含税信息价和除税信息价说明

第 6 章　园林工程结算与竣工决算

知识目标

- 了解工程价款的结算及结算方式。
- 了解工程预付款、进度款的支付方式。
- 掌握竣工结算的原则、依据、内容及方法、审定。
- 掌握竣工决算的作用、内容及编制步骤。

技能目标

- 掌握工程价款的结算方法。
- 能对工程预付款、进度款进行简单的计算。
- 掌握竣工决算的编制方法。

思政目标

- 融入思政元素，培养学生遵纪守法的职业操守。
- 通过工程结算及进度控制的学习，培养学生的时间观念。

思行致远

建筑业改革已迈入“深水区”，触及利益和“灵魂”的改革层出

工程招标，即建设单位对拟建的工程项目通过法定的程序和方式吸引建设项目的承包单位竞争，并从中选择条件优越者来完成工程建设任务的行为。

因为建设工程项目绝大多数都会采用招标的方式选择承建方，所以可以说，建设工程项目招、投标的管理对于建筑市场的规范与完善来说，有关键性的作用。然而在现实生活中，存在着一些虚假招标、串标、围标、低价竞标等违法违规的操作的现象。

为了打击招投标违法违规行为，治理“围标串标”，国家出台了不少政策，采取了许多的方式方法。特别是近年国家发改委、工信部、住建部等八部委联合发布了《工程项目招投标领域营商环境专项整治工作方案》，宣告开展工程招投标专项整治工作，整治建设工程领域招投标“猫腻”！本次整治工作要排查的内容主要包括：招投标法规政策文件、招标公告、投标邀请书、资格预审公告、资格预审文件、招标文件以及招投标过程等。只要其中有涉及对不同所有制企业设置不合理的限制和壁垒，都要予以纠正。会给建筑工程招投标市场所带来以下变化：

（1）准入门槛降低，民企将会拥有更多机会。

对招标方提出的要求，很明显地是在降低准入门槛、放宽资格预审条件。最大限度地消除人为设置门槛，让更多的投标人有机会参与竞争，不再让民企“输在起跑线”。

（2）消除障碍、过程监控，招投标市场的公平能得到一定程度的保证。

故意在预审或文件中设置各种障碍排斥特定或潜在投标人；明示或暗示评标专家对不同所有制投标人采取不同的评标标准；采用抽签、摇号等方式直接确定中标候选人……为保证招投标市场的公平公正，招标人以上的这些行为，将会遭到国家的严查。

（3）不必要的招标条件免除，企业的负担能得以减轻。

取消没有法律法规依据的投标报名、招标文件审查等事前审批或审核环节，取消必须提供原件、纸质证照的不必要要求。

这些不必要的招标条件的免除，意味着企业以后在进行项目投标时不需要再耗费大量的精力在这些繁复的事务上，提高效率的同时能够减轻企业负担。

任务清单 6.1　了解园林工程结算与竣工决算的方法

1. 任务情境

经历工程的概算、预算后，当工程完工后，如何进行价款的支付，这就涉及工程结算的相关内容。工程结算，即竣工结算，是完工后经质量验收合格后，向建设单位最后一次办理结算工程价款的手续。

2. 任务目标

了解工程结算和竣工决算的知识点、计算方法和步骤。

3. 任务要求

整理工程结算和竣工决算的知识点、计算方法和步骤等要点。

《园林工程结算与竣工决算》微课，包括 6 个视频，约 350MB

任务指引 PPT

4. 任务实施

步骤 1：观看《园林工程结算与竣工决算》微课视频 6.1 ～视频 6.6，结合知识清单 6.1 园林工程结算，回答以下问题。

（1）实行工程量清单计价的工程应采用什么方式的合同？

（2）园林工程价款结算的方式有哪些？

（3）简述绿化种植工程中编制竣工结算的内容和方法。

步骤 2：结合知识清单 6.2 园林工程竣工决算，回答以下问题。

（1）竣工决算工作由哪些内容组成？

（2）什么情况下可不用对工程竣工图进行重绘？

5. 知识测试与能力训练（注：4个选项的为单选题，5个选项的为多选题）

更多习题实时测

（1）采用估算工程量单价合同时，工程款的结算是按（　　）计算确定的。

A. 业主提供的工程量及承包商所填报的单价

B. 业主提供的工程量及实际发生的单价

C. 实际完成的工程量及承包商所填报的单价

D. 实际完成的工程量及实际发生的单价

（2）对于单价合同计价方式，确定结算工程款的依据是（　　）。

A. 实际工程量和实际单价　　B. 合同工程量和合同单价

C. 实际工程量和合同单价　　D. 合同工程量和实际单价

（3）（　　）承包方式的基本做法是按工程实际发生的直接成本（直接费），加上商定的企业管理费（间接费）、利润和税金来确定工程总造价。它主要适用于签约时对工程的情况和内容不清楚、工程量不详（如采用设计——施工连贯式的承包方式，签约时尚无施工图纸及详细设计文件）的情况，如紧急工程、抢险救灾工程、国防工程等。

A. 固定总价合同　　B. 计量估价合同　　C. 单价合同　　D. 成本加酬金合同

（4）按照承包工程计价方式，建设工程施工合同可分为（　　）。

A. 目标合同　　B. 单价合同　　C. 总价合同　　D. 成本加酬金合同

E. 工程总包合同

（5）建设工程价款结算方式不包括（　　）。

A. 按月结算　　B. 按年结算　　C. 分段结算　　D. 竣工后一次结算

6. 知识点整理

（1）工程预付款　　（2）工程进度款

（3）工程竣工图　　（4）竣工决算

7. 任务总结

通过完成上述任务，你学到了哪些知识和技能？在哪些地方还存在疑惑？

8. 实施人员

9. 任务点评

知识清单 6.1　园林工程结算

6.1.1　园林工程价款结算

竣工结算是施工企业在所承包的工程全部完工后，经质量验收合格，达到合同要求后，向建设单位最后一次办理结算工程价款的手续，由企业预算部门负责编制。竣工结算是反映该工程的预算成本，由施工单位用来作为内部考核实际工程费用的依据。竣工结算也是建设单位竣工决算的一个重要组成部分。

园林工程竣工结算计价形式与建筑安装工程承包合同计价方式一样，根据计价方式的不同，一般情况可分为 3 种类型，即总价合同、单价合同和成本加酬金合同。

6.1.1.1　总价合同

所谓总价合同是指支付给施工企业的款项在合同中是一个“规定金额”，即总价。它是以图纸和工程说明书为依据，由施工企业与建设单位经过商定做出的。建设规模较小、技术难度较低、施工工期较短，并且施工图设计审查已经完备的工程，可以采用总价合同，除工程变更外，其工程量不予调整。

总价合同按其是否可调整，分为以下两种形式，见表 6-1。

表 6-1　总价合同的两种形式

类　型	定　　义	应　　用
不可调整总价合同	以图纸及规定、法规为基础，承发包双方就承包项目协商的一个固定总价，由施工企业一笔包死，不能变化	合同总价只有在设计和工程范围有所变更的情况下，才能随之做相应的变更，除此之外，合同总价是不能变动的
可调整总价合同	以图纸及规定、规范为计算基础，但是以“时价”进行计算的。这是一种相对固定的价格	在合同执行过程中，由于市场变化而使所用的工料成本、人工成本等增加，可对合同总价进行相应的调整

6.1.1.2　单价合同

在施工图纸不完整，或当准备发包的工程项目内容、技术、经济指标一时间不能准确、具体地给予规定价格时，往往要采用单价合同形式。

实行工程量清单计价的工程应采用单价合同方式，即合同约定的工程价款中包含的工程量清单项目综合单价在约定条件内是固定的，不予调整，工程量允许调整。工程量清单项目综合单价在约定的条件外，允许调整。

单价合同又因情况不同，可分为以下三种形式，见表 6-2。

表 6-2　单价合同的三种形式

类　型	定　　义	适 用 范 围	应　　用
估算工程量单价合同	这种合同形式是施工单位在报价时，按照招标文件中提供的估算工程量，报工程单价。 结算时按实际完成工程量结算	大多用于工期长、技术复杂、实施过程中可能会发生不可预见因素较多的建设工程，或发包方为了缩短项目建设周期，如在初步设计完成后就拟进行施工招标的工程，在施工图不完整或当准备招标的工程项目内容、技术经济指标一时尚不能明确和具体予以规定时，往往要采用这种合同计价方式	（1）发包方提出工程量估算表，承包方根据此填报单价。 （2）最后总价应以实际完成工程量乘以单价确定。 （3）实际工程量与估算工程量相差超过±20%，允许调整单价

续表

类　型	定　　义	适 用 范 围	应　　用
纯单价合同	采用这种合同形式时，建设单位只对建设工程的有关分部、分项工程，以及工程范围做出规定，不需对工程量做任何规定。 施工单位在投标时，只需对这种给定范围的分布、分项工程做出报价，而工程量则按实际完成的数量结算	主要适用于没有施工图、工程量不明却急需开工的紧迫工程	（1）合同中只给出单价。 （2）工程则按实际完成的数量结算
单价与包干混合式合同	以单价合同为基础，仅对某种不易计算工程量的分项工程采用包干办法。其余均要求报出单价，并按实际工程量结算		

6.1.1.3 成本加酬金合同

这种合同是将工程项目的实际投资划分成直接成本费和承包方完成工作后应得酬金两部分。工程实施过程中发生的直接成本费由发包方实报实销，再按合同约定的方式另外支付给承包方相应报酬。这种合同计价方式主要适用于以下情况：

（1）工程内容及技术经济指标尚未全面确定，投标报价的依据尚不充分的情况下，发包方因工期要求紧迫，必须发包的工程。

（2）发包方与承包方之间有着高度的信任，承包方在某些方面具有独特技术、特长或经验。

由于在签订合同时，发包方提供不出可供承包方准确报价所必需的资料，报价缺乏依据。因此，在合同内只能商定酬金的计算方法。成本加酬金合同广泛地应用于工作范围很难确定的工程和在设计完成之前就开始施工的工程。

6.1.2 园林工程价款结算的方式

根据我国相关规定，工程进度款的拨付有以下几种方式：

（1）按月结算与支付，即实行按月支付进度款，竣工后清算的办法。合同工期在两个年度以上的工程，在年终进行工程盘点，办理年度结算。

施工企业在采用按月结算工程价款方式时，要先取得各月实际完成的工程数量，并按照工程预算定额中的工程直接费预算单价、间接费用定额和合同中采用利税率，计算出已完工程造价。实际完成的工程数量，由施工单位根据有关资料计算，并编制已完工程月报表（见表6-3），然后按照发包单位编制已完工程月报表，将各个发包单位的本月已完工程造价汇总反映。再根据已完工程月报表编制工程价款结算账单（见表6-4），与已完工程月报表一起，分送发包单位和经办银行，据以办理结算。

表6-3　　**已完工程月报表**

发包单位名称：　　　　年　月　日　　　　元

单项工程和单位工程名称	合同造价	建筑面积	开工日期		实际完成数		备注
			开工日期	竣工日期	至上月（期）止已完工程累计	本月（期）已完工程	

施工企业：　　　　编制日期：　年　月　日

表 6-4　　**工程价款结算账单**

建设单位名称：　　　　年　月　日　　　　元

单项工程项目名称	合同预算（或标书）	本期工程形象进度	本期应收工程款	本期应抵扣款项					本期实收款	期末备料款余额	本期止已收工程款累计
				合计	预支工程款	预收备料款	建设单位供应材料款	各种往来款			
承包单位（乙方）：（签章）				建设单位（甲方）审查意见：（签章）					审价机构审定意见：（签章）		

其中，工程价款结算账单是办理工程价款结算的依据。工程价款结算账单中所列应收工程款应与随同附送的已完工程月报表中的工程造价相符，表中除了列明应收工程款外，还应列明应扣预收工程款、预收备料款、发包单位供给材料价款等应扣款项，算出本月实收工程款。

为了保证工程按期收尾竣工，工程在施工期间，无论工程长短，其结算工程款一般不得超过承包工程价值的 95%，结算双方可以在 5%的幅度内协商确定尾款比例，并在工程承包合同中说明。施工企业如已向发包单位出具履约保函或有其他保证的，可以不留工程尾款。

（2）分段结算与支付，即当年开工、当年不能竣工的工程按照工程形象进度，划分不同阶段支付工程进度款，具体划分应在合同中明确。

施工企业在采用分段结算工程价款方式时，要在合同中规定工程部位完工的月份，根据已完工程部分的工程数量计算已完工程造价，按发包单位编制已完工程月报表（见表 6-3）和工程价款结算账单（见表 6-4）。

（3）竣工后一次结算。建设项目或单项工程全部建筑安装工程建设期在 12 个月以内，或者工程承包合同价值在 100 万元以下的，可以实行工程价款每月月中预支，竣工后一次结算。

对于工期较短、能在年度内竣工的单项工程或小型建设项目，可在工程竣工后编制工程价款结算账单，按合同中工程造价一次结算。

（4）其他结算方式。

6.1.3　园林工程预付款支付

施工企业承包工程一般都实行包工包料，这就需要有一定数量的备料周转金。在工程承包合同条款中，一般要明文规定发包单位（甲方）在开工前拨付给承包单位（乙方）一定限额的工程预付备料款。此预付款构成施工企业为该承包工程项目储备主要材料、结构件所需的流动资金。

工程预付款仅用于承包方支付施工开始时与本工程有关的动员费用。如承包方滥用此款，发包方有权力立即收回。在承包方向发包方提交金额等于预付款数额（发包方认可的银行开出）的银行保函后，发包方按规定的金额和规定的时间向承包方支付预付款，在发包方全部扣回预付款之前，该银行保函将一直有效。当预付款被发包方扣回时，银行保函金额相应递减，但在预付款全都扣回之前一直有效。发包人应在预付款扣完后的 14 天内将预付款保函退还给承包人。

6.1.3.1　工程预付款的限额

园林工程预付款额度，各地区、各部门的规定不完全相同，主要是保证施工所需材料和构件的正常储备。一般是根据施工期、建筑安装工作量、主要材料和构件费用占建筑安装工作量的比例以及材料储备周期等因素经测算来确定（见表 6-5）。

表 6-5　　预付款限额确定方法

类　型	确　定　方　法
在合同条件中约定	发包人根据工程的特点、工期长短、市场行情、供求规律等因素，招标时在合同条件中约定工程预付款的百分比
公式计算法	根据主要材料（含结构件等）占年度承包工程总价的比重、材料储备定额天数和年度施工天数等因素，通过公式计算预付备料款额度。 $$工程预付款数额=\frac{工程总价\times 材料比重\%}{年度施工天数}\times 材料储备定额天数$$ $$工程预付款比率=\frac{工程预付款数额}{工程总价}\times 100\%$$ 式中，年度施工天数按 365 日历天计算。 材料储备定额天数由当地材料供应在途天数、加工天数、整理天数、供应间隔天数、保险天数等因素决定

6.1.3.2　预付款的扣回

发包单位拨付给承包单位的预付款属于预支性质，在工程实施后，随着工程所需主要材料储备的逐步减少，应以抵充工程价款的方式陆续扣回。

在实际经济活动中，情况比较复杂，有些工程工期较短，就无须分期扣回。有些工程工期较长，如跨年度施工，预付款可以不扣或少扣，并于次年按应预付款调整，多退少补。具体地说，跨年度工程，预计次年承包工程价值大于或相当于当年承包工程价值时，可以不扣回当年的预付款，如小于当年承包工程价值时，应按实际承包工程价值进行调整，在当年扣回部分预付款，并将未扣回部分转入次年，直到竣工年度，再按上述办法扣回（见表 6-6）。

表 6-6　　预付款的扣回方式

类　型	扣　款　的　方　法
从未施工工程尚需的主要材料及构件的价值相当于预付款数额时起扣	从每次结算工程价款中，按材料比重扣抵工程价款，竣工前全部扣清。 $$T=P-\frac{M}{N}$$ 式中　T——起扣点，即预付备料款开始扣回时的累计完成工作量金额； M——预付款限额； N——主要材料所占比重； P——承包工程价款总额
在承包方完成金额累计达到合同总价的一定比例后，由承包方开始向发包方还款	发包方从每次应付给承包方的金额中扣回工程预付款，发包方至少在合同规定的完工期前将工程预付款的总计金额逐次扣回。发包方不按规定支付工程预付款，承包方按《建设工程施工合同（示范文本）》提交“要求付款的通知”或暂停施工并收取滞纳金

6.1.4　园林工程进度款支付

对实行工程量清单计价的工程，应采用单价合同方式，即合同约定的工程价款中所包含的工程量清单项目综合单价在约定条件内是固定的，不予调整，工程量允许调整。工程量清单项目综合单价在约定的条件外，允许调整，调整方式、方法应在合同中约定。

进度款支付申请内容见表 6-7。

表 6-7　　进度款支付申请内容

序　号	内　　容	序　号	内　　容
1	累计已完成工程的工程价款	7	本期间应支付的安全文明施工费
2	累计已实际支付的工程价款	8	本期间应支付的总承包服务费
3	本期间完成的工程价款	9	本期间应扣留的质量保证金
4	本期间已完成的计日工价款	10	本期间应支付的、应扣除的索赔金额
5	应支付的调整工程价款	11	本期间应支付或扣留（扣回）的其他款项
6	本期间应扣回的预付款	12	本期间实际应支付的工程价款

6.1.5　园林工程竣工结算

6.1.5.1　竣工结算的原则

(1) 凡编制竣工结算的项目，都必须是具备结算条件的工程。也就是必须经过交工验收的工程项目，而且要在竣工报告的基础上，实事求是地对工程进行清点和计算，凡属未完的工程、未经交工验收的工程和质量不合格的工程，均不能进行竣工结算。需要返工的工程或需要修补的工程，必须在返工和修补并经验收检查合格后方能进行竣工结算。

(2) 要本着对国家认真负责的精神编制竣工结算书，并要正确地确定工程的最终造价，不得巧立名目、弄虚作假。

(3) 要严格按照国家和所在地区的预算定额、取费规定和施工合同的要求进行编制。

(4) 施工图预算书等结算资料必须齐全，并严格按竣工结算编制程序进行编制。

6.1.5.2　竣工结算的依据

(1) 工程竣工报告、竣工图和竣工验收单。

(2) 工程施工合同或施工协议书。

(3) 施工图预算书或招投标工程的合同单价、经过审批的补充修正预算书以及施工过程中的中间结算账单。

(4) 设计技术交底及图纸会审记录资料。

(5) 工程中因增减设计变更、材料代用而引起的工程量增减账单。

(6) 经建设单位签证认可的施工技术措施、技术核定单。

(7) 各种涉及工程造价变动的资料。

6.1.5.3　编制竣工结算的内容及方法

竣工结算以单位工程的增减费用或竣工结算的费用计算为主要内容。单位工程的增减费用或竣工结算的费用计算方法是指在施工图预算或中标标价，或前一次增减费用的基础上，增加或者减少本次费用的变更部分，应计取各项费用的内容及使用各种表格均要和施工图预算内容相同，它包括直接费、间接费、计划利润和税金（见表 6-8）。

表 6-8　　竣工结算编制方法

类别	编制方法	特　　点
工程实施过程中发生变化较大的工程	对这类工程，必须根据设计变更资料，重新绘制竣工图。在双方认可的竣工图基础上，依据有关资料，计算工程项目，编制工程竣工造价结算书	这种方法正确程度较高，但需大量的时间、精力，往往影响工程款项的及时回收。 对绿化种植工程而言，这种情况发生较少，这种方法也较少采用

续表

类别	编制方法	特　　点
工程实施过程中发生变化不大的工程	对这类工程，常采用以原有施工图、合同造价为基础，根据合同规定的计价方法，对照原有资料相应增减，适当调整，最终作为竣工结算造价的方法	这种方法在绿化种植工程中运用较普遍，具体做法如下： （1）直接费增减表计算。 （2）直接费调整总表计算。 （3）费用总表计算。 （4）增减费用的调整及竣工结算

6.1.5.4　竣工结算的审定

发包人以对工程质量有异议，拒绝办理工程竣工结算的，已竣工验收或已竣工未验收但实际投入使用的工程，应就有争议的部分委托有资质的检测鉴定机构进行检测，根据检测结果确定解决方案，其质量争议按该工程保修合同执行。竣工结算按合同约定办理。

知识清单 6.2　园林工程竣工决算

园林绿化工程竣工决算是园林绿化工程经济效益的全面反映，是项目法人核定各类新增资产价值、办理其交付使用的依据。通过竣工决算，一方面能够正确反映建设工程的实际造价和投资结果；另一方面可以通过竣工决算与概算、预算的对比分析，考核投资控制的工作成效，总结经验教训，积累技术经济方面的基础资料，提高未来园林绿化工程的投资效益。

6.2.1　竣工决算的作用

（1）竣工决算是综合、全面地反映竣工项目建设成果及财务情况的总结性文件。它采用货币指标、实物数量、建设工期和种种技术经济指标综合、全面地反映园林项目从开始到竣工为止的全部建设成果和财务状况。

（2）竣工决算是办理交付使用资产的依据，也是竣工验收报告的重要组成部分。建设单位与使用单位在办理交付资产的验收交接手续时，通过竣工决算反映支付使用资产的全部价值，包括固定资产、流动资产、无形资产和其他资产的价值。同时，它还详细提供了交付使用资产的名称、规格、数量、型号和价值等明细资料，是施工单位确定各项新增资产价值并登记入账的依据。

（3）竣工决算是分析和检查设计概算的执行情况，考核投资效果的依据。竣工决算反映了竣工项目计划、实际的建设规模、建设工期以及设计和实际的生产能力，反映了概算总投资和实际的建设成本，同时还反映了所达到的主要技术经济指标。通过对这些指标计划数、概算数与实际数进行对比分析，不仅可以全面掌握建设项目计划和概算执行情况，而且可以考核建设项目投资效果，为今后制定基建计划降低建设成本，提高投资效果提供必要的资料。

6.2.2　竣工决算的内容

工程竣工决算是在建设项目或单位工程完工后，由建设单位财务及有关部门，以竣工结算等资料为基础进行编制的。

按照财政部、国家发展和改革委员会、住房和城乡建设部的有关文件规定，竣工决算由竣工财务决算说明书、竣工决算报告说明书、工程竣工图和工程竣工造价对比分析组成；前两部分又称建设项目竣工财务决算，是竣工决算的核心内容。

6.2.2.1　建设项目竣工财务决算

（1）竣工决算报告说明书，其内容包括：

1）资金来源及运用等财务分析，主要包括新增生产能力效益分析、工程价款结算、会计账务的处理、财产物资情况及债权债务的清偿情况。

2）工程概况、设计概算和基本建设投资计划的执行情况，各项技术经济指标的完成情况，各项拨款的使用情况，建设工期、建设成本和投资效果分析，以及建设过程中的主要经验、问题和各项建议等内容。

（2）竣工决算报表，其组成见表 6-9～表 6-15。

表 6-9　　竣工决算报表组成

类型	大、中型建设项目	小型建设项目
内容	建设项目竣工财务决算审批表（见表 6-10） 大、中型建设项目概况表（见表 6-11） 大、中型建设项目竣工财务决算表（见表 6-12） 大、中型建设项目交付使用资产总表（见表 6-13） 建设项目交付使用资金明细表（见表 6-14）	建设项目竣工财务决算审批表（见表 6-10） 建设项目交付使用资金明细表（见表 6-14） 小型建设项目竣工财务决算总表（见表 6-15）

表 6-10　　建设项目竣工财务决算审批表

建设项目法人（建设单位）		建设性质	
建设项目名称		主要部门	
开户银行意见 （盖章） 年　月　日			
专员办审批意见 （盖章） 年　月　日			
专员办审批意见 （盖章） 年　月　日			

表 6-11　　　　大、中型建设项目竣工工程概况表

<table>
<tr><td>建设项目（单项工程）名称</td><td colspan="2"></td><td>建设地址</td><td colspan="4"></td><td rowspan="9">基建支出</td><td colspan="2">项目</td><td>概算</td><td>实际</td><td>主要指标</td></tr>
<tr><td>主要设计单位</td><td colspan="2"></td><td>主要施工企业</td><td colspan="4"></td><td colspan="2">建筑安装工程</td><td></td><td></td><td rowspan="8"></td></tr>
<tr><td rowspan="3">占地面积</td><td>计划</td><td>实际</td><td rowspan="3">总投资（万元）</td><td colspan="2">设计</td><td colspan="2">实际</td><td colspan="2">设备、工具器具</td><td></td><td></td></tr>
<tr><td rowspan="2"></td><td rowspan="2"></td><td>固定资产</td><td>流动资产</td><td>固定资产</td><td>流动资产</td><td colspan="2" rowspan="2">待摊投资其中：建设单位管理费</td><td></td><td></td></tr>
<tr><td></td><td></td><td></td><td></td><td></td><td></td></tr>
<tr><td rowspan="2">新增生产能力</td><td colspan="2">能力（效益）名称</td><td>设计</td><td colspan="4">实际</td><td colspan="2">其他投资</td><td></td><td></td></tr>
<tr><td colspan="2"></td><td></td><td colspan="4"></td><td colspan="2">待核销基建支出</td><td></td><td></td></tr>
<tr><td rowspan="2">建设起、止时间</td><td colspan="2">设计</td><td colspan="5">从　年　月开工至　年　月竣工</td><td colspan="2">非经营项目转出投资</td><td></td><td></td></tr>
<tr><td colspan="2">实际</td><td colspan="5">从　年　月开工至　年　月竣工</td><td colspan="2">合计</td><td></td><td></td></tr>
<tr><td rowspan="2">设计概算批准文号</td><td colspan="7" rowspan="2"></td><td rowspan="4">主要材料消耗</td><td>名称</td><td>单位</td><td>概算</td><td>实际</td><td></td></tr>
<tr><td>钢材</td><td>t</td><td></td><td></td><td></td></tr>
<tr><td rowspan="3">完成主要工程量</td><td colspan="2">建筑面积（m^2）</td><td colspan="5">设备（台、套、t）</td><td>木材</td><td>m^2</td><td></td><td></td><td></td></tr>
<tr><td>设计</td><td>实际</td><td colspan="2"></td><td colspan="3"></td><td>水泥</td><td>t</td><td></td><td></td><td></td></tr>
<tr><td></td><td></td><td colspan="2"></td><td colspan="3"></td><td rowspan="3">主要技术经济指标</td><td colspan="5" rowspan="3"></td></tr>
<tr><td rowspan="2">收尾工程</td><td colspan="2">工程内容</td><td colspan="2">投资额</td><td colspan="3">完成时间</td></tr>
<tr><td colspan="2"></td><td colspan="2"></td><td colspan="3"></td></tr>
</table>

表 6-12　　　　大、中型建设项目竣工财务决算表　　　　元

资金来源	金额	资金占用	金额	补充资料
一、基建拨款		一、基本建设支出		基建投资借款期末余额
1. 预算拨款		1. 交付使用资产		应收生产单位投资借款期末余额
2. 基建基金拨款		2. 在建工程		
3. 进口设备转账拨款		3. 待核销基建支出		基建结余资产
4. 器材转账拨款		4. 非经营项目转出投资		
5. 煤代油专用基金拨款		二、应收生产单位投资借款		
6. 自筹资金拨款		三、拨款所属投资借款		
7. 其他拨款		四、器材		
二、项目资本金		其中：待处理器材损失		
1. 国家资本		五、货币资金		
2. 法人资本		六、预付及应收款		
3. 个人资本		七、有价证券		
三、项目资本公积金		八、固定资产		

续表

资金来源	金额	资金占用	金额	补充资料
四、基建借款		固定资产原值		
五、上级拨入投资借款		减：累计折旧		
六、企业债券资金		固定资产净值		
七、待冲基建支出		固定资产清理		
八、应付款		待处理固定资产损失		
九、未交款				
1. 未交税金				
2. 未交基建收入				
3. 未交基建包干节余				
4. 其他未交款				
十、上级拨入资金				
十一、留成收入				
合计		合计		

表 6-13　　大、中型建设项目交付使用资产总表　　元

单项工程项目名称	总计	固定资产					流动资产	无形资产	其他资产

单位盖章　　年　　月　　日

大、中型建设项目交付使用资产总表反映建设项目建成后新增固定资产、流动资产、无形资产和其他资产价值的情况和价值，作为财产交接、检查投资计划完成情况和分析投资效果的依据。小型项目不编制交付使用资产总表，直接编制交付使用资产明细表。

表 6-14　　建设项目交付使用资金明细表

单位工程项目名称	建筑工程			设备、工具、器具、家具					流动资产		无形资产		其他资产	
	结构	面积（m^2）	价值（元）	规格型号	单位	数量	价值（元）	设备安装费（元）	名称	价值（元）	名称	价值（元）	名称	价值（元）
合计														

支付单位盖章　　年　　月　　日　　　　接收单位盖章　　年　　月　　日

表 6 - 15　　小型建设项目竣工财务决算总表

建设项目名称			建设地址					资金来源		资金运用	
初步设计概算批准文号								项目	金额（元）	项目	金额（元）
占地面积	计划	实际	总投资（万元）	计划		实际		一、基建拨款 其中：预算拨款		一、交付使用资产	
				固定资产	流动资金	固定资产	流动资金	二、项目资本		二、待核销基建支出	
								三、项目资本公积金		三、非经营项目转出投资	
								四、基建借款		四、应收生产单位投资借款	
								五、上级拨入借款			
								六、企业债券资金		五、拨付所属投资借款	
新增生产能力	能力（效益）名称		设计			实际		七、待冲基建支出		六、器材	
								八、应付款		七、货币资金	
建设起止时间	计划		从　年　月开工 至　年　月竣工					九、未付款 其中：未交基建收入、未交包干收入		八、预付及应收款	
										九、有价证券	
	实际		从　年　月开工 至　年　月竣工							十、原有固定资产	
								十、上级拨入资金			
基建支出	项目			概算（元）		实际（元）		十一、留成收入			
	建筑安装工程										
	设备、工具、器具										
	待摊投资 其中：建设单位管理费										
	其他投资										
	待核销基建支出										
	非经营性项目转出投资										
	合计							合计		合计	

6.2.2.2　工程竣工图

基本建设竣工图是真实地记录各种地下、地上建筑物、构筑物等情况的技术文件，是对工程进行交工验收、维护、改建、扩建的依据，是国家的重要技术档案。国家规定：各项新建、扩建、改建的基本建设工程，特别是基础、地下建筑、管线、结构、桥梁、隧道、潜口、水坝以及设备安装隐蔽部位，都要编制竣工图。编制各种竣工图，必须在施工过程中（不能在竣工后）及时做好隐蔽工程记录，整理好设计变更文件，确保竣工图质量。竣工图有以下几种情况：

（1）凡按图施工没有变动的，由施工单位（包括总包和分包施工单位，下同）在原施工图上加盖“竣工图”标志后，即作为竣工图。

（2）凡在施工中虽有一般性设计变更，但能将原施工图加以修改补充作为竣工图的，可不重新绘制，由施工单位负责在原施工图（必须是新蓝图）上注明修改的部分，并附以设计变更通知单和施工说明，加盖“竣工图”标志后，即作为竣工图。

（3）凡结构形式改变、工艺改变、平面布置改变、项目改变以及有其他重大改变，不宜再在原施工图上修改、补充者，应重新绘制改变后的竣工图。由于设计原因造成的，由设计单位负责重新绘图；由于施工原因造成的，由施工单位负责重新绘图；由于其他原因造成的，由建设单位自行绘图或委托设计单位绘图。施工单位负责在新图上加盖“竣工图”标志并附以有关记录和说明，即作为竣工图。

（4）重大的改建、扩建工程涉及原有工程项目变更时，应将相关项目的竣工图资料统一整理归档，并在原图案卷增补必要的说明。

竣工图一定要与实际情况相符，保证图纸质量，做到规格统一、图面整洁、字迹清楚，不得用圆珠笔或其他易于褪色的墨水绘制。竣工图要经承担施工的技术负责人审核签字。

6.2.2.3　工程造价对比分析

控制工程造价所采取的措施、效果及其动态的变化需要进行认真的对比，总结经验教训。批准的概算是考核建设工程造价的依据。在分析时，可先对比整个项目的总概算，然后将建设工程费、设备及工器具费和其他工程费用逐一与竣工决算表中所提供的实际数据和相关资料及批准的概算、预算指标，实际的工程造价进行对比分析，以确定竣工项目总造价是节约还是超支，并在对比的基础上，总结先进经验，找出节约和超支的内容和原因，提出改进措施。在实际的工作中，应主要分析以下内容：

（1）主要实物工程量。对于实物工程量出入比较大的情况，必须查明原因。

（2）主要材料消耗量。考核主要材料消耗量，要按照竣工决算表中所列明的材料实际超概算的消耗量，查明是在工程的哪个环节超出量最大，再进一步查明超耗的原因。

考核建设单位管理费、措施费和间接费的取费标准。建设单位管理费、措施费和间接费的取费标准要按照国家和各地的有关规定，根据竣工决算报表中管理费与概预算所列的建设单位管理费数额进行比较，依据规定查明是否有多列或少列的费用项目，确定其节约超支的数额，并查明原因。

6.2.3　园林工程竣工决算编制步骤

（1）收集、整理、分析原始资料。从工程开始就按编制依据的要求，收集、清点、整理有关资料，主要包括工程档案资料，如设计文件、施工记录、上级批文、概（预）算文件、工程结算的归集整理、财务处理、财产物资的盘点核实及债权债务的清偿，做到账账、账证、账实、账表相符。对各种设备、材料、工具、器具等要逐项盘点核实并填列清单，妥善保管，或按照国家有关规定处理，不准任意侵占和挪用。

（2）对照、核实工程变动情况，重新核实各单位工程、单项工程造价。将竣工资料与原设计图纸进行查对、核实，必要时可实地测量，确认实际变更情况；根据经审定的施工单位竣工结算等原始资料，按照有关规定对原概（预）算进行增减调整，重新核定工程造价。

（3）将核实后的待摊投资、设备工器具投资、建筑安装工程投资、工程建设其他投资严格划分和核定后，分别计入相应的建设成本栏目内。

（4）编制竣工财务决算说明书，力求内容全面、简明扼要、文字流畅、说明问题。

（5）填报竣工财务决算报表。

（6）做好工程造价对比分析。

（7）整理、装订好竣工图。

（8）按国家规定上报、审批、存档。

第7章　计　价　软　件

知识目标

- 了解常用计价软件的类型和使用方法。
- 掌握电算化计价的步骤和注意要点。

技能目标

- 能够用计价软件进行绿化、园路假山工程的清单编制及计价。
- 能够用计价软件进行报表打印。
- 能够对实训内容进行整理、总结。

思政目标

- 通过计价软件的学习，让学生形成良好的时间观念。
- 通过报表的整理，培养严谨、细致的工作作风。

思行致远

数字造价管理时代的机遇与挑战

党的二十大报告提出“推进新型工业化，加快建设制造强国、质量强国、航天强国、交通强国、网络强国、数字中国。”其中，“数字中国”是数字时代国家信息化发展的新战略，是驱动、引领经济高质量发展的新动力。

建筑业已经进入深化改革、转型升级的重要时期，数字化变革和转型必将带来前所未有的机遇和挑战。“数字造价管理”作为数字技术与工程造价专业有效融合的重要理念，是造价管理成功的关键基础，是工程造价专业的创新焦点，是实现工程造价管理数字化的重要支撑，也是工程造价专业转型升级的核心引擎。

数字造价管理时代，工程造价专业人员在智能终端的协助下，可随时随地开展工作，让工作变得智能高效，产生“新计价”“新管理”“新服务”场景，驱动行业变革与创新发展。

在计价方面，建筑工程造价需要的软件有多种，具体包括：

(1) 算量软件，如广联达，神机妙算，鲁班，清华斯维尔等，都有算量功能，基本原理都是图形算量；

(2) 钢筋抽样或者翻样软件；

(3) 清单计价软件，主要是为了生成清单计价模式；

(4) Excel表格软件，可以辅助其他软件生成报表，比较方便；

(5) CAD软件，方便修改、变更电子图。

以上软件一般需要购买硬件加密锁，升级需要再付费。

但是工程预算软件在使用中也存在着一些弊端。

1. 无法深入理解造价的原理和依据

经常使用造价软件计算工程量和计取工程费用，长久不手工计算，工程造价人员对工程量计算规则和工程费用的计取程序及计费时费率必然生疏，一旦新出台工程量计算规则或变动费率标准，容易因不明白预算软件计算工程造价的原理和依据，无法及时掌握软件升级后的变化。

2. 影响工程造价的准确性

预算软件使用方便快捷，使得工程造价人员很少去复核工程量计算的准确性，费用计取是否符合国家相关规定。一旦预算软件理解文件精神有差错将会大大影响工程造价的正确性。

3. 影响执业资格考试通过率

长期使用造价预算软件计算工程造价，使得造价人员在参加执业资格考试时遇到困难。因为考试是需要手工列式计算的，造价人员长期不手工计算，其计算能力逐渐减退，从而影响考试成绩。

4. 无法及时适应新的文件规则调整

工程造价人员过分地依赖于预算软件，当有关造价方面的新政策出台时，往往过度依靠造价软件的升级来解决。若预算软件不升级不及时，造价人员很少能用手工计算来进行补充。

任务清单 7.1　用计价软件编制综合性园林项目造价书

1. 任务情境

前面章节的学习是为了后续电算化软件的操作打基础，不同地区有不同计价软件，但软件的使用原理基本是相通的，通过附录 7 案例图纸的上机训练，让学生快速掌握电算化计价软件的实训，对接工作、岗位，为后续专业顶岗实习打下基础。

2. 任务目标

了解常用工程计价软件，掌握其中一种软件的使用，能用计价软件编辑工程量清单和招标控制价。

3. 任务要求

完成实训报告，记录关键完成点，上交电子材料（计价原文件、寻出后的招标清单 Excel 格式、导出后的招标控制价、Excel 格式、实训报告电子版）。

《计价软件》微课，包括 5 个视频，约 260MB

任务指引 PPT

4. 任务实施

步骤 1：结合知识清单 7.1 计价软件介绍 ，列出常用的计价软件，并列出其官网下载渠道。

步骤 2：查看附录 7 图纸，试列出该工程的单项工程名称、单位工程及专业工程，填入表 7-1。

表 7-1

单项工程	
单位工程	
专业工程	

步骤 3：观看《计价软件》微课视频 7.1 ，结合知识清单 7.2.1 新建工程 ，并根据步骤中填写的单项工程名称、单位工程及专业工程，进行工程的新建，并将填写好的结果写下面缺失的图片中。

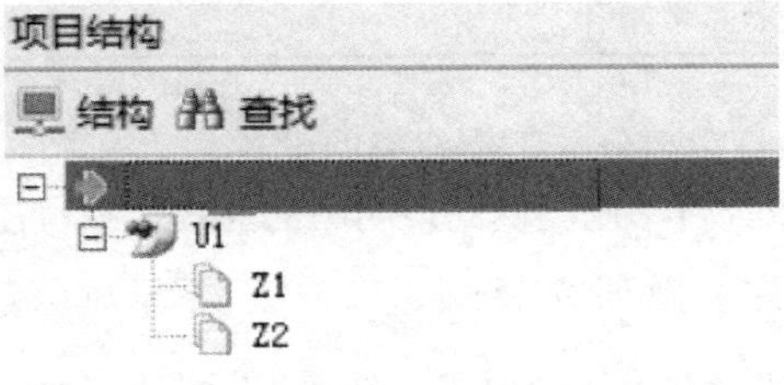

步骤 4：根据图纸，填写工程概况中的工程信息，并将填写好的结果写入下面缺失的图片中，如空间不够，可以写在右侧空白处进行标记。

序号	*代码	值	备注
1	项目编号		
2	项目名称		
3	标段		
4	工期要求		
5	······························		
6	编制时间		时间格式:YYY
7	复核时间		时间格式:YYY
8	······························		
9	招标人		
10	招标单位法定代表人		
11	投标人		
12	投标单位法定代表人		
13	造价咨询人		
14	造价咨询人法定代表		
15	······························		
16	编制人		
17	复核人		

步骤 5：参考第 4 章 清单编制案例的说明书的写法，编写清单编制说明。

步骤 6：观看《计价软件》微课视频 7.2 ，结合知识清单 7.2.2 清单输入 ，根据图纸，分别进行绿化工程和园林景观工程的清单录入，注意绿化部分包括技术措施费的清单的填写。

任务阶段性评价见表 7-2。

表 7-2

序号	检测点	标准分值	自评	师评
1	新建工程	5		
2	工程概况	5		
3	园林绿化工程：分部分项清单填写（含项目特征、数量）	30		
4	园林绿化工程：技术措施清单填写（含项目特征、数量）	15		
5	园林景观工程：分部分项清单填写（含项目特征、数量）	30		
6	清单编制说明	5		
7	速度赋分及课堂加分	10		
合计				

步骤 7：分别进行绿化和景观部分的工作费率的设置。

步骤 8：参考第 5 章 清单计价编制案例的说明书的写法，编写控制价编制说明。

步骤 9：观看《计价软件》微课视频 7.3、7.4 ，结合知识清单 7.2.3 额定子目的输入、7.2.4 定额换算 ，根据图纸和控制价编制说明，分别进行绿化工程和园林景观工程的清单计价，注意绿化部分包括技术措施费的清单计价。

步骤 10：观看视频参考第 5 章 清单计价编制案例填写其他项目。

任务阶段性评价见表 7-3。

表 7-3

序号	检测点	标准分值	自评	师评
1	园林绿化工程：费率设置	5		
2	园林景观工程：费率设置	5		
3	控制价编制说明	5		
4	园林绿化工程：分部分项清单计价（含项目特征、数量）	25		
5	园林绿化工程：技术措施清单计价（含项目特征、数量）	10		
6	园林景观工程：分部分项清单计价（含项目特征、数量）	30		
7	其他项目	10		
8	速度赋分及课堂加分	10		
合计				

步骤 11：观看《计价软件》微课视频 7.5，结合知识清单 7.2.5 其他工作，分别对绿化和景观工程部分进行材料载价。

步骤 12：进行软件计算检查，完成问题项修改。

步骤 13：报表打印，分别导出清单和控制价，并检查报表的完整性。

任务阶段性评价见表 7-4。

表 7-4

序号	检测点	标准分值	自评	师评
1	园林绿化工程：材料载价	20		
2	园林景观工程：材料载价	20		
3	计算检查	20		
4	园林绿化工程：报表打印	15		
5	园林景观工程：报表打印	15		
6	速度赋分及课堂加分	10		
合计				

按实训报告样式，制作电子版实训报告。

实训报告

班级　　　　学号　　　　姓名

一、实训目的

二、实训原理

三、实训步骤

（只写主要操作步骤，要简明扼要。可配流程图，再配以相应的文字说明，这样既可以节省许多文字说明，又能使实验报告简明扼要，清楚明白）

四、实训内容

（一）新建工程

实训体会（易错点，感受、问题分析，订正后是怎么样的）：

实训截图

（二）工程信息填写

任务实施
电子报告下载处

1）工程概况

实训体会（易错点，感受、问题分析，订正后是怎么样的）：

实训截图

2）清单编制说明

实训体会（易错点，感受、问题分析，订正后是怎么样的）：

实训截图

3）控制价编制说明

实训体会（易错点，感受、问题分析，订正后是怎么样的）：

实训截图

（三）费率设置

1）园林绿化工程

实训体会（易错点，感受、问题分析，订正后是怎么样的）：

实训截图

2）园林景观工程

实训体会：（易错点，感受、问题分析，订正后是怎么样的）

实训截图

（四）分部分项

1）园林绿化工程

实训体会（易错点，感受、问题分析，订正后是怎么样的）：

实训截图（需要将所有的绿化部分截图）

2）园林景观工程

实训体会（易错点，感受、问题分析，订正后是怎么样的）：

实训截图（需要将所有的景观部分截图）

（五）技术措施

实训体会（易错点，感受、问题分析，订正后是怎么样的）：

实训截图

（六）工料机汇总

1）园林绿化工程

实训体会（易错点，感受、问题分析，订正后是怎么样的）：

实训截图（需要把所有的材料部分截图，注意主材的勾选）

2）园林景观工程

实训体会（易错点，感受、问题分析，订正后是怎么样的）：

实训截图（需要把所有的材料部分截图，注意主材和暂估材料的勾选）

（七）其他项目

1）暂列金额明细表

截图

2）专业工程暂估价

截图

3）计日工表

截图

4）总承包服务费计价表

截图

（八）报表打印

1）招标清单

截图，截勾选的那个表

2）招标控制价

截图，截勾选的那个表

五、实训总结

实训总结是对实训所能验证的概念、原则或理论，以及实训过程的简明总结，也可以对本次实训提出一些问题或建议等。

5. 任务总结

通过完成上述任务，你学到了哪些知识和技能？在哪些地方还存在疑惑？

6. 实施人员

7. 任务点评

成绩评分表

组成	考核内容			评分标准	标准分值	所占百分比
实训报告	一、实训目的			目的明确清晰	3	60%
	二、实训原理			原理清晰	3	
	三、实训步骤			步骤明确	4	
	四、实训内容	（一）新建工程		图文结合，表达清晰明确，没有漏项	5	
		（二）工程信息填写	1）工程概况		5	
			2）清单编制说明		5	
			3）控制价编制说明		5	
		（三）费率设置	1）园林绿化工程		5	
			2）园林景观工程		5	
		（四）分部分项	1）园林绿化工程		5	
			2）园林景观工程		5	
		（五）技术措施			5	
		（六）工料机汇总	1）园林绿化工程		5	
			2）园林景观工程		5	
		（七）其他项目	1）暂列金额明细表		5	
			2）专业工程暂估价		5	
			3）计日工表		5	
			4）总承包服务费计价表		5	
		（八）报表打印	1）招标清单		5	
			2）控制价清单		5	
	五、实训总结			逻辑清晰，调理清楚，总结深刻	5	

续表

组成	考核内容	评分标准	标准分值	所占百分比
课堂成果	1）步骤 1～4	任务单的完成情况上交情况	25	20%
	2）任务阶段性评价 1	当场检查学生的课堂完成情况，根据学生的参与情况和完成情况综合给分	25	
	3）任务阶段性评价 2		25	
	4）任务阶段性评价 3		25	
预算书及报表打印	1）预算书完整性	内容齐全、各类表格按规定编排	15	20%
	2）工程量计算	项目齐全、工程量准确	15	
	3）定额套用	套用准确，换算精准	15	
	4）主材设备表	设备齐全	15	
	5）综合单价分析表	项目齐全、计算结果准确	15	
	6）造价计算表	取费标准准确、计算式准确	10	
	7）文字说明	文字说明准确，清楚，符合招标文件要求	15	

【箴言匠语】施工中严格执行建筑技术规范，认真编制施工组织设计，做到技术上精益求精，工程质量上一丝不苟，为用户提供合格的建筑产品。

知识清单 7.1　计价软件介绍

7.1.1　广联达计价软件 GBQ

广联达计价软件 GBQ 是广联达建设工程造价管理整体解决方案中的核心产品，主要通过招标管理、投标管理、清单计价三大模块来实现电子招投标过程的计价业务。支持清单计价和定额计价两种模式，产品覆盖全国各省市、采用统一管理平台，追求造价专业分析精细化，实现批量处理工作模式，帮助工程造价人员在招投标阶段快速、准确完成招标控制价和投标报价工作。

包含清单与定额两种计价方式，并提供“清单计价转定额计价功能”功能，满足不同工程的计价要求；产品覆盖全国 30 多个省市的定额，并可以支持不同时期、不同专业的定额库；“清单指引查询”功能可实现子目同时输入，快速组价；“统一设置安装费用”功能可自动计取对应安装费用；“工程造价调整”“统一调整人材机单价”功能可一次性调整单位工程或整个项目的投标报价；提供多种换算方式，实现调价过程；“统一调整报表方案”功能可复制本单位工程报表，快速调整报表格式；可批量打印报表，且支持双面打印；“批量导出 Excel”功能可把报表一次性导出 Excel 格式；“主材自动弹框”功能可轻松修改子目；“局部汇总”功能可使工程中只显示选定的内容，且人材机、取费、报表均按选定的清单子目来汇总并输出报表；可全面处理一个工程项目的所有专业工程数据，自由导入、导出专业工程数据，方便多人分工协作，合并工程数据，使工程数据的管理更加方便灵活；对生成的招标文件进行版本管理，自动记录生成的招标文件不同版本之间的变更情况；可输出变更差异结果，生成变更说明；通过检查招标清单可能存在的漏项、错项、不完整项，帮助用户检查清单编制的完整性和错误，避免招标清单因疏漏而重新修改。

7.1.2　擎洲广达计价软件

擎洲广达计价软件是杭州擎洲软件有限公司推出的融项目管理、网络造价、计价管理、招、投标管理于一体的全新计价软件。旨在帮助工程造价人员解决电子招投标环境下的工程计价、招投标业务问题，使计价更高效、招标更便捷、投标更安全。擎洲广达计价软件可完整地支持各地电子招投标的应用模式。

包含综合单价、工料两种计价方式，综合单价又分国标、省标、本地区标准、全费用及非国标，满足不同工程的计价要求；产品以浙江为基础，并可以支持不同时期、不同专业的定额库，学会一个软件，会做全国报价。

7.1.3　品茗胜算计价软件

品茗胜算是立足于清单计价形式下造价管理和招标方式的一款融招标管理、投标管理、计价于一体的造价计控软件，以 GB 50500—2013 为基础，并全面支持电子招投标应用，帮助工程造价单位和个人提高工作效率，实现招投标业务的一体化解决。

知识清单 7.2　清单计价软件实训

以下以擎洲广达计价软件为例，结合课程案例讲解清单计价软件的操作。

7.2.1　新建工程

在［快速启动］栏中，单击［新建工程文件］，并选择相应的地区的招标控制价编制模板，如图 7-1 所示。随后进行单位工程和专业工程的设置，如图 7-2 所示。也可以通过点击［项目结构］栏下的［结构］进行结构设置的修改。

7.2.2　清单输入

在［结构］栏中，单击相应的专业工程，并点击右侧的［分部分项］标签栏，即可进入工程量清单编制界面，见图 7-3。点击［清单］标签，选择相应的清单规范，通过双击、输入等形式进行清单编码的输入，见图 7-4。

也可以通过选中清单编制栏中的清单，点击右键进行复制、删除，见图 7-5。当出现清单编码排列混乱时，可以通过右键选择［重刷清单顺序号］的形式，进行重新编码，见图 7-6。

点击［换］标签栏，切换到［项目特征］的设置标签，可以根据清单项目特征的描述进行设置，见图 7-7。根据施工图纸，填写工程量，见图 7-8。

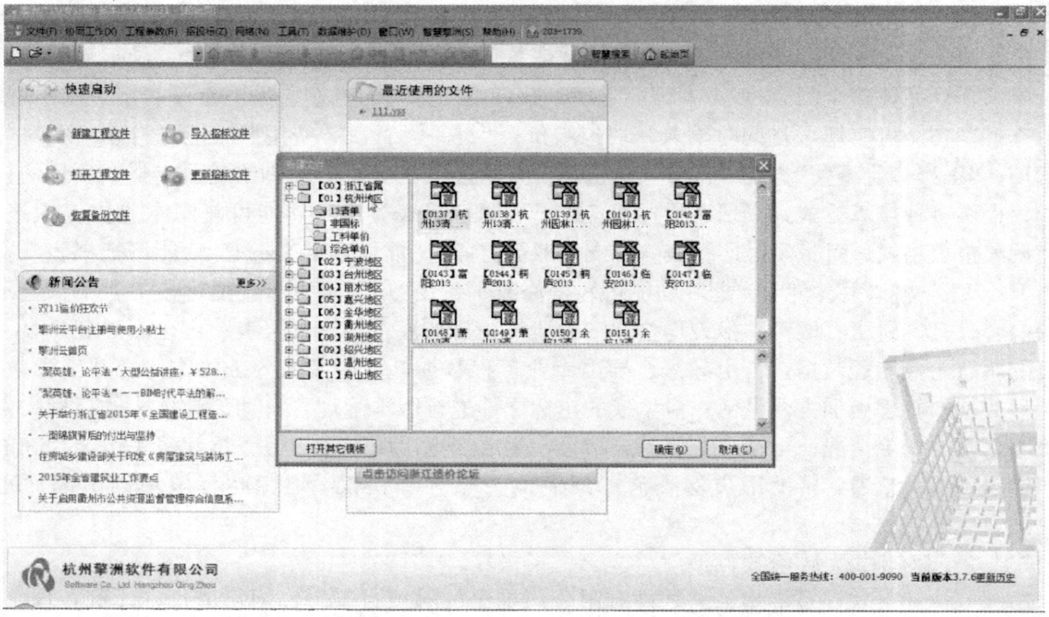

图 7-1　新建工程文件与模板的选择

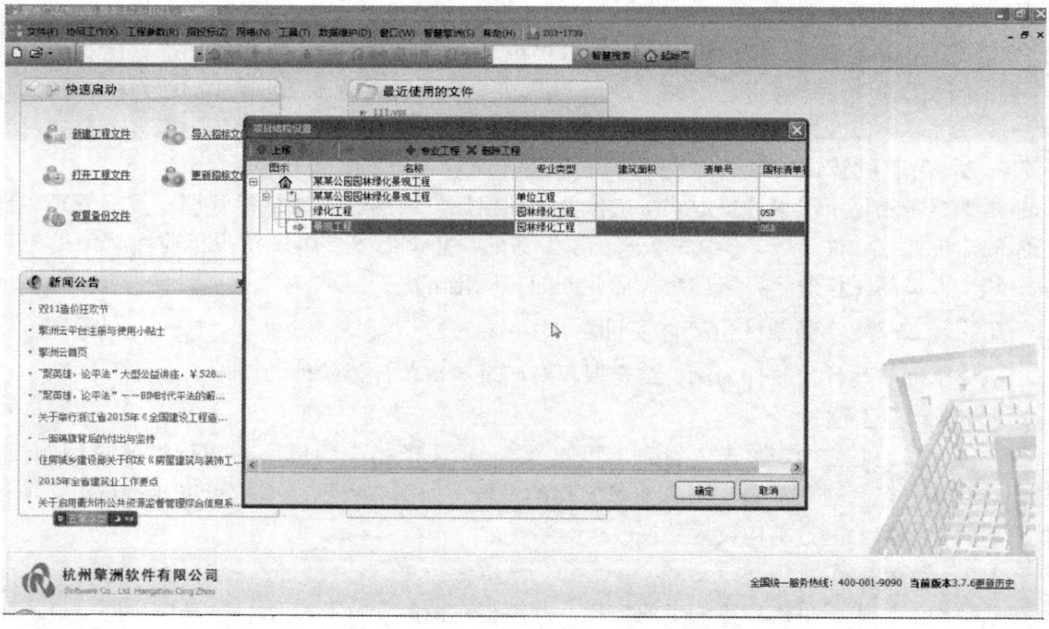

图 7-2　进行结构设置

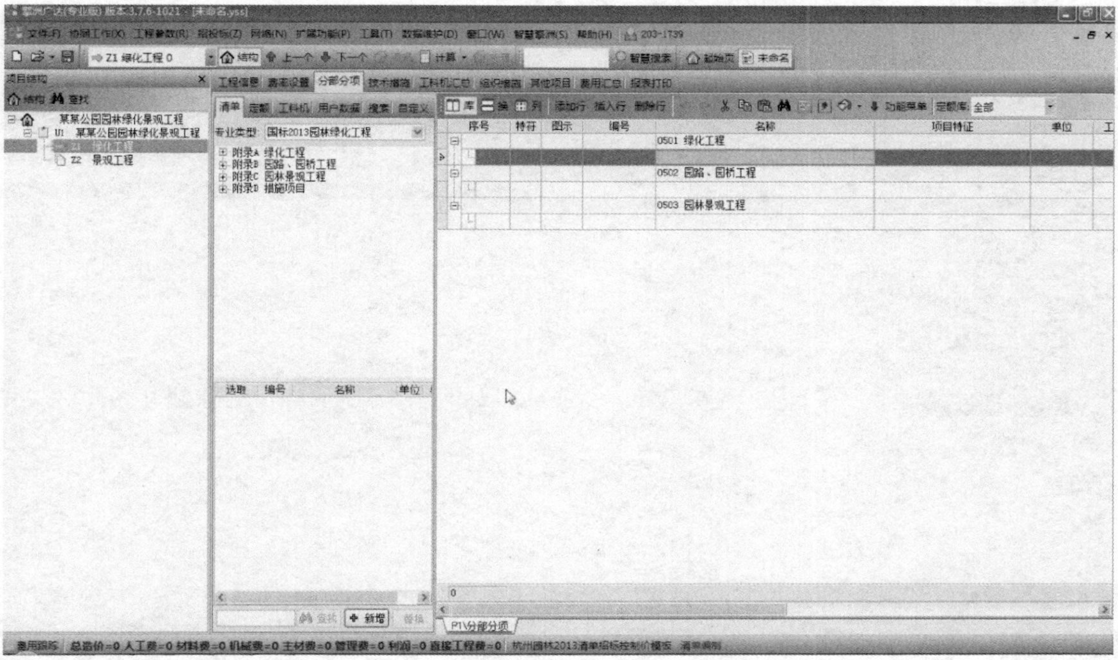

图 7 - 3　工程量清单编制界面

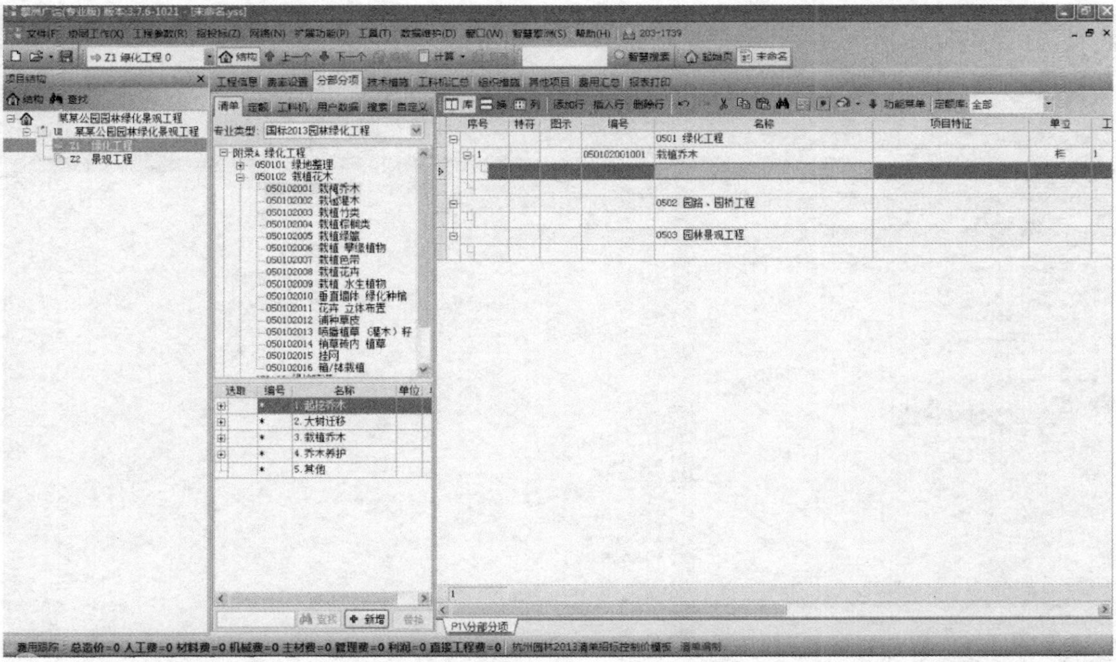

图 7 - 4　工程量清单编码的输入

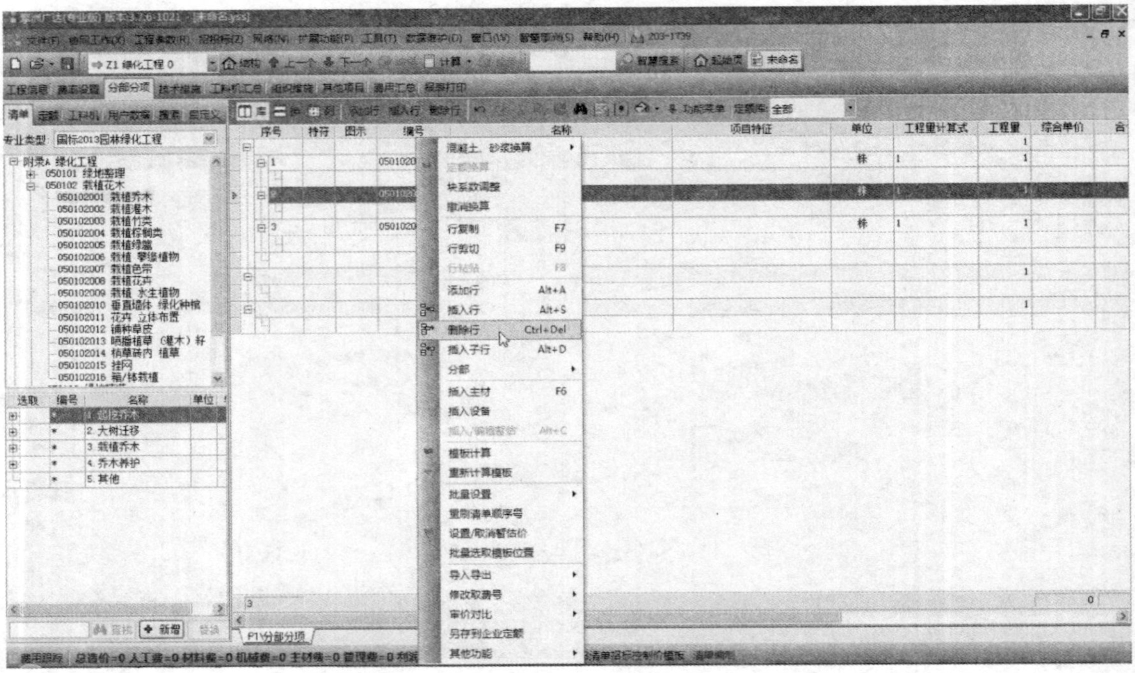

图 7 - 5　清单行的删除

图 7 - 6　清单编码的重刷

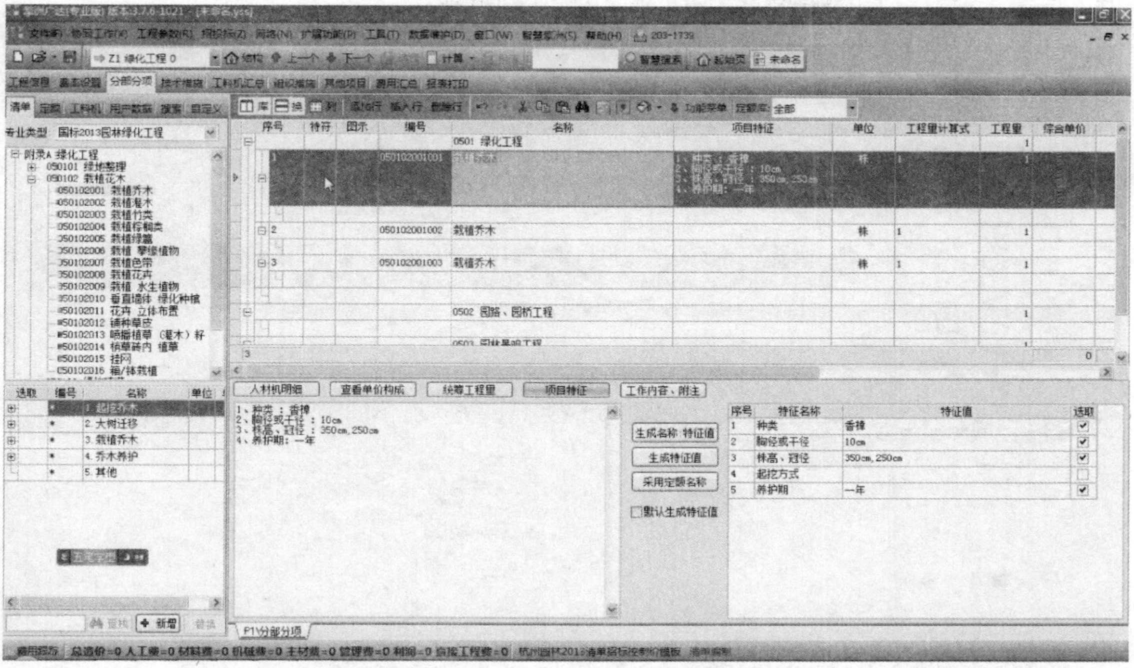

图 7 - 7　项目特征的设置

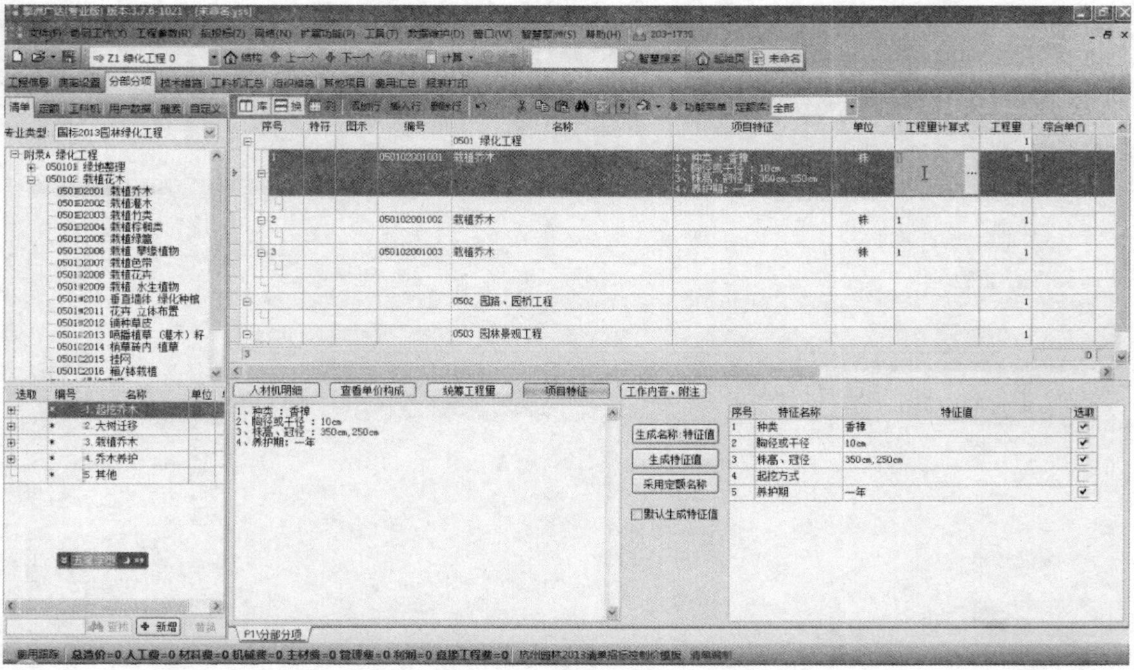

图 7 - 8　工程量的输入

在清单项目特征设置时，也可以不完全根据设置的要求进行一定改动，见图 7 - 9。切换至

[技术措施]，进行施工技术措施费的清单项输入，见图 7 - 10。

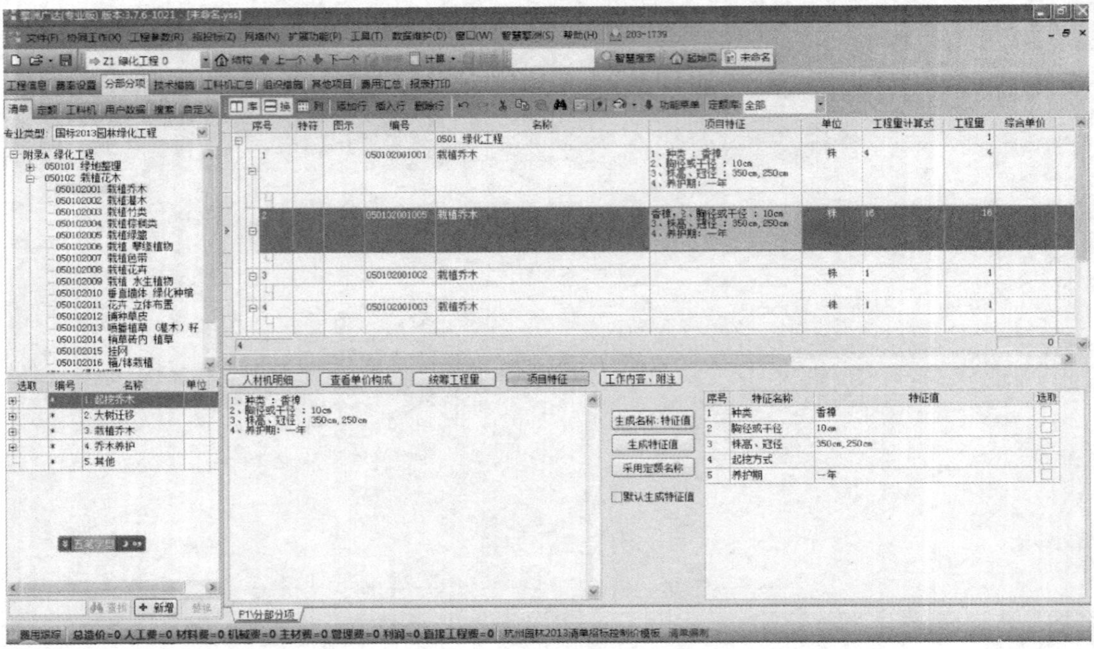

图 7 - 9　项目特征的修改

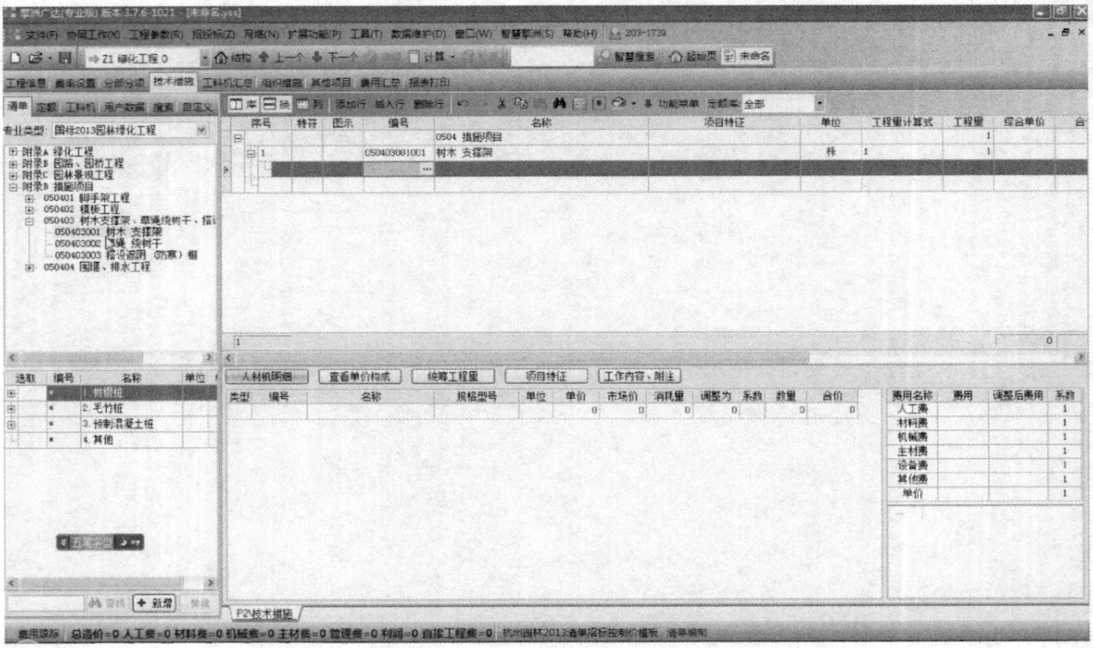

图 7 - 10　技术措施清单的输入

7.2.3　定额子目的输入

选中相应的清单，切换到［定额］栏，通过双击或输入的方法进行定额的组价，见图 7 - 11，并对主材类型进行修改，见图 7-12。

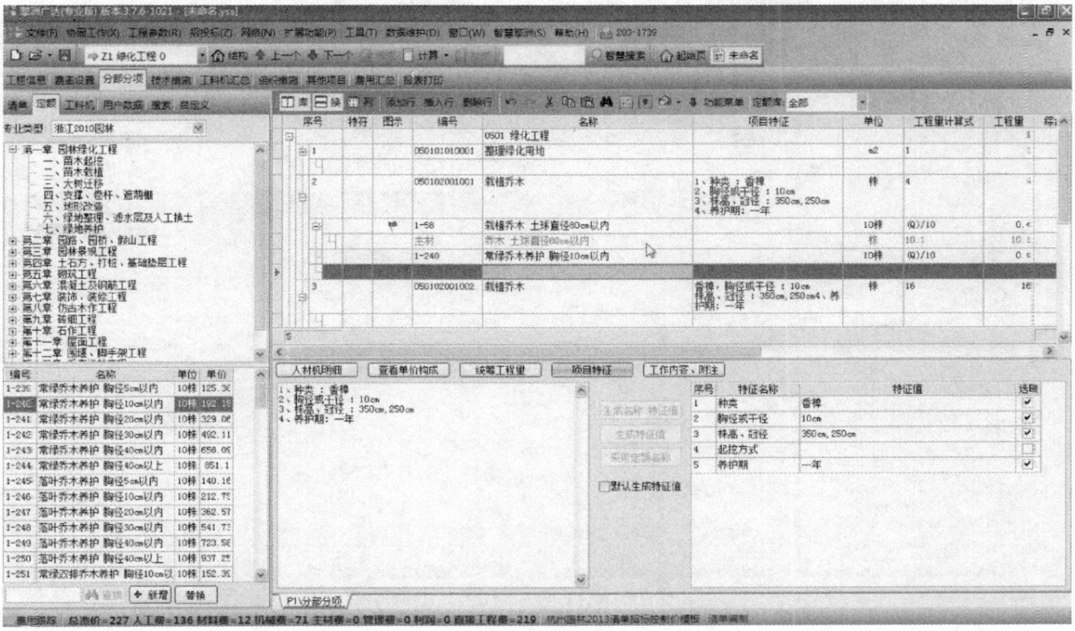

图 7-11　定额子目的输入

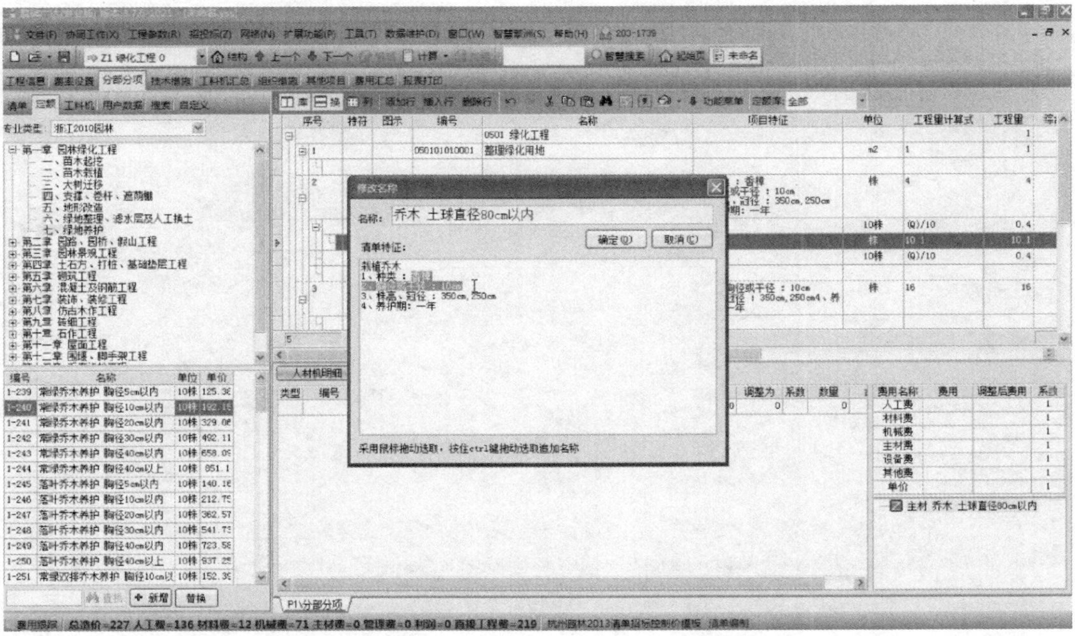

图 7-12　主材类型的修改

输入定额子目的工程量，清单与定额相符的工作量不用修改，可对其进行核实，见图 7-13；不符的根据定额计算规则进行计算，并在［工程量计算式］中进行输入，见图 7-14。

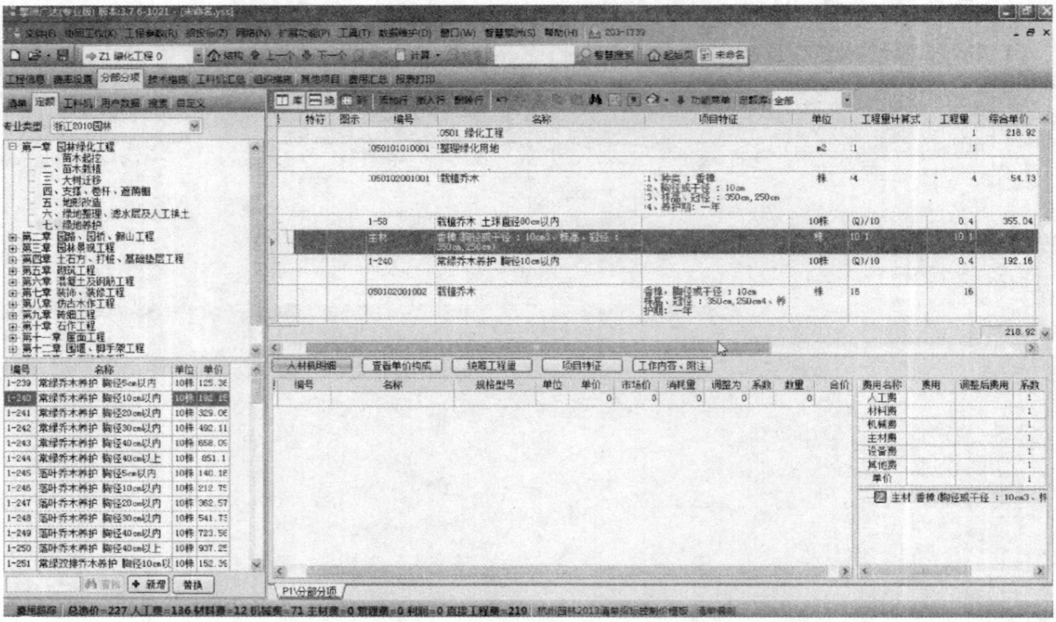

图 7-13　定额子目工程量的核实

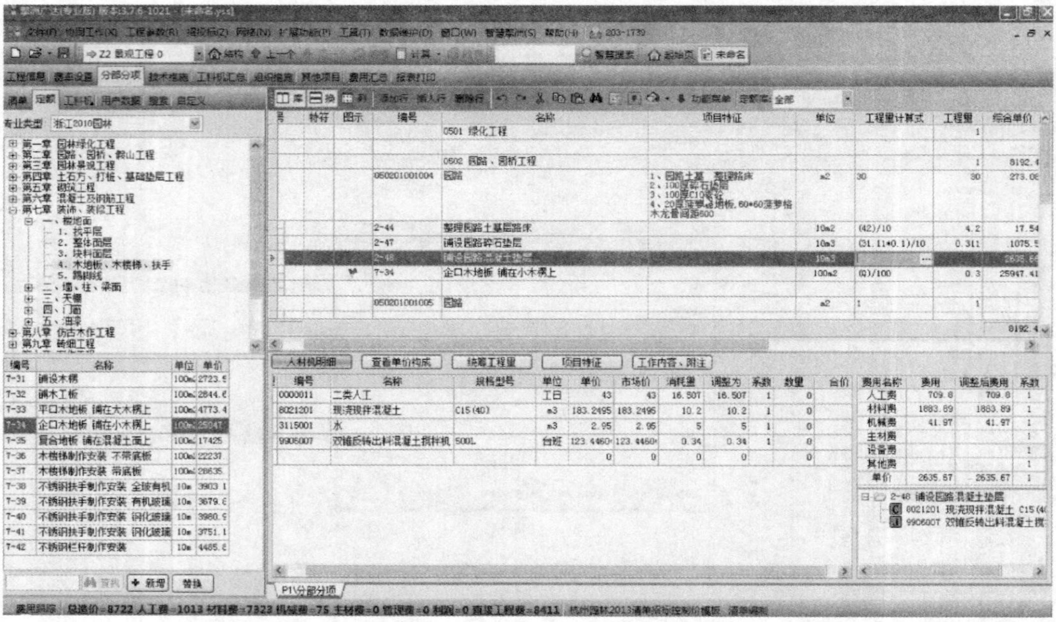

图 7-14　定额子目工程量的输入

7.2.4　定额换算

选中种植定额，点击右键选择［定额换算］对定额进行调整，见图 7-15。也可通过点击右键选择［混凝土、砂浆换算］进行调整，见图 7-16。

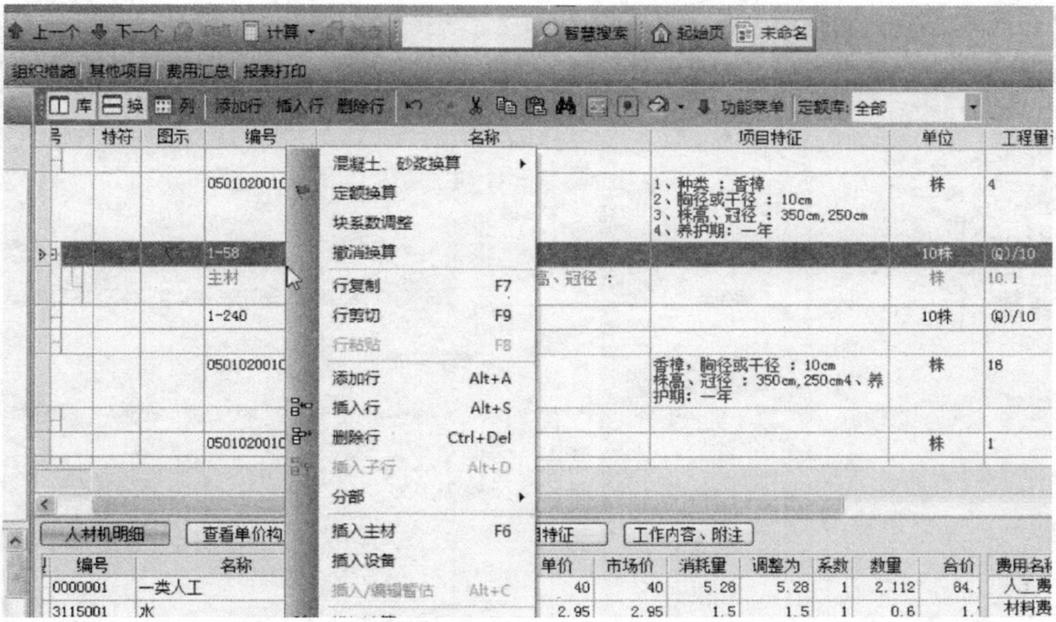

图 7 - 15　种植定额的换算

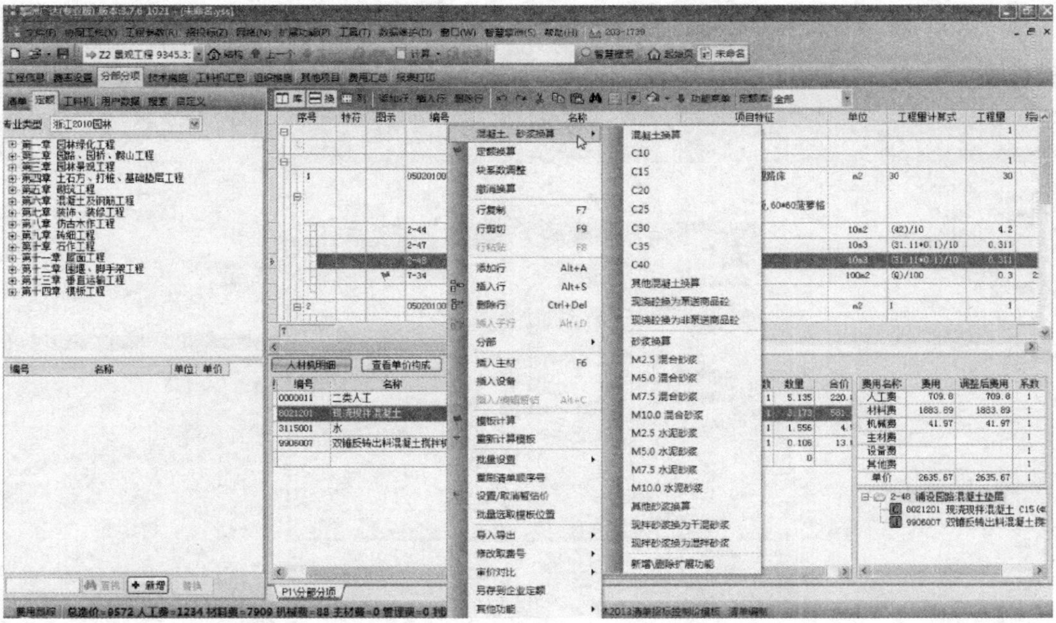

图 7 - 16　混凝土、砂浆的换算

此外，也可以通过点击右键选择［块系数调整］、［工料机系数调整］等方式进行调整，见图 7 - 17、图 7 - 18。

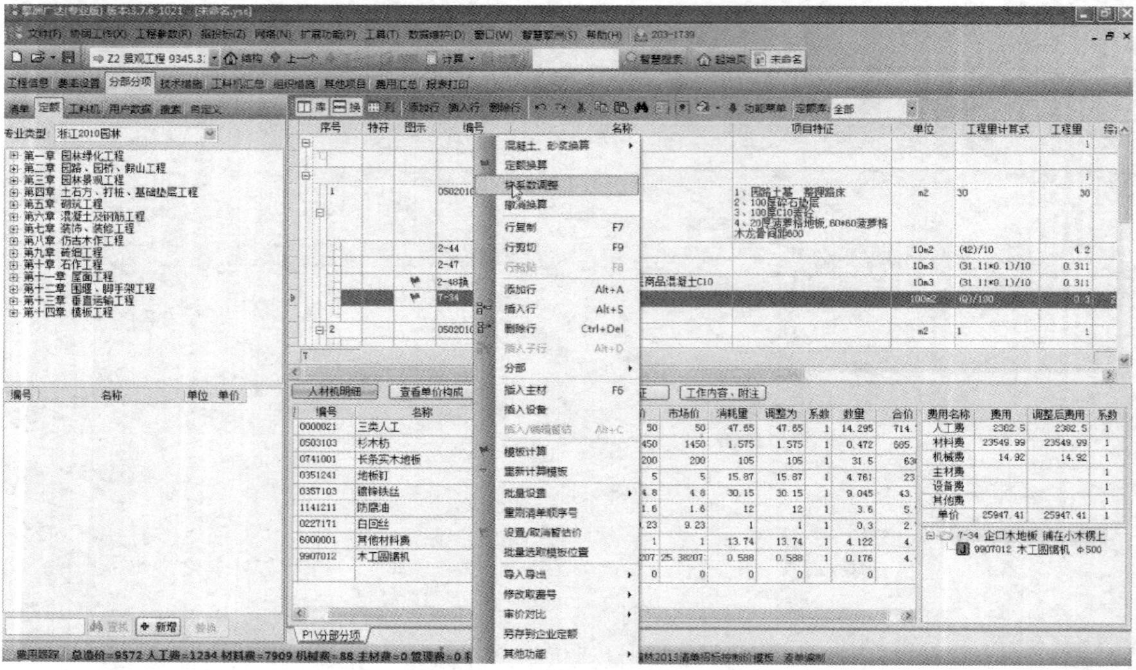

图 7 - 17　块系数调整的选择

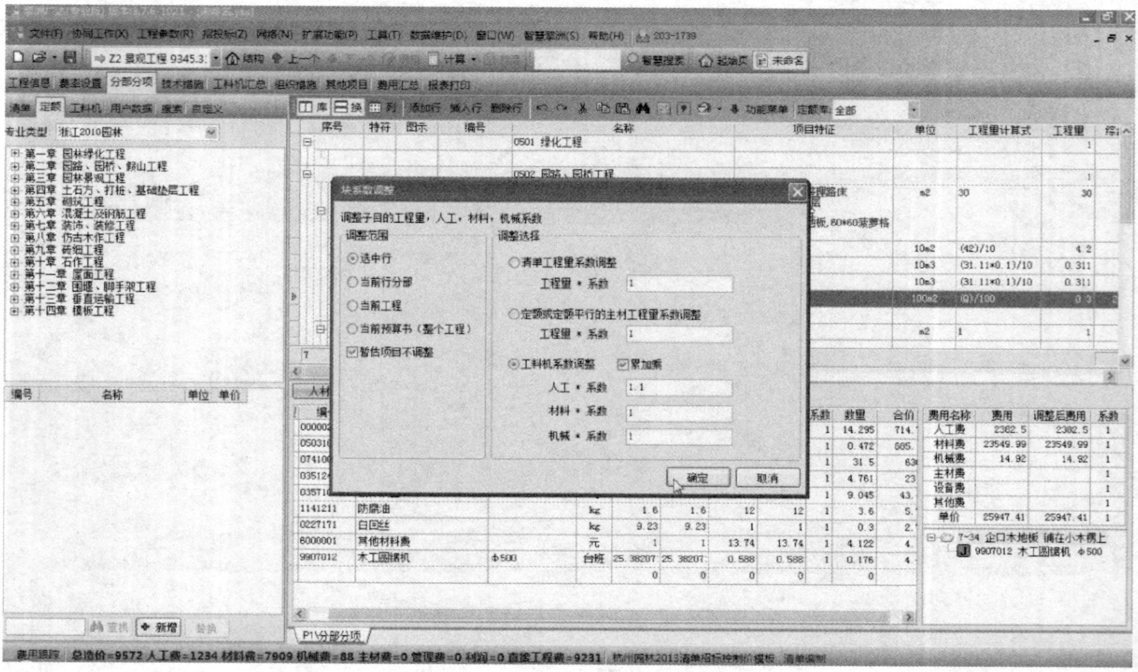

图 7 - 18　工料机系数调整界面

对材料和用量不同的定额，可以在［人材机明细］中进行修改和调整，见图 7 - 19。在缺少定额时，可以进入［插入暂估］选项卡中，选择［暂估定额］进行补充定额的添加，见图 7－20。

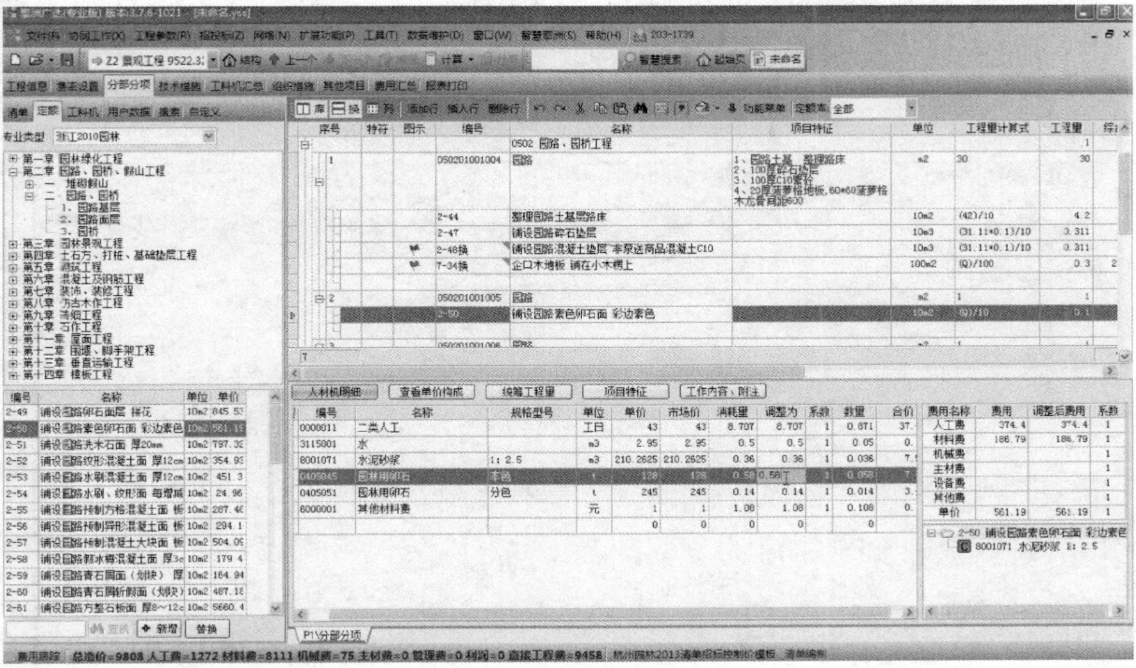

图 7－19　人材机明细中调整定额

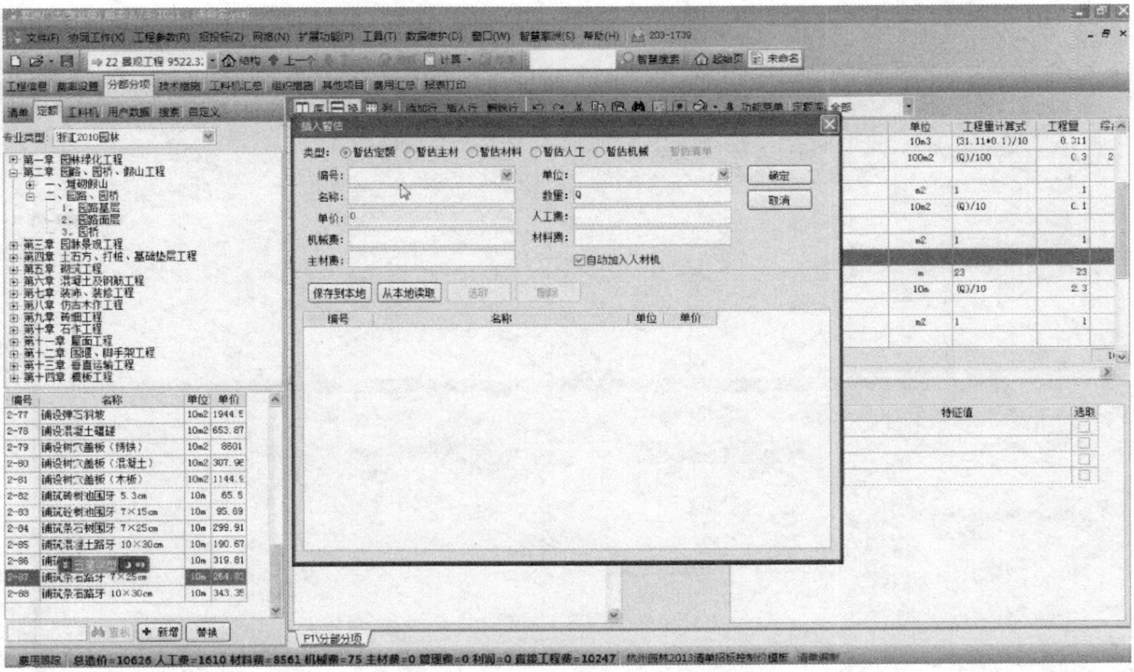

图 7－20　补充定额的插入

7.2.5 其他工作

完成其他项目取费表，见图 7－21。切换到［工料机汇总］栏，点击［信息价格包］下载相应地区的信息价，并完成载价，对材料进行双击载价。

完成工程信息的填写后，切换到［报表打印］，点击［计算］进行报表的检查，见图 7－22～图 7－24。

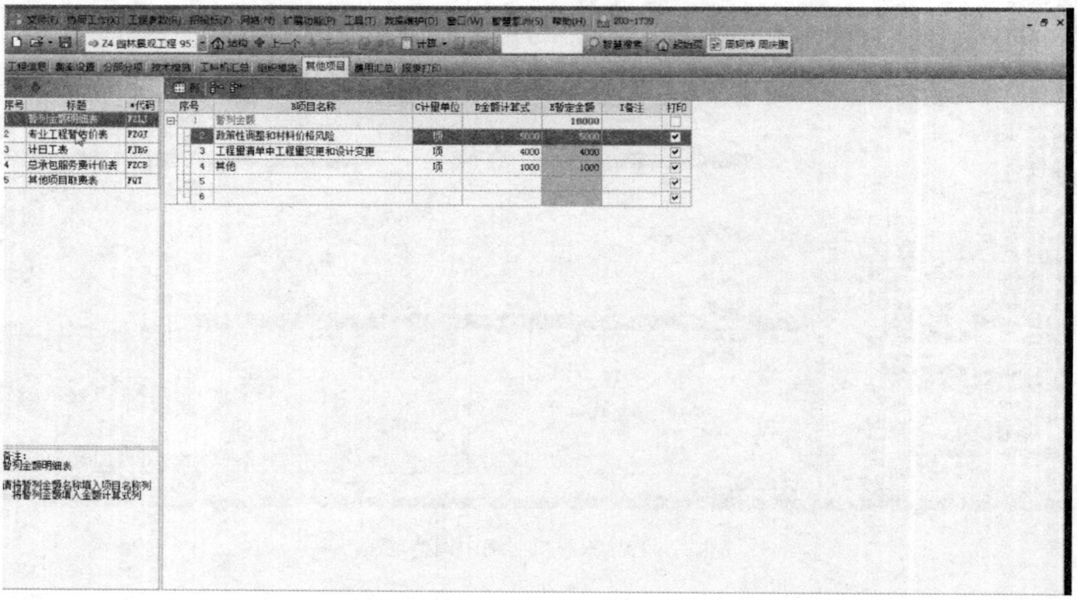

图 7－21　其他项目取费表设置

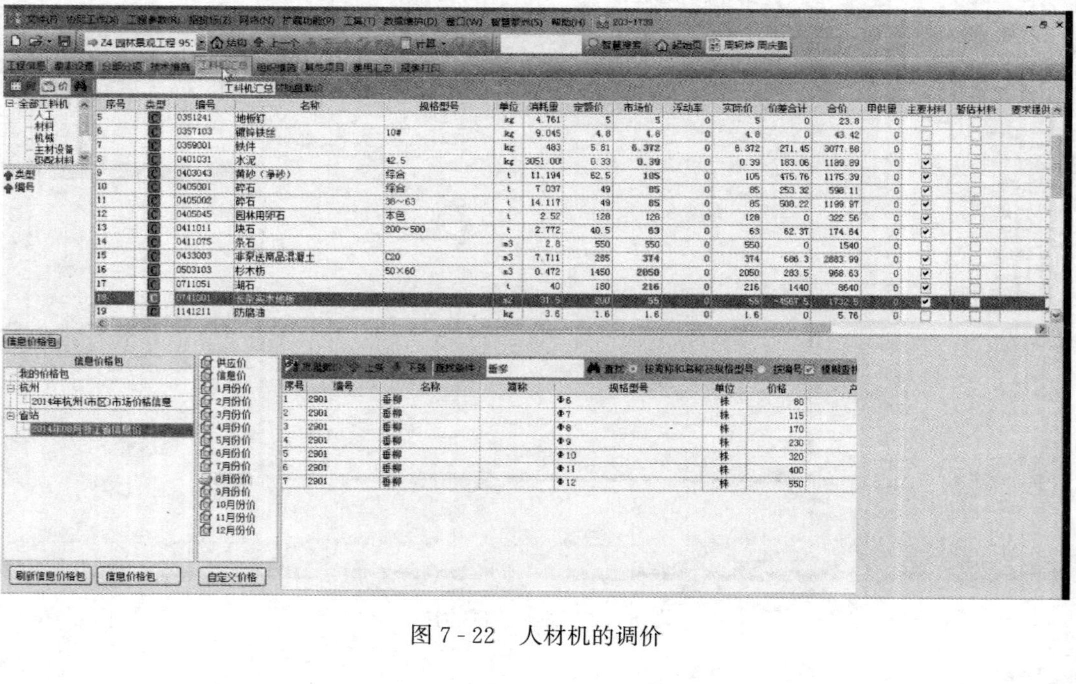

图 7－22　人材机的调价

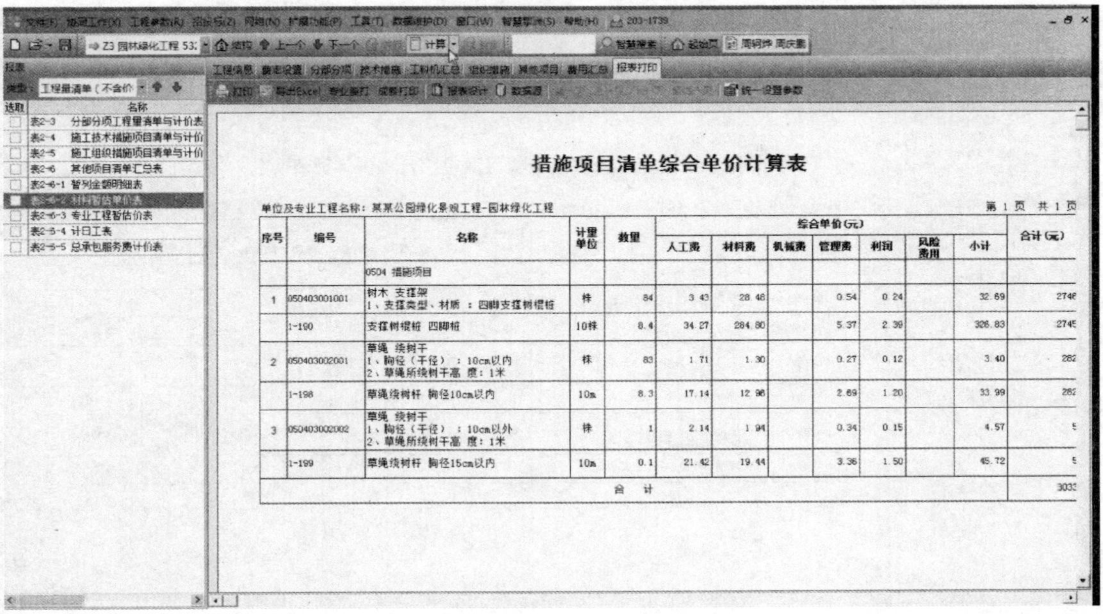

图 7 - 23　切换到报表打印

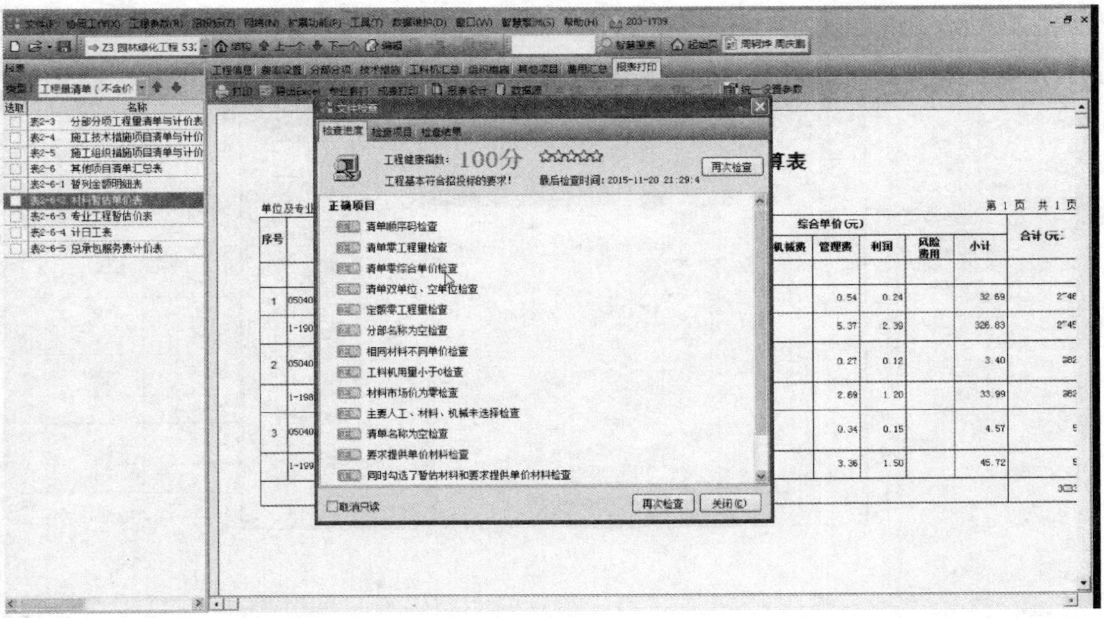

图 7 - 24　进行报表检查

根据不同的需要，进行“清单”或“招标控制价”的报表预览，见图 7 - 25，切换到［专业套打］完成表格的输出，见图 7 - 26。

图 7 - 25　报表预览

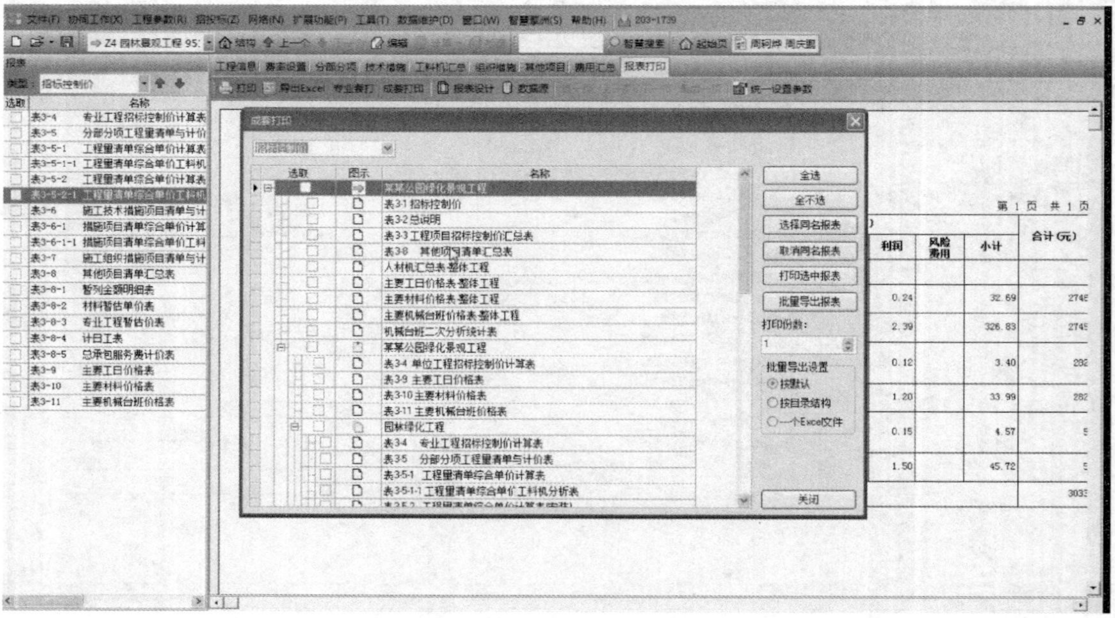

图 7 - 26　专业套打生成文件

参 考 文 献

[1] 曹仪民，马行耀．浙江省二级造价工程师职业资格考试培训教材　建设工程计量与计价实务（土建工程）[M]．北京：中国计划出版社，2019.

[2] 全国造价工程师职业资格考试培训．全国二级造价工程师职业资格考试培训教材　建设工程造价管理基础知识 [M]．北京：中国计划出版社，2019.

[3] 严珊．园林绿化工程工程量清单计算规范“08 规范”“13 规范”深度解析与对照 [M]．南京：江苏科学技术出版社，2013.

[4] 本书编委会．全国二级造价工程师职业资格考试辅导用书　建设工程计量与计价实务 [M]．北京：中国电力出版社，2019.

[5] 本书编委会．全国二级造价工程师职业资格考试辅导用书　建设工程造价管理基础知识 [M]．北京：中国电力出版社，2019.

[6] 佚名．浅谈造价工程师的职业素养 [EB/OL]．https：//www.sohu.com/a/222603946_472913，2018-02-13/2022-02-12.

[7] 造价圈的胡歌，等．造价那么枯燥　为什么要学造价？[EB/OL]．https：//www.zhihu.com/question/434461260，2021-09-04/2022-02-12.

[8] 佚名．做造价，这些安全文明施工费知识必须了解！[EB/OL]．http：//www.civilcn.com/zhishi/gczj/1517449382351175.html，2018-02-01/2022-02-12.

[9] 佚名．工程造价改革！取消最高投标限价按定额计价的规定，逐步停止发布预算定额 [EB/OL]．https：//news.gldjc.com/article/6048.html，2020-11-05/2022-02-12.

[10] 袁益兰．招标控制价编制存的问题及解决办法 [J]．建筑工程，2016.08：10.

[11] 孙玥．浅析招标控制价在招投标中的重要作用 [J]．建筑建材装饰，2019，(8)：11-12.

[12] 何许．迈入“深水区”的建筑业改革：八部委发文整治招投标乱象 [EB/OL]．https：//www.fx361.com/bk/jzjczs/20198.html，2019-08-29/2022-02-12.

[13] 佚名．“数字造价·引领未来”建设工程数字经济论坛，助力数字造价驶入快车道 [EB/OL]．https：//www.glodon.com/news/668.html，2019-06-03/2022-02-12.

[14] 佚名．工程量清单计价软件 [EB/OL]．https：//www.fanpusoft.com/gc/zmy/770761.html，2011-04-12/2022-02-12.

[15] 佚名．计价软件在工程造价中的运用 [EB/OL]．https：//www.cbi360.net/zhb/20180306_6197.html，2018-03-06/2022-02-12.

[16] 浙江省建设工程造价管理总站．浙江省建设工程计价规则（2018 版）[M]．北京：中国计划出版社，2018.

[17] 浙江省建设工程造价管理总站．浙江省建设工程计价规则（2010 版）[M]．北京：中国计划出版社，2010.

[18] 浙江省建设工程造价管理总站．浙江省园林绿化及仿古建筑工程预算定额（2018 版）[M]．北京：中国计划出版社，2018.

[19] 浙江省建设工程造价管理总站．浙江省园林绿化及仿古建筑工程预算定额（2010 版）[M]．北京：中国计划出版社，2010.

[20] 浙江省建设工程造价管理总站．浙江省建设工程施工费用定额（2010 版）[M]．北京：中国计划出版社，2010.